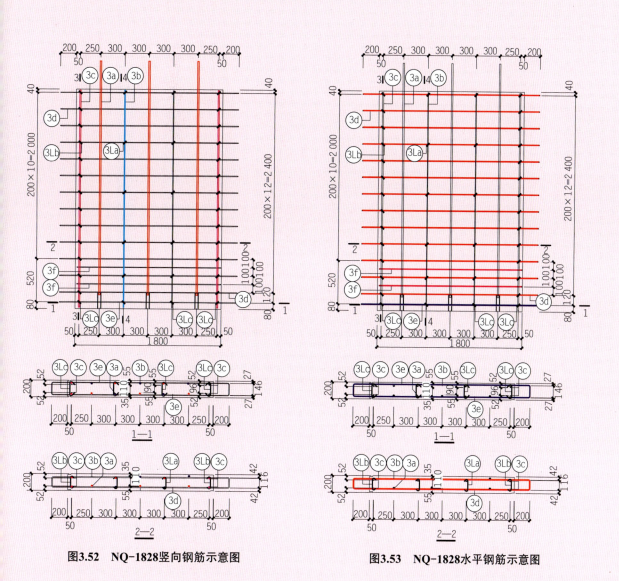

图3.52　NQ-1828竖向钢筋示意图　　　　　　图3.53　NQ-1828水平钢筋示意图

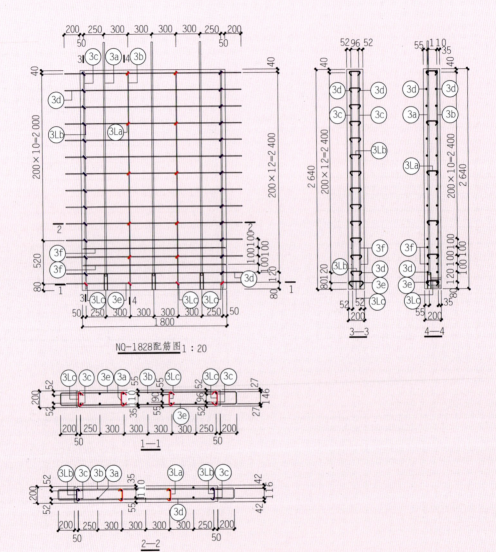

NQ-1828配筋图 1:20

图3.55　NQ-1828拉筋示意图

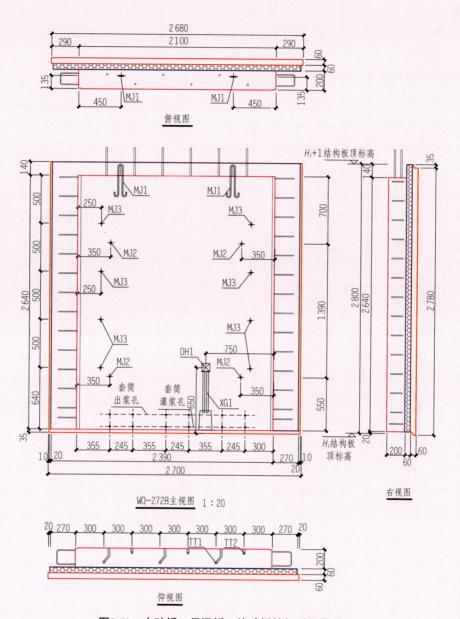

俯视图

H_i+1结构板顶标高

H_i结构板顶标高

WQ-2728主视图 1:20

右视图

仰视图

图3.60　内叶板、保温板、外叶板的相对位置关系

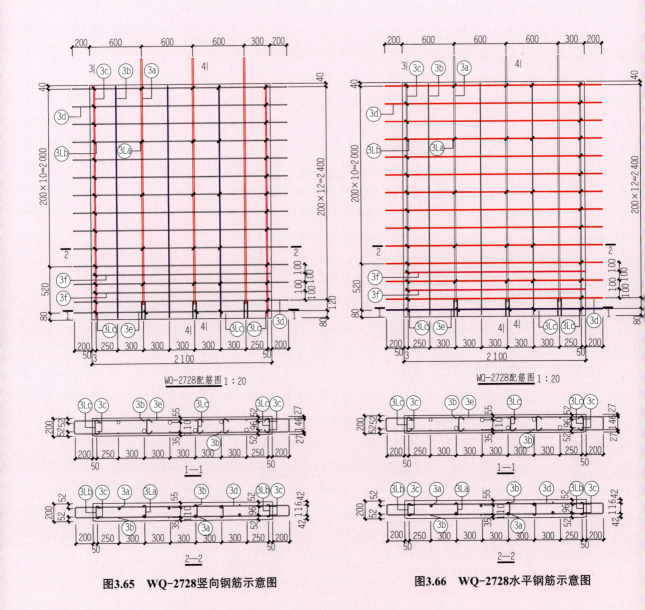

图3.65　WQ-2728竖向钢筋示意图　　　　　　　　图3.66　WQ-2728水平钢筋示意图

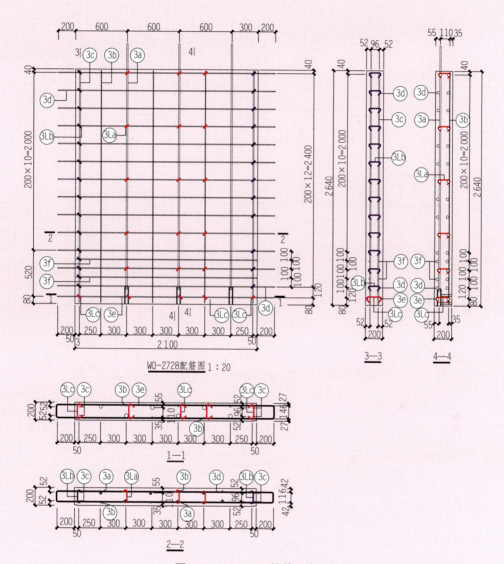

图3.68　WQ-2728拉筋示意图

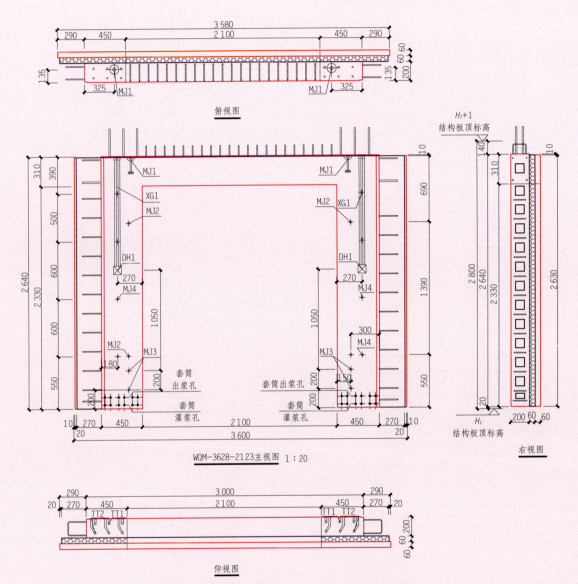

俯视图

H_1+1
结构板顶标高

WQM-3628-2123主视图 1:20

H_1
结构板顶标高

右视图

仰视图

图3.74 内叶板、保温板、外叶板的相应位置关系

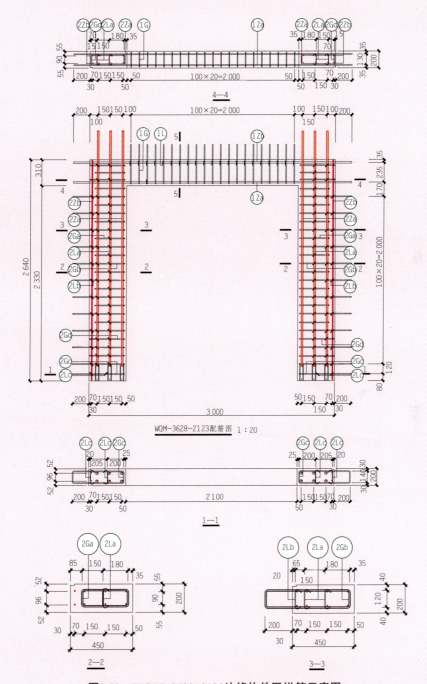

图3.82 WQM-3628-2123边缘构件区纵筋示意图

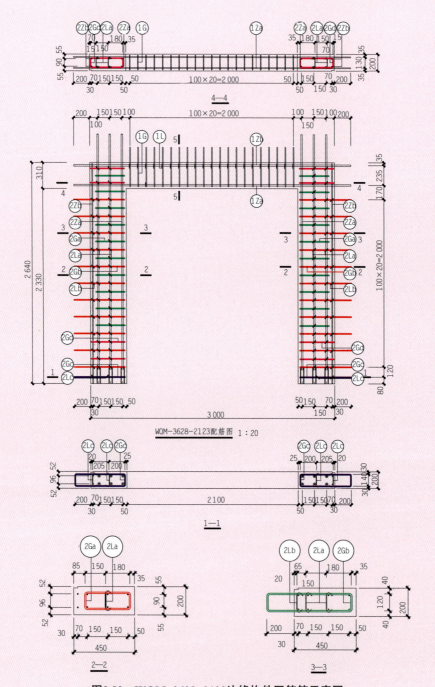

图3.83　WQM-3628-2123边缘构件区箍筋示意图

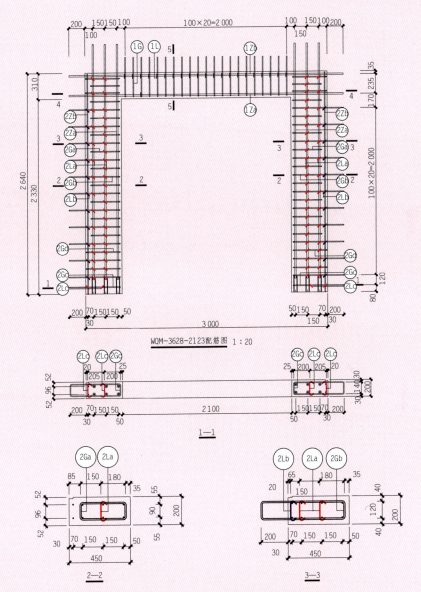

WQM-3628-2123配筋图 1:20

1—1

2—2

3—3

图3.84　WQM-3628-2123边缘构件区拉筋示意图

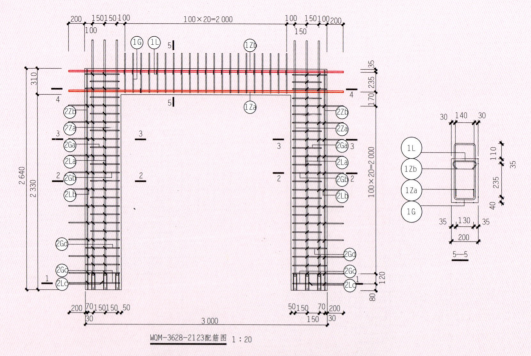

WQM-3628-2123配筋图 1:20

图3.86 带门洞预制外墙的连梁区纵筋示意图

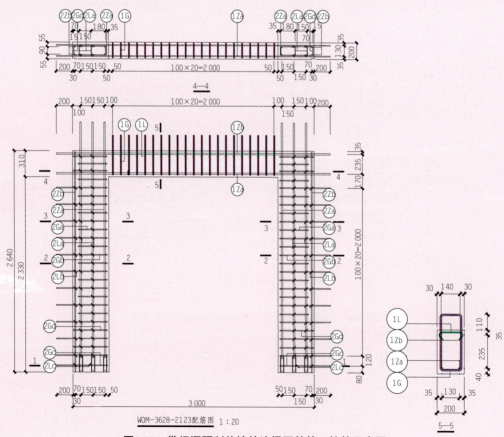

WQM-3628-2123配筋图 1:20

图3.87 带门洞预制外墙的连梁区箍筋、拉筋示意图

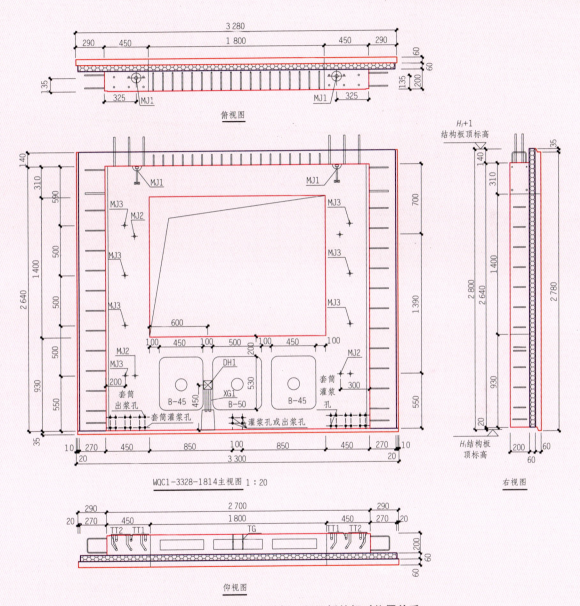

图3.93 外叶板、内叶板、保温板的相对位置关系

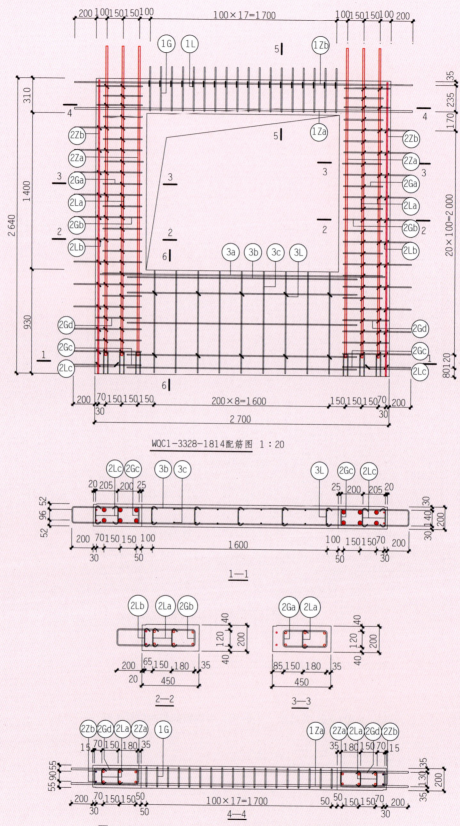

图3.102　WQC1-3328-1814边缘构件区纵筋示意图

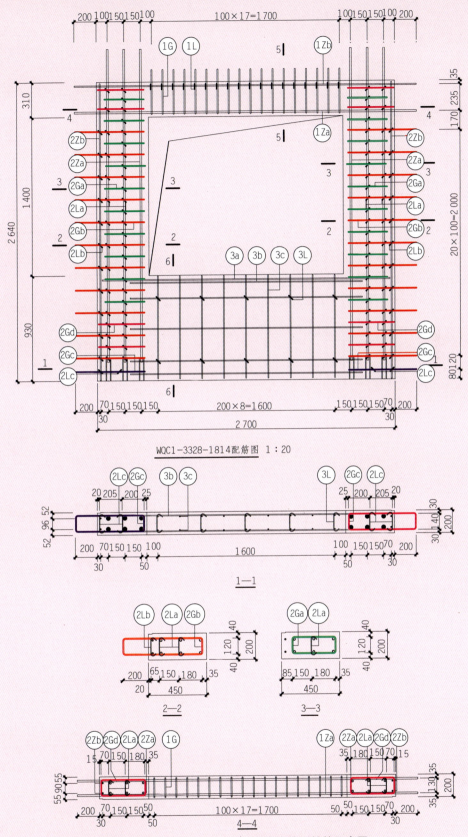

WQC1-3328-1814配筋图 1:20

1—1

2—2　　　　3—3

4—4

图3.103　WQC1-3328-1814边缘构件区箍筋示意图

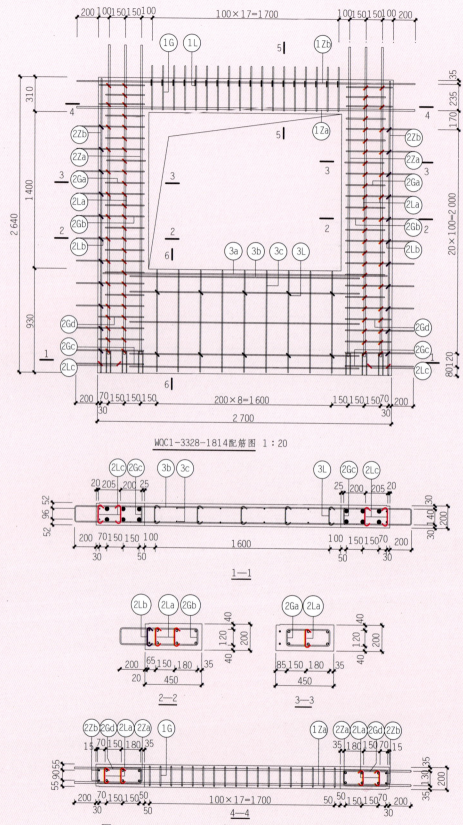

图3.104 WQC1-3328-1814边缘构件区拉筋示意图

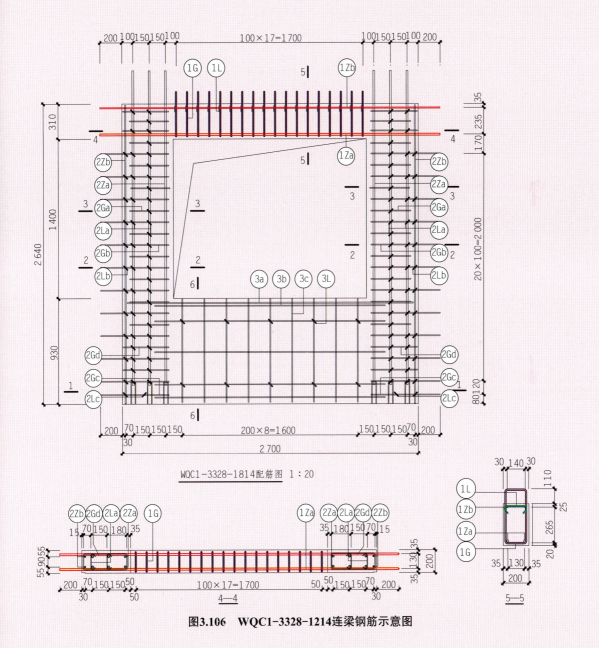

WQC1-3328-1814配筋图 1:20

图3.106 WQC1-3328-1214连梁钢筋示意图

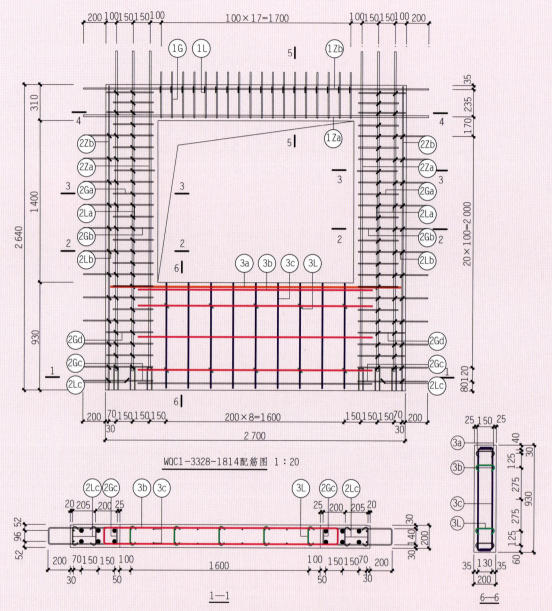

图3.108　WQC1-3328-1814窗下墙身钢筋示意图

装配式混凝土建筑构造与识图

（第2版）

主　编　蒋明慧　袁春林

副主编　郝晓玉　王　敏

参　编　任厚洪　彭　丽　许　武

　　　　姚晓霞　叶婧竹

主　审　陈思燕

北京理工大学出版社

BEIJING INSTITUTE OF TECHNOLOGY PRESS

内 容 提 要

　　本书根据装配式建筑的构造特点，按组成装配式混凝土结构的典型构件进行教学项目划分，每个项目按照构件认知、构件生产、构件吊装、构件连接四个学习任务展开。全书共九个项目，主要包括走进装配式建筑、桁架钢筋混凝土叠合板底板、预制混凝土剪力墙、预制钢筋混凝土柱、预制钢筋混凝土梁、预制钢筋混凝土楼梯、预制钢筋混凝土阳台、预制钢筋混凝土空调板、预制构件结构专项设计说明。全书按照结合国家规范、结合标准图集、结合工程实践的"三结合"原则校企共同编写，同时将装配式"1+X"职业技能等级证书标准、GZ008国赛对识图的相关要求融入教材。

　　本书可供中高职、职教本科及本科院校的建筑工程技术、装配式建筑工程技术、智能建造、工程造价、工程管理等相关专业的在校学生使用，也可作为装配式建筑从业人员的学习参考资料和岗位培训教材。

图书在版编目（CIP）数据

　　装配式混凝土建筑构造与识图 / 蒋明慧，袁春林主编. -- 2版. -- 北京：北京理工大学出版社，2025.1.
ISBN 978-7-5763-5035-7

　Ⅰ. TU37

中国国家版本馆CIP数据核字第2025P5W431号

责任编辑：江　立　　　　**文案编辑**：江　立
责任校对：周瑞红　　　　**责任印制**：王美丽

出版发行 / 北京理工大学出版社有限责任公司

社　　址 / 北京市丰台区四合庄路 6 号

邮　　编 / 100070

电　　话 / （010）68914026（教材售后服务热线）

　　　　　　（010）63726648（课件资源服务热线）

网　　址 / http：//www.bitpress.com.cn

版 印 次 / 2025 年 1 月第 2 版第 1 次印刷

印　　刷 / 河北鑫彩博图印刷有限公司

开　　本 / 787 mm × 1092 mm　　1/16

印　　张 / 20

彩　　插 / 8

插　　页 / 8

字　　数 / 513 千字

定　　价 / 78.00 元

图书出现印装质量问题，请拨打售后服务热线，负责调换

党的二十大报告对"加快发展方式绿色转型"提出明确要求，强调"推动经济社会发展绿色化、低碳化是实现高质量发展的关键环节。"大力发展装配式建筑是建筑领域高端化、智能化、绿色化转型的有效途径，是赋能建筑业新质生产力的重要抓手。人力资源社会保障部办公厅、市场监管总局办公厅、统计局办公室联合发布的《关于发布智能制造工程技术人员等职业信息的通知》（人社厅发〔2020〕17号），明确将装配式建筑施工员纳入建筑行业新职业。2021年3月教育部发布的《职业教育专业目录（2021年）》，也将装配式建筑工程技术作为新增专业纳入专科专业目录中。

"装配式建筑构造与识图"作为装配式建筑重要的课程，目前相对系统、完整的教材资源较为匮乏。本书自2021年6月出版以来，受到了广大使用院校的欢迎和好评，先后印刷5次。

与第1版相比，本次主要修订了以下内容：

（1）近几年，装配式建筑快速发展，在工程实践中，预制柱、预制梁的运用已经成熟，本次修订新增预制混凝土柱、预制混凝土梁两个项目，由原来7个项目调整为9个项目。

（2）每个项目新增了拓展资源栏目，丰富学生课后学习。

（3）2023年，"装配式建筑智能建造"（GZ008）纳入全国职业技能大赛赛项目录，为方便学生的学习和备赛，本次修订将涉及国赛识图的考点用（GZ008）符号予以标识，同时将涉及装配式"1+X"对应识图的考点在书中用(1+X)符号予以标识。

（4）建设了教材配套的大学慕课在线开放课程（同时也是省级装配式建筑教学资源库里的核心课程），开发了教学课件、习题库、学生学习指南等数字教学资源包，可通过扫描二维码进入平台同步获取、使用。

本书基于装配式混凝土结构体系，按组成建筑结构的典型预制构件进行项目划分。每个项目又按照构件认知—构件构造、构件生产—构件图识图（模板图、钢筋图、预留预埋件图）、构件安装—构件平面布置图识读、构件连接—连接节点大样图四个任务安排教学内容。本书兼顾职业技能和职业素养培养，以二十大精神为指导，立足立德树人目标，加强爱岗敬业、无私奉献、精益求精、开拓创新的职业品格培养，融入绿色发展、工业化发展、智能化发展的理念和建造人民满意好房子的意识。

本书具有以下特点：

（1）"三结合"原则编写。按照结合国家规范、结合标准图集、结合工程实践的"三结合"原则编写本书。本书内容对接产业升级和技术变革趋势，反映行业前沿技术。

（2）设计特色版块——"走进规范"。本书在涉及与规范相关的内容，特设"走进规范"版块，让学生原汁原味学习规范，牢固树立规范意识。

（3）丰富的立体化资源。本书图文并茂，资源丰富。除书中配有大量的图片和三维模型外，还配套了二维码教学资源（现场视频、图片、仿真动画等），让学习形象化、可视化。

（4）配套仿真教学平台。本书开发了一套虚拟仿真教学平台，可进入装配式建筑交流群（QQ群号：300453258）了解使用。

各院校在组织教学时，可根据专业和学生实际情况对内容进行适当选取和调整。本教材由四川工程职业技术大学蒋明慧、中国建筑西南设计研究院有限公司袁春林担任主编，分别编写项目3、项目6，四川工程职业技术大学王敏编写项目4、郝晓玉编写项目5、叶婧竹编写项目9，成都城投置地集团有限公司许武编写项目1，达州职业技术学院任厚洪编写项目2，成都职业技术学院彭丽编写项目7，绵阳职业技术学院姚晓霞编写项目8，全书由中信国安建工集团有限公司副总经理、正高级工程师陈思燕担任主审，对教材内容进行了全面审核和把关。在教材修订过程中得到了四川省装配式建筑产业协会、长沙远大住宅工业集团股份有限公司、成都建工集团有限公司、四川山立建筑科技有限公司等行业企业的大力指导和支持，在此向他们表示感谢！

由于编者水平有限，书中难免存在疏忽和不妥之处，敬请各位同行、专家和广大读者批评指正。欢迎大家在使用过程中，将书中存在的不足和建议发送至邮箱：93688837@qq.com，十分感谢！

编　者

　　装配式建筑是建造方式的重大变革，是驱动建筑业转型升级，实现绿色发展的重要途径，是建筑工业化与信息化的高度融合，具有设计标准化、生产工厂化、施工装配化、管理信息化、装修一体化和应用智能化的特点。2016 年 9 月 30 日国务院办公厅发布了《关于大力发展装配式建筑的指导意见》，明确提出要大力发展装配式建筑，力争用 10 年左右时间，使装配式建筑占新建建筑面积的比例达到 30%。各省积极响应国家号召，纷纷制定关于加快本省装配式建筑发展的实施意见，经过近几年的发展，装配式建筑进入了由"大力发展"向"全面推进"的新阶段。

　　四川省宏业建设软件有限责任公司联合四川工程职业技术学院、四川建筑职业技术学院、攀枝花学院、重庆工业职业技术学院、四川宏业建科工程管理有限公司、四川省第四建筑有限公司、四川三立建筑科技有限公司等高等院校，装配式建筑设计咨询、构件生产及安装企业，历经两年的工程实践、探索、调研和总结，按照结合国家规范、结合标准图集、结合工程实践的"三结合"原则，编写了本书。本书可供中高职及应用型本科院校在校学生使用，也可作为装配式建筑从业人员的参考资料。

　　施工图是工程的语言，装配式混凝土建筑构造与识图是装配式建筑最重要的专业基础课程，是学好装配式建筑生产、施工、管理、造价等后续课程的前提。熟练识读装配式建筑施工图是所有建筑工程技术人员必须掌握的核心技能。

　　本书架构合理，通俗易懂。根据装配式建筑的构造特点，基于装配式剪力墙结构体系，按组成建筑结构的典型构件：预制叠合板底板、预制剪力墙（含常见的预制内墙、预制无洞口外墙、预制带门洞外墙、预制带窗洞外墙）、预制楼梯、预制阳台板、预制空调板进行教学单元划分。每种类型的预制构件又按照构件构造、单构件识图——构件平面布置图识读——连接节点大样图识读的顺序安排教学内容，既符合装配式建筑的建造特点，又符合学生的学习认知规律。

　　本书图文并茂，资源丰富。除书中配有大量的图片和三维模型外，还配套了二维码教学资源（现场视频、图片、仿真动画等），让学习立体化、可视化。每节后面的习题可通过扫码，呈现试题解析。

本书对接装配式建筑新技术，将装配式"1+X"职业技能等级证书标准相关的内容融入教材，实现教证融通。

针对本书，四川省宏业建设软件有限责任公司定制开发了一套装配式建筑构造与识图虚拟仿真教学系统，有条件的学校可配套教学，效果更佳！

本书由蒋明慧、邓林、颜有光、王敏、郝晓玉、郭飞飞、曹让玲、张欣、罗钧航、王燕、李锋、胡秀芝、唐益粒共同编写。本书编写过程中得到了四川省装配式建筑产业协会、长沙远大住宅工业集团股份有限公司、成都建工集团有限公司、四川山立建筑科技有限公司等行业企业的大力指导和支持，在此向他们表示感谢！由于当前装配式建筑正处于探索和发展阶段，技术、工艺不断在变化和革新中，我们会紧跟技术发展，持续完善和更新内容。

由于编者水平有限，不足之处难免，恳请批评指正。欢迎大家在使用过程中，将书中存在的不足和建议发送至邮箱：93688837@qq.com。

编　者

CONTENTS 目录

CONTENTS

CONTENTS

C O N T E N T S

项目 1　走进装配式建筑

内容提要

装配式建造技术是建筑新技术，在学习本课程前，需先了解什么是装配式建筑。本项目基于两个学习任务，从装配式建筑的概念、分类、特点、评价标准四个维度全方位认识装配式建筑，了解装配整体式混凝土结构典型预制构件，为后续学习打好基础。

学习目标

知识目标

(1)掌握装配式建筑的概念、分类及特点；

(2)掌握装配式建筑评价标准；

(3)了解解装配整体式混凝土结构典型预制构件。

能力目标

能够根据《装配式建筑评价标准》进行建筑评级。

素养目标

树立绿色建造、工业化建造的意识。

任务 1.1　认识装配式建筑

任务导入

某省某市某公寓项目，总建筑面积为 22 947.27 m²，其中，地下 1 层，地上 16 层(局部 14 层)，建筑高度为 60.05 m，结构形式为装配整体式混凝土剪力墙结构，采用 EPC 总承包模式，合同工期 540 日历天。

本项目主体结构部分：竖向构件主要采用预制剪力墙，竖向构件运用比例 48.5%，水平构件主要采用预制叠合板、预制楼梯、预制阳台板，预制构件水平投影面积比例 80.15%；本项目围护墙和内隔墙部分：非承重围护墙非砌筑采用预制外墙板(非承重)，运用比例 81.2%，内隔墙非砌筑采用 ALC 板，运用比例为 83.79%。按《装配式建筑评价标准》(GB/T 51129—2017)计算，本项目装配率 74%。

结合以上项目介绍，完成装配式建筑概念、装配式建筑分类、装配式建筑评价标准的认知和学习。

1.1.1 装配式建筑的概念

装配式建筑是指结构系统、外围护系统、设备与管线系统、内装系统的主要部分采用预制部品、部件集成的建筑。装配式建筑是一个系统工程，由结构系统、外围护系统、设备与管线系统、内装系统四大系统组成，是将预制部品、部件通过模数协调、模块组合、接口连接、节点构造和施工工法等集成装配而成的。

动画1.1 走进装配式

结构系统是指由结构构件通过可靠的连接方式装配而成，以承受或传递荷载作用的整体；外围护系统是指由建筑外墙、屋面、外门窗及其他部品、部件等组合而成，用于分隔建筑室内外环境的部品部件的整体；设备与管线系统是指由给水排水、供暖通风空调、电气和智能化、燃气等设备与管线组合而成，满足建筑使用功能的整体；内装系统是指由楼地面、墙面、轻质隔墙、吊顶、内门窗、厨房和卫生间等组合而成，满足建筑空间使用要求的整体；部件是指在工厂或现场预先生产制作完成，构成建筑结构系统的结构构件及其他构件的统称；部品是指由工厂生产，构成外围护系统、设备与管线系统、内装系统的建筑单一产品或复合产品组装而成的功能单元的统称。

装配式建筑系统集成如图1.1所示。

竖向承重　叠合板　主体结构：装配式建筑　阳台板　楼梯　空调板　电器类　门窗类　智能系统　集成卫浴　内装：部品部件集成　集成厨房　地面系统　集成吊顶　墙面系统　管线系统

图1.1　装配式建筑系统集成示意

根据住房和城乡建设部标准定额司2019年度全国装配式建筑发展情况统计数据分析，当前装配式建筑依然以装配式混凝土建筑为主。本书的构造与识图内容只针对装配式混凝土。在建筑工程中，称为装配式混凝土建筑；在结构工程中，称为装配式混凝土结构。

1.1.2 装配式混凝土结构分类

装配式混凝土结构是指由预制混凝土构件通过可靠的连接方式（如图1.2所示，如套筒灌浆连接、叠合板后浇带接缝、叠合板密拼接缝等)装配而成的混凝土结构。其包括**全装配混凝土结构**和**装配整体式混凝土结构**两大类。全装配混凝土结构一般适用于低层或抗震设防要求较低的多层建筑；装配整体式混凝土结构一般适用于高层或抗震设防要求较高的多层建筑。

(a)

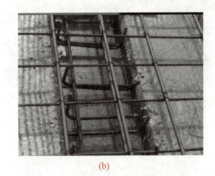

(b)

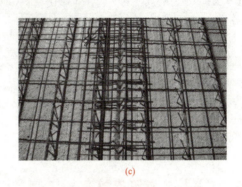

(c)

图 1.2　装配式混凝土结构的连接方式

(a)套筒灌浆连接；(b)叠合板后浇带接缝；(c)叠合板密拼接缝

　　装配整体式混凝土结构是指由预制混凝土构件通过可靠的连接方式进行连接并与现场后浇混凝土、水泥基灌浆料形成整体的装配式混凝土结构。按其结构类型不同，可以分为装配整体式框架结构(图 1.3)、装配整体式剪力墙结构(图 1.4)、装配整体式框架-现浇剪力墙结构、装配整体式部分框支剪力墙结构、装配整体式框架-现浇核心筒结构。当前，装配整体式框架结构体系和装配整体式剪力墙结构体系有大量研究和工程实践，运用较为成熟。

图 1.3　装配整体式框架结构

图 1.4　装配整体式剪力墙结构

《装配式混凝土结构技术规程》(JGJ 1—2014)第 6.1.1 条和《装配式混凝土建筑技术标准》(GB/T 51231—2016)第 5.1.2 条对装配式混凝土结构最大适用高度作了规定，见表 1.1。

表 1.1　装配整体式混凝土结构房屋的最大适用高度　　　　　　　　　　　　　m

结构类型	抗震设防烈度			
	6 度	7 度	8 度(0.20g)	8 度(0.30g)
装配整体式框架-现浇剪力墙结构	130	120	100	80
装配整体式框架-现浇核心筒结构	150	130	100	90
装配整体式剪力墙结构	130(120)	110(100)	90(80)	70(60)
装配整体式部分框支剪力墙结构	110(100)	90(80)	70(60)	40(30)
装配整体式框架结构	60	50	40	30

注：1. 房屋高度指室外地面到主要屋面的高度，不包括局部突出屋顶的部分。
　　2. 装配整体式剪力墙结构和装配整体式部分框支剪力墙结构，在规定的水平力作用下，当预制剪力墙构件底部承担的总剪力大于该层总剪力的 50% 时，其最大适用高度应适当降低；当预制剪力墙构件底部承担的总剪力大于该层总剪力的 80% 时，最大适用高度应取表中括号内的数值。

1.1.3　装配式建筑的特点

装配式建筑应遵循建筑全寿命周期的可持续性原则，具有设计标准化、生产工厂化、施工装配化、装修一体化、管理信息化和应用智能化的特点(图 1.5)，是现代工业化的生产方式，是建筑工业化与信息化的高度融合。大力发展装配式建筑是推进建筑业转型升级的重要举措。

图 1.5　装配式建筑特点

装配式建筑以完整的建筑产品为对象，以系统集成为方法，体现加工和装配需要的标准化设计；以工厂精益化生产为主要部品、部件；以装配和干式工法为主要工地现场；推广全装修和干法连接的装配式装修；基于 BIM 技术的全链条信息化管理，实现设计、生产、施工、装修和运维的协同；最终建造成为一个绿色、健康、智能的高质量产品。

装配式建筑的协同设计工作是工厂化生产和装配化施工建造的前提。装配式建筑设计应加强建筑、结构、设备、室内装修等专业的一体化设计，同时要加强设计、生产、运输、施工各方之间的协同。

少规格、多组合，是装配式建筑设计的重要原则，减少部品、部件的规格种类及提高部品、部件模板的重复使用率，有利于部品、部件的生产制造与施工，有利于提高生产速度和工人的劳动效率，从而降低造价。

装配式建筑强调性能要求，提高建筑质量和品质。 外围护系统、设备与管线系统及内装系统应遵循绿色建筑全寿命期的理念，结合地域特点和地方优势，优先用节能环保的技术、工艺、材料和设备，实现节约资源、保护环境和减少污染的目标，为人们提供健康舒适的居住环境。

与传统现浇工艺相比，装配式建筑生产建造过程还具有以下特点：

(1)**提高工程品质。** 构件工厂化生产可充分发挥标准化、机械化、专业化、信息化、智能化等优势，通过钢筋集中加工、构件集中预制、成品集中养护等措施，促使产品内在品质与外观质量"双提升"。

(2)**加快工程进度。** 通过标准化设计、工厂化生产、装配化、智能化施工，减少人工操作，降低劳动强度。同时，构件生产和现场建造在两地同步进行，建造、装修和设备安装一次完成，相比传统建造方式大大缩短工期，能够适应目前我国大规模的城市化进程。

(3)**实现绿色建造。** 构件生产工厂化，材料和能源消耗均处于可控状态，施工现场以装配为主，施工扬尘和建筑垃圾大幅度减少，节能环保，实现绿色建造。

随着新型城镇化的稳步推进，人民生活水平的不断提高，全社会对建筑品质的要求也越来越高，与此同时，能源和环保的双重压力逐渐加大，建筑行业必将面临转型升级。加快发展装配式建筑，促进建筑工业化、实现建筑绿色环保和高质量发展，具有重大的意义。

1.1.4 装配式建筑国内外发展历程

1. 装配式建筑国外发展历程

(1)德国。欧洲是预制装配式建筑的发源地，早在 20 世纪 50 年代，为解决第二次世界大战后的住房紧张问题，欧洲的许多国家大力推广装配式建筑，掀起了建筑工业化高潮。欧洲装配式建筑发达、先进、自动化程度高，构件从钢筋加工、画线定位、模具组装及运输、混凝土运输及布料、振捣、构件翻转、养护、转运全部实现自动化。德国是世界上建筑能耗降低幅度最快的国家，近几年更是提出发展零能耗的被动式建筑，使装配式住宅与节能标准相互之间充分融合。德国的装配式住宅基本上都采用了叠合楼板，新建别墅等建筑基本为全装配式钢(木)结构。在一个建筑里，通用标准构件，普遍采用预制，非标件采用现浇，能预制的预制，不能预制的现浇，以质量高、成本低、方便建造为原则，预制成本要比现浇成本低。

德国装配式建筑案例：Tour Total 大厦(图 1.6)，2012 年落成于柏林，建筑面积约为 2.8 万 m²，高度为 68 m，外墙面积约为 1 万 m²，由 1 395 个、200 多个不同种类、三维方向变化的混凝土预制构件装配而成。每个构件高度为 7.35 m，构件误差小于 3 mm，安装缝误差小于 1.5 mm。构件由白色混凝土加入石材粉末颗粒浇铸而成，三维方向变化微妙富有雕塑感的预制件，使建筑显得光影丰富、精致耐看。

(a) (b)

图 1.6 德国 Tour Total 大厦
(a)Tour Total 大厦外形图；(b)Tour Total 大厦中预制外墙构件

（2）日本。日本于 1968 年提出了装配式住宅的概念，1990 年推出采用部件化、工业化生产方式、高生产效率、住宅内部结构可变、适应居民多种不同需求的中高层住宅生产体系。在推进规模化和产业化结构调整进程中，住宅产业经历了从标准化、多样化、工业化到集约化、信息化的不断演变和完善过程。日本每五年都会颁布住宅建设五年计划，每个五年计划都有明确的促进住宅产业发展和性能品质提高方面的政策和措施。政府强有力的干预和支持对住宅产业的发展起到了重要的作用。通过立法来确保预制混凝土结构的质量，坚持技术创新，制订了一系列住宅建设工业化的方针、政策，建立统一的模数标准，解决了标准化、大批量生产和住宅多样化之间的矛盾。低层住宅以木结构为主，多高层住宅主要为钢筋混凝土框架结构(PCA 技术)。日本是一个地震频发的国家，地震烈度高，因而其装配式建筑的减震、隔震技术先进。

（3）美国。美国装配式住宅盛行于 20 世纪 70 年代。1976 年，美国国会通过了国家工业化住宅建造及安全法案，同年出台一系列严格的行业规范标准，一直沿用至今。除注重质量外，现在的装配式住宅更加注重美观、舒适性及个性化。据美国工业化住宅协会统计，2001 年，美国的装配式住宅已经达到了 1 000 万套，占美国住宅总量的 7％。在美国，大城市住宅的结构类型以装配式混凝土和装配式钢结构住宅为主，小城镇多以轻钢结构、木结构住宅为主。预应力预制构件运用广泛，构件通用化水平高。

（4）新加坡。新加坡是世界上公认的住宅问题解决较好的国家，80％的住宅由政府建造，组屋项目强制装配化。住宅政策及装配式住宅发展理念促使其工业化建造方式得到广泛推广，新加坡开发出 15 层到 30 层的单元化装配式住宅，占全国总住宅数量的 80％以上，装配率达到 70％。

2. 我国装配式建筑发展历程

我国装配式建筑的发展共经历了起步阶段、持续发展阶段、低潮阶段、新发展阶段，如图 1.7 所示。

图 1.7　我国装配式建筑的发展阶段

（1）起步阶段。我国装配式建筑起源于 20 世纪 50 年代。新中国刚刚成立，全国处于百废待兴的状态，发展建筑行业，为人民提供居住环境，迫在眉睫。当时，我国著名建筑学家梁思成先生提出了"建筑工业化"的理念，这一理念被写入了新中国第一个五年计划中。借鉴苏联和东欧国家的经验，首次提出"三化"，即设计标准化、构件生产工厂化、施工机械化，明确建筑工业化发展方向，全国的预制厂如雨后春笋般出现。1955 年，北京第一建筑构件厂在东郊百子湾兴建。1959 年，我国采用预制装配式混凝土技术建成了高达 12 层的北京民族饭店（图 1.8），标志着我国装配式混凝土建筑进入起步阶段。

图 1.8　北京民族饭店

（2）持续发展阶段。20 世纪 60 年代到 80 年代初期，我国装配式混凝土建筑进入了持续发展阶段，多种装配式建筑体系得到了快速发展，并提出了"四化"目标，即设计标准化、构件生产工厂化、施工机械化、组织管理科学化。其原因有以下几点：

1）当时各类建筑标准不高，形式单一，易于采用标准化方式建造；

2）当时房屋建筑的抗震性能要求不高；

3）当时建筑行业的建设总量不大，预制构件厂的供应能力可满足建设要求；

4）当时计划经济体制下的施工企业采用固定用工制，预制装配式的施工方式可减少现场劳动力投入。

（3）低潮阶段。在 1976 年的唐山大地震中，大量预制装配式房屋严重破坏，暴露出结构整体性、抗震性差的问题。早期建造的预制装配式房屋在这个时期也出现了外墙渗漏、隔声差、保温差等使用性能方面的问题。同时，改革开放带来了对商品住宅的个性化需求，20 世纪 80 年代初期，现浇体系进入中国，建筑向高层发展，房屋建筑抗震性能要求提高，各类模板、脚手架、商混应用普及，农民工大量进入城镇，劳动力成本低，现浇施工技术得到了快速发展，现浇结构相较装配式结构更适合这一时期的国情，我国装配式建筑在 20 世纪 80 年代遭遇低潮，发展近乎停滞。

（4）新发展阶段。进入新世纪，建筑劳动力成本持续上升，人们对建筑功能需求和质量要求不断提高，绿色环保已成为国家重大战略，传统的建筑业面临转型升级，建筑工业化、信息化的道路成为必然选择。装配式技术逐步成熟，涌现了大量龙头企业，建设了一大批示范项目，装配式建筑逐渐符合现阶段国情。

2016 年 9 月 30 日，《国务院办公厅关于大力发展装配式建筑的指导意见》(国办发〔2016〕71 号)中明确提出大力发展装配式建筑："以京津冀、长三角、珠三角三大城市群为重点推进地区，常住人口超过 300 万的其他城市为积极推进地区，其余城市为鼓励推进地区，因地制宜发展装配式混凝土结构、钢结构和现代木结构等装配式建筑。力争用 10 年左右的时间，使装配式建筑占新建建筑面积的比例达到 30%。"

2017 年 11 月，住房和城乡建设部认定了 30 个城市和 195 家企业为第一批装配式建筑示范城市和产业基地。示范城市分布在东部、中部、西部，装配式建筑发展各具特色，产业基地涉及 27 个省、自治区、直辖市和部分央企，产业类型涵盖设计、生产、施工、装备制造、运行维护等全产业链。国内新建装配式建筑的面积 2017 年为 1.8 亿 m^2，2018 年为 2.9 亿 m^2，2019 年为 4.2 亿 m^2，2020 年达到 6.3 亿 m^2，2021 年达到 7.4 亿 m^2，2022 年达到 8.1 亿 m^2，占新建建筑面积比例 26.2%。装配式建筑进入了快速发展的新阶段。

人力资源社会保障部办公厅在"关于发布智能制造工程技术人员等职业信息的通知"厅发〔2020〕17 号中明确了装配式建筑施工员作为建筑行业的新职业。2020 年 7 月，十三部委联合发布《住房和城乡建设部等部门关于推动智能建造与建筑工业化协同发展的指导意见》、九部委联合发布了《关于印发绿色建筑创建行动方案的通知》；2020 年 8 月，七部委联合发布了《住房和城乡建设部等部门关于加快新型建筑工业化发展的若干意见》，三份文件形成组合拳，明确要求推动建筑工业化、数字化、智能化升级，打造"中国建造"升级版。

2022 年 1 月 19 日，住房和城乡建设部印发了"十四五"建筑业发展规划，明确以推动智能建造与新型建筑工业化协同发展为动力，加快建筑业转型升级，实现绿色低碳发展，到 2035 年，"中国建造"核心竞争力世界领先，迈入智能建造世界强国行列，全面服务社会主义现代化强国建设。

1.1.5 装配式建筑评价标准

1. 评价指标和评价对象

衡量装配式建筑的水平，需要有配套评价标准，根据《装配式建筑评价标准》(GB/T 51129—2017)中的规定，以装配率作为装配式建筑的评价指标。

装配率是指单体建筑室外地坪以上的主体结构、围护墙和内隔墙、装修和设备管线等采用预制部品部件的综合比例。装配率计算和装配式建筑等级评价应以单体建筑作为计算和评价单元。

2. 评价阶段

装配式建筑评价可分为预评价(针对设计图纸阶段)和项目评价(针对竣工后的成品建筑)两个阶段。设计阶段宜进行预评价，并应按设计文件计算装配率；项目评价应在项目竣工验收后进行，并应按竣工验收资料计算装配率和确定评价等级。

3. 装配率计算

装配率的计算公式如下所示，公式各参数的评分表见表 1.2。

$$P = \frac{Q_1 + Q_2 + Q_3}{100 - Q_4} \times 100\%$$

式中　　P——装配率；

Q_1——主体结构指标实际得分值；

Q_2——围护墙和内隔墙指标实际得分值；

Q_3——装修和设备管线指标实际得分值；

Q_4——评价项目中缺少的评价项分值总和。

表 1.2　装配式建筑评分表

评价项		评价要求	评价分值	最低分
主体结构 (50分)	柱、支撑、承重墙、延性墙板等竖向构件	35%≤比例≤80%	20～30*	20
	梁、板、楼梯、阳台、空调板等构件	70%≤比例≤80%	10～20*	
围护墙和内隔墙 (20分)	非承重围护墙非砌筑	比例≥80%	5	10
	围护墙与保温、隔热、装饰一体化	50%≤比例≤80%	2～5*	
	内隔墙非砌筑	比例≥50%	5	
	内隔墙与管线、装修一体化	50%≤比例≤80%	2～5*	
装修和设备管线 (30分)	全装修	—	6	6
	干式工法楼面、地面	比例≥70%	6	—
	集成厨房	70%≤比例≤90%	3～6*	
	集成卫生间	70%≤比例≤90%	3～6*	
	线管分离	50%≤比例≤70%	4～6*	

注：表中带"*"项目的分值采用内插法计算，计算结果取小数点后1位。

》》走进规范

《装配式建筑评价标准》(GB/T 51129—2017)第4.0.2条和第4.0.3条对主体结构竖向构件采用混凝土材料时的预制部品部件的应用比例作了规定：

4.0.2　柱、支撑、承重墙、延性墙板等主体结构竖向构件主要采用混凝土材料时，预制部品部件的应用比例应按下式计算：

$$q_{1a} = \frac{V_{1a}}{V} = \times 100\%$$

式中　q_{1a}——柱、支撑、承重墙、延性墙板等主体结构竖向构件中预制部品部件的应用比例；

V_{1a}——柱、支撑、承重墙、延性墙板等主体结构竖向构件中预制混凝土体积之和，符合《装配式建筑评价标准》(GB/T 51129—2017)第4.0.3条规定的预制构件间连接部分的后浇混凝土也可计入计算；

V——柱、支撑、承重墙、延性墙板等主体结构竖向构件混凝土总体积。

4.0.3　当符合下列规定时，主体结构竖向构件间连接部分的后浇混凝土可计入预制混凝土体积计算。

1. 预制剪力墙板之间宽度不大于600 mm的竖向现浇段和高度不大于300 mm的水平后浇带、圈梁的后浇混凝土体积；

2. 预制框架柱和框架梁之间柱梁节点区的后浇混凝土体积；

3. 预制柱间高度不大于柱截面较小尺寸的连接区后浇混凝土体积。

《装配式建筑评价标准》(GB/T 51129—2017)第4.0.4条和第4.0.5条对主体结构水平构件采用混凝土材料时的预制部品部件的应用比例作了规定：

4.0.4　梁、板、楼梯、阳台、空调板等构件中预制部品部件的应用比例应按下式计算：

$$q_{1b} = \frac{A_{1b}}{A} \times 100\%$$

式中　q_{1b}——梁、板、楼梯、阳台、空调板等构件中预制部品部件的应用比例；

A_{1b}——各楼层中预制装配梁、板、楼梯、阳台、空调板等构件的水平投影面积之和；

A——各楼层建筑平面总面积。

4.0.5　预制装配式楼板、屋面板的水平投影面积可包括：

1. 预制装配式叠合楼板、屋面板的水平投影面积；

2. 预制构件间宽度不大于300 mm的后浇混凝土带水平投影面积；

3. 金属楼承板和屋面板、木楼盖和屋盖及其他在施工方现场免支模的楼盖和屋盖的水平投影面积。

注：装配式建筑评价标准在实施过程中，部分省市根据本地实际情况进行了调整，形成了当地的装配式建筑评价标准，大家在工程运用中，要注意区分当地执行的是国家标准还是地方标准，采用不同标准计算出的装配率有差异。

4. 认定与评级

装配式建筑应同时满足下列要求：主体结构部分的评价分值不低于20分；围护墙和内隔墙部分的评价分值不低于10分；采用全装修装配率不低于50%，且主体结构竖向构件中预制部品部件的应用比例不低于35%时，可进行装配式建筑等级评价。装配式建筑评价等级应划分为A级、AA级、AAA级，并应符合下列规定：

(1)装配率为60%~75%时，评价为A级装配式建筑；

(2)装配率为76%~90%时，评价为AA级装配式建筑；

(3)装配率为91%及以上时，评价为AAA级装配式建筑。

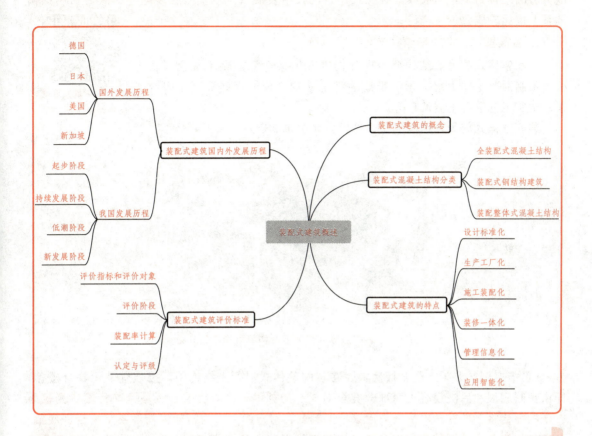

职业能力测验

职业能力测验与答案

任务 1.2   装配整体式混凝土结构典型构件拆分

>> 任务导入

结合任务 1.1 中的项目介绍，梳理出装配整体式混凝土结构中的典型预制构件类型。

通过任务 1.1 的学习，我们了解了装配式混凝土建筑根据其结构形式的不同又可分为装配整体式框架结构、装配整体式剪力墙结构、装配整体式框架-现浇剪力墙结构、装配整体式部分框支剪力墙结构、装配整体式框架-现浇核心筒结构。我国住宅建筑量大面广，且以剪力墙结构为主，当前我国装配式建筑的技术发展及工程实践在装配整体式剪力墙结构体系上也比较成熟。

1. 装配整体式剪力墙结构典型构件拆分

装配整体式剪力墙结构典型拆分构件有桁架钢筋混凝土叠合板底板、预制混凝土剪力墙、预制钢筋混凝土楼梯、预制钢筋混凝土阳台板、预制钢筋混凝土空调板等。

动画 1.2　装配式混凝土结构构件拆分演示

装配整体式剪力墙结构典型构件拆分如图 1.9 所示。

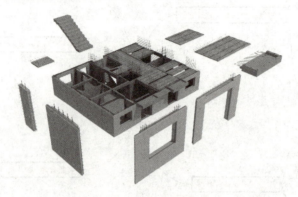

图 1.9　装配整体式剪力墙结构典型构件拆分图

（1）桁架钢筋混凝土叠合板底板。在装配整体式混凝土结构中，楼板宜采用叠合楼盖，即由预制底板和后浇混凝土两部分叠合而成。桁架钢筋混凝土叠合板是目前我国应用较为广泛的叠合板，即在预制底板内设置桁架钢筋，对应的底板为桁架钢筋混凝土叠合板底板，预制底板需在构件厂预先加工完成。桁架钢筋混凝土叠合板底板属于水平结构构件，常见有双向板、单向板等形式，如图 1.10 所示。

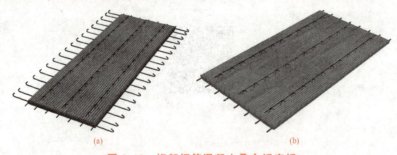

(a)　　　　　　　　　　　(b)

图 1.10　桁架钢筋混凝土叠合板底板
(a)预制双向板；(b)预制单向板

（2）预制混凝土剪力墙。预制混凝土剪力墙，是指在工厂预先生产制作，现场安装，承受上部结构，传递竖向荷载的预制墙板。一般情况下，预制混凝土剪力墙采用竖向通过套筒灌浆或浆锚搭接、水平通过现浇连接节点整体式接缝的方式，与相邻结构构件进行可靠连接。预制混凝土剪力墙属于竖向结构构件，常见有无洞口预制外墙、带门洞预制外墙、带窗洞预制外墙、预制内墙等形式，如图 1.11 所示。

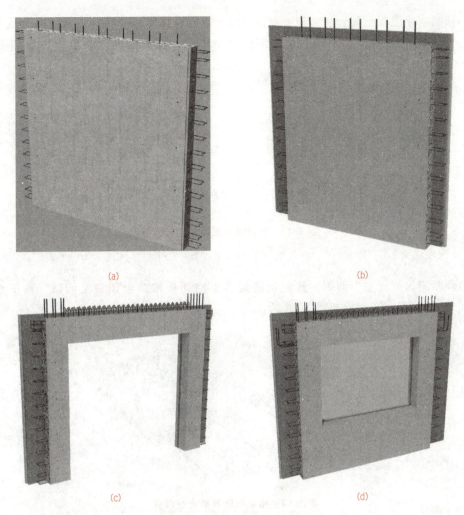

(a)   (b)

(c)   (d)

图 1.11   预制混凝土剪力墙

(a)预制内墙；(b)无洞口预制外墙；(c)带门洞预制外墙；(d)带窗洞预制外墙

（3）预制钢筋混凝土楼梯。**预制钢筋混凝土楼梯属于水平构件，按照结构形式和受力特性的不同，可分为预制梁式楼梯和预制板式楼梯。预制板式楼梯按照其构造形式不同，又以双跑楼梯和剪刀楼梯两种形式的工程运用最为普遍。**预制钢筋混凝土楼梯如图 1.12 所示。

图 1.12   预制钢筋混凝土楼梯

（4）预制钢筋混凝土阳台板。**预制钢筋混凝土阳台板属于水平构件，**常见有全预制板式阳台板、叠合板式阳台板、全预制梁式阳台板等形式。预制钢筋混凝土阳台板如图 1.13 所示。

（a）   （b）

图 1.13　预制钢筋混凝土阳台板

(a)全预制板式阳台板；(b)叠合板式阳台板

（5）预制钢筋混凝土空调板。**预制钢筋混凝土空调板常为全预制空调板，属于水平构件。**预制钢筋混凝土空调板如图 1.14 所示。

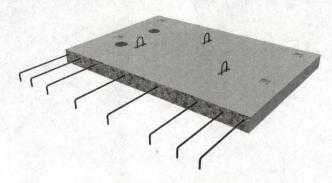

图 1.14　预制钢筋混凝土空调板

2. 装配整体式框架结构典型构件拆分

近几年，装配式建筑在公共建筑中运用越来越多，技术越来越成熟，结构类型主要为装配整体式框架结构。预制结构构件除前面所讲的桁架钢筋叠合板底板、预制钢筋混凝土楼梯、预制钢筋混凝土阳台板、预制钢筋混凝土空调板外，还有两类典型预制构件：预制混凝土柱和预制混凝土梁。

预制柱是指在工厂预先制作而成，在现场进行安装的柱子。预制柱是装配整体式框架结构中重要的竖向承重构件，如图 1.15 所示。

图 1.15　预制混凝土柱

在装配式混凝土框架结构中，全部或者部分梁采用混凝土叠合框架梁，叠合梁是由预制梁和后浇混凝土两部分叠合而成，其中，预制梁是在构件厂预先加工完成的部分，属于水平构件，如图 1.16 所示。

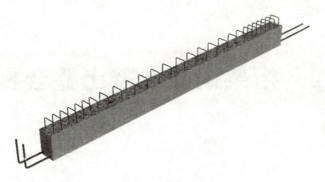

图 1.16　预制混凝土梁

职业能力测验

职业能力测验与答案

拓展资源

四川省装配式建筑
装配率计算细则

从"火神山"到"雷神山"
装配式建筑"显神威"

项目 2　桁架钢筋混凝土叠合板底板

内容提要

　　桁架钢筋混凝土叠合板底板是装配式混凝土结构中的重要水平承重构件。本项目基于构件认知——桁架钢筋混凝土叠合板底板构造、构件生产——桁架钢筋混凝土叠合板底板大样图识读、构件吊装——叠合楼板平面布置图识读、构件连接——叠合板底板连接节点大样图识读四个学习任务，旨在培养大家掌握桁架钢筋混凝土叠合板底板构造、正确识读桁架钢筋混凝土叠合板底板图纸、获取构件生产及施工阶段所需的图纸信息。

学习目标

知识目标

(1)了解桁架钢筋混凝土叠合板底板的概念和分类；

(2)掌握桁架钢筋混凝土叠合板底板的构造组成和构造要求；

(3)掌握桁架钢筋混凝土叠合板底板大样图的图示内容和识读方法；

(4)掌握桁架钢筋混凝土叠合板底板平面布置图的图示内容和识读方法；

(5)掌握桁架钢筋混凝土叠合板底板连接节点构造要求和识读方法。

能力目标

(1)能够熟练识读桁架钢筋混凝土叠合板底板大样图、平面布置图和节点大样图；

(2)能够根据图纸内容，准确获取桁架钢筋混凝土叠合板底板生产、吊装、节点施工所需的信息。

素养目标

(1)培养精益求精的工匠精神；

(2)养成善于创新的职业素养。

任务 2.1　构件认知——桁架钢筋混凝土叠合板底板构造

任务导入

　　某省某市某高层住宅项目，地上 12 层、地下 1 层，结构体系为装配整体式混凝土剪力墙结构，上人屋面。该项目采用 EPC 总承包模式，合同工期 400 日历天。

　　本项目主体结构部分：竖向构件主要采用预制剪力墙，水平构件主要采用桁架钢筋混凝土叠合板底板、预制楼梯、预制阳台板、预制空调板。

　　请结合以上介绍，完成对桁架钢筋混凝土叠合板底板概念、分类、构造组成的学习和认知。

2.1.1 认识底板

1. 桁架钢筋混凝土叠合板的概念

在装配整体式混凝土结构中，楼板宜采用叠合楼盖，即由预制底板和后浇混凝土两部分叠合而成，如图 2.1 所示。其中，预制底板需在构件厂预先加工完成。

动画 2.1 钢筋混凝土
叠合楼板构造

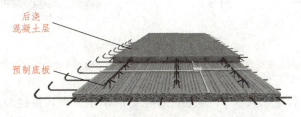

后浇
混凝土层

预制底板

图 2.1　叠合楼板示意

跨度不同，可采用不同类型的叠合板。跨度大于 3 m 的叠合板宜采用桁架钢筋混凝土叠合板，跨度大于 6 m 的叠合板宜采用预应力混凝土叠合板。叠合板预制底板厚度不宜小于 60 mm，后浇混凝土叠合层厚度不应小于 60 mm。

桁架钢筋混凝土叠合板是目前我国应用较为广泛的叠合板，即在预制底板内设置桁架钢筋。

2. 桁架钢筋混凝土叠合板底板的分类

（1）按受力分类。在现浇钢筋混凝土楼板中，根据受力特点和支承情况不同，可分为双向板和单向板。同样，叠合板根据其受力特性不同，也可分为单向板和双向板。

1）当围合房间的长宽比不大于 3，预制板之间采用整体式接缝时，叠合板应按双向板设计，如图 2.2 所示。此时荷载沿板双向传递，通常桁架钢筋混凝土叠合板底板两个对边方向均出筋。整体式接缝是指预制底板之间的连接采用后浇混凝土带，如图 2.3 所示。

动画 2.2 桁架钢筋
叠合底板分类

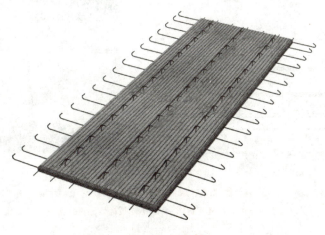

图 2.2　双向板

17

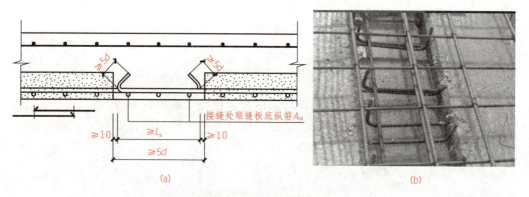

接缝处顺缝板底纵筋A_{sa}

≥10 ≥L_a ≥10
≥5d

(a)   (b)

图 2.3　双向板整体式接缝

(a)双向板板侧整体式接缝构造图；(b)双向板板侧整体式接缝现场图片

2)当围合房间的长宽比大于 3，预制叠合板之间采用分离式接缝时，叠合板宜按**单向板**设计，如图 2.4 所示。此时荷载沿板单向传递，通常桁架钢筋混凝土叠合板底板仅沿跨度方向出筋，另一对边方向不出筋。**分离式接缝**是指预制底板之间的连接采用密拼，不形成后浇混凝土带，如图 2.5 所示。

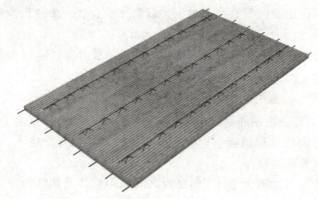

图 2.4　单向板

板底连接纵筋A_{sd}

附加通长构造钢筋
直径≥φ4，间距≤300

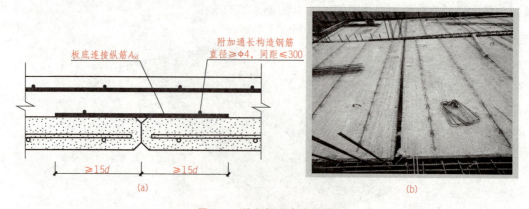

≥15d　　≥15d
(a)   (b)

图 2.5　单向板分离式接缝

(a)单向板板侧分离式接缝构造图；(b)单向板板侧分离式接缝现场图片

（2）按形状分类。按桁架钢筋叠合板底板的形状可分为**矩形底板和带缺口底板**。多数预制叠合板都是矩形底板，如图 2.6 所示；带缺口底板一般用于楼板与框架柱的连接部位或管线集中位置，如图 2.7 所示。

图 2.6　矩形底板

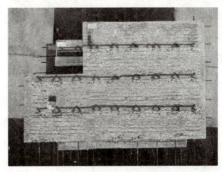
图 2.7　带缺口底板

（3）按位置分类。按桁架钢筋叠合板底板安装位置的不同可分为**边板和中板**。边板放置于房间的端部，这种板三边支撑于墙或梁上，只有一个侧边与相邻板拼接；中板位于房间中部，这种板两端支撑于墙或梁上，两侧边与相邻板拼接。边板和中板位置示意如图 2.8 所示。

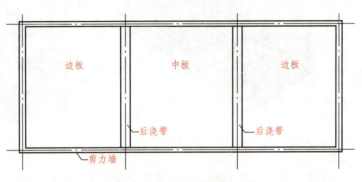
图 2.8　边板和中板位置示意

2.1.2　剖析底板（1＋X）（GZ008）

桁架钢筋混凝土叠合板底板的构造通常有外伸钢筋、粗糙面、侧边倒角、预留预埋、构件标识等，如图 2.9 所示。

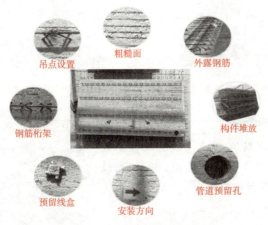
图 2.9　叠合板底板的构造示意

1. 外伸钢筋

预制双向板的外伸钢筋包括板端外伸钢筋和板侧外伸钢筋，预制单向板的外伸钢筋仅为板端外伸钢筋，钢筋桁架均部分外露。预制双向板的外伸钢筋如图 2.10 所示，预制单向板的外伸钢筋如图 2.11 所示。

(1)预制双向板外伸钢筋。

1)**板端外伸钢筋**：为保证板与支座连接可靠，板端钢筋应外伸并锚入支座内。外伸钢筋预留形式为直线形，根据《装配式混凝土结构技术规程》(JGJ 1—2014)第 6.6.4 条要求，外伸长度不应小于 5d(d 为外伸钢筋直径)，且宜伸过支座中心线，如图 2.12 所示。

图 2.10　预制双向板的外伸钢筋

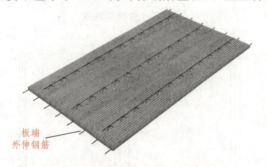

图 2.11　预制单向板的外伸钢筋

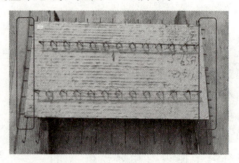

图 2.12　预制双向板板端外伸钢筋

2)**板侧外伸钢筋**：预制双向板拼接时板侧采用整体式接缝，为受力接缝。

①中板两侧外伸钢筋预留形式常为带弯钩形或直线形，外伸长度需满足受力搭接要求，如图 2.13 所示。

②边板一侧搁置在支座上，其外伸钢筋要求同板端外伸钢筋；另一侧与相邻板拼接，其外伸钢筋要求同中板板侧外伸钢筋，如图 2.14 所示。

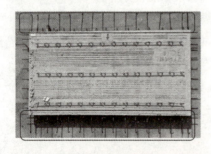

图 2.13　预制双向板中板板侧外伸钢筋

图 2.14　预制双向板边板板侧外伸钢筋

(2)预制单向板外伸钢筋。

1)**板端外伸钢筋**：板端支座处，板的外伸钢筋预留形式为直线形，根据节点连接要求，外伸长度不应小于 5d(d 为纵向受力钢筋直径)，且宜伸过支座中心线，如图 2.15 所示。

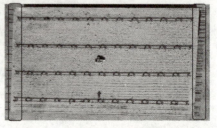

图 2.15　预制单向板板端外伸钢筋

2）**板侧外伸钢筋：**由于预制单向板拼接时板侧采用分离式接缝，所以，单向板板侧钢筋一般不需要外伸。

（3）钢筋桁架。**钢筋桁架由上弦钢筋、下弦钢筋和腹杆钢筋组成，**如图 2.16 所示。在预制叠合板底板内设置桁架钢筋，主要有以下作用：增加预制底板在制作、运输、吊装时的刚度；增加预制底板与后浇叠合层的抗剪能力；桁架下弦钢筋可作为板内受力钢筋；钢筋桁架兼作施工时的马凳筋，支撑后浇叠合层的上部面筋；通过一定加强措施后，上弦与腹杆相交的节点可作吊装时的吊点。

动画 2.3　桁架钢筋构成

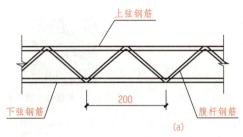
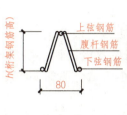
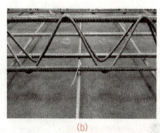

图 2.16　桁架钢筋
（a）桁架钢筋组成；（b）桁架钢筋示意

桁架钢筋应由专用焊接机械加工而成，如图 2.17 所示。腹杆与上、下弦钢筋的焊接采用电阻电焊，如图 2.18 所示。

构件制作时，钢筋桁架的一部分埋入底板内；另一部分外露于底板上，如图 2.19 所示。

图 2.17　桁架钢筋生产过程
（a）腹杆弯拱；（b）腹杆焊接；（c）桁架切断

图 2.18　腹杆与上、下弦钢筋的焊点　　　　图 2.19　外露的桁架钢筋

2. 粗糙面

（1）粗糙面要求。为保证预制底板与后浇混凝土层的紧密结合，需在底板上表面及侧面设置粗糙面。粗糙面的凹凸深度不小于 **4 mm**，粗糙面的面积不小于结合面的 **80%**。

视频 2.1　粗糙面成型工艺

>> **走进规范**

《装配式混凝土结构技术规程》（JGJ 1—2014）第 6.5.5-1 条：预制板与后浇混凝土叠合层之间的结合面应设置粗糙面。

第 6.5.5-5 条：粗糙面的面积不小于结合面的 80%，预制板的粗糙面凹凸深度不小于 4 mm。

（2）上表面粗糙面。底板上表面粗糙面常采用拉毛机拉毛而成，预制底板混凝土浇筑振捣完毕后，模台运行至拉毛工位，启动拉毛机械，刀片在上表面滑动形成凹凸不平且有一定深度的凹槽，如图 2.20 所示。

(a)　　　　　　　　　　　　　　　　　　　(b)

图 2.20　上表面粗糙面
(a)拉毛机械；(b)刀片划过形成粗糙面

（3）侧面粗糙面。底板侧面粗糙面可通过花纹钢板模具形成压花粗糙面，如图 2.21 所示；也可通过在模板表面涂刷适量的缓凝剂，混凝土初凝后用高压水枪冲刷形成露骨料粗糙面，如图 2.22 所示。

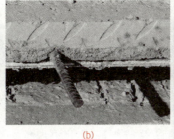
(a) (b)

图 2.21 压花粗糙面
(a)花纹钢板模具；(b)侧面压花粗糙面

图 2.22 露骨料粗糙面

3. 侧边倒角

为了便于与后浇混凝土的结合，增加后浇混凝土的流动，预制双向板上表面各侧宜设置宽度和高度尺寸均为 20 mm 的倒角。预制单向板上表面各侧宜设置宽度和高度尺寸均为 20 mm 的倒角，下表面为处理密拼产生的缝隙，接缝各侧宜设置宽度和高度尺寸均为 10 mm 的倒角。倒角设置要求如图 2.23 所示。

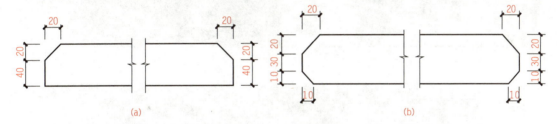
(a) (b)

图 2.23 倒角构造要求
(a)双向板倒角；(b)单向板倒角

为了方便倒角的制作，一般在模具上设置倒角，如图 2.24 所示。构件成型后的倒角效果，如图 2.25 所示。

有时为了构件生产方便，也有不做倒角的情况。

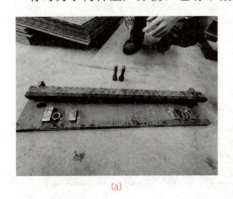

(a) (b)

图 2.24 模具上设置倒角
(a)组合模具侧面设置倒角；(b)角钢模具设置倒角

视频 2.2 预埋
线盒点位

4. 预留预埋

装配式混凝土结构中的预制构件在工厂生产完成，原则上施工现场不允许开槽、凿洞，以避免伤及预制构件，影响质量。在构件生产过程中，要严格按照设计图纸，做好预留预埋，并精准定位。

（1）预埋线盒。为保证楼板上照明灯具、消防烟感探测器等设备的安装，需要在预制叠合板底板上预埋线盒。线盒按其材质不同，可分为金属线盒（图2.26）和PVC线盒（图2.27），一般采用标准的86型接线盒。

图 2.25　构件成型后的倒角效果

图 2.26　金属线盒

图 2.27　PVC 线盒

在叠合楼板中，设备水平管线敷设于叠合楼板的现浇层，为方便与现浇层内的管线相连接，预留线盒多采用深型线盒，如图2.28所示。

（2）预留孔洞。当楼板上有竖向管道穿过时，需在预制板上预留孔洞，如图2.29所示，预留孔洞尺寸一般比管道尺寸适当放大。

预留槽口、洞口时，要保证预留槽口、洞口的准确定位。预留槽洞如图2.30所示。

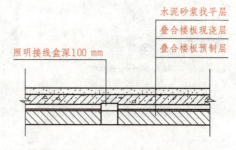

图 2.28　叠合楼板内管线敷设示意

底板开槽位置宜避开桁架钢筋的位置，如果无法避开时，需要设计人员进行钢筋补强。

当洞口直径（或者边长）小于300 mm时，底板钢筋绕过洞口，不得切断，如图2.31所示。当洞口直径(或者边长)大于等于 300 mm，需设计补强钢筋。

(a)   (b)

图 2.29 预留管道孔洞
(a)预留孔洞的定位固定；(b)预留孔洞成型效果

 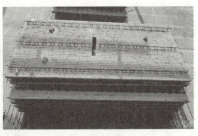
(a)   (b)

图 2.30 预留槽洞
(a)槽洞的定位固定；(b)预留槽洞成型效果

图 2.31 预留槽洞洞口直径(或边长)小于 300 mm 时钢筋构造

5. 构件标识

桁架钢筋叠合板底板的标识包括构件信息标识、吊点标识、安装方向标识。

(1)构件信息标识。为实现装配式建筑信息化管理，预制构件生产企业所生产的每个构件都应在显著位置进行构件信息标识，标识的信息应涵盖工程名称、构件编号、混凝土标号、生产企业、生产日期等内容。

构件信息标识卡常采用二维码(图 2.32)或预埋芯片，确保预制构件在施工全过程中质量可追溯。

(2)吊点标识。预制底板在吊装时，为保证吊钩位置放

图 2.32 构件二维码标识

置正确，需在构件上作吊点位置标识。标识位于桁架上弦与腹杆节点处，采用油漆喷涂。其数量、位置与构件大样图一致，如图2.33所示。

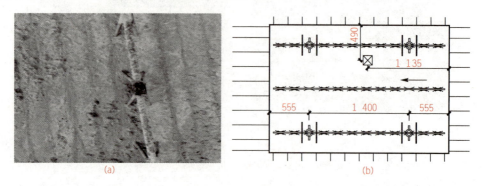

图 2.33　构件吊点标识

(a)吊点标识；(b)构件大样图中的吊点示意

对于尺寸规格较大的桁架钢筋叠合板底板，也可单独在预制底板内预埋吊环，如图2.34所示。

图 2.34　叠合板底板的吊环

(3)安装方向标识。为避免预制板在安装时方向错位，构件平面布置图、构件大样图和预制构件上均需标明安装方向。预制构件上以箭头表示，用油漆喷涂，如图2.35所示。

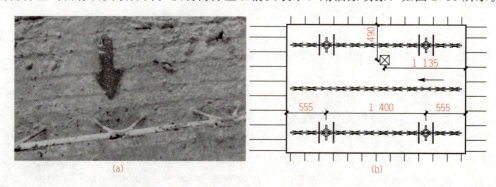

图 2.35　构件安装方向标识

(a)安装方向标识；(b)构件大样图中的安装方向示意

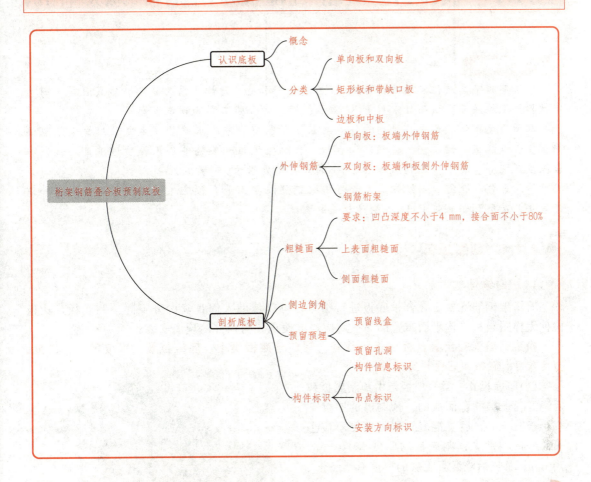

桁架钢筋叠合板预制底板

- 认识底板
  - 概念
  - 分类
    - 单向板和双向板
    - 矩形板和带缺口板
    - 边板和中板
- 剖析底板
  - 外伸钢筋
    - 单向板：板端外伸钢筋
    - 双向板：板端和板侧外伸钢筋
    - 钢筋桁架
  - 粗糙面
    - 要求：凹凸深度不小于4 mm，接合面不小于80%
    - 上表面粗糙面
    - 侧面粗糙面
  - 侧边倒角
  - 预留预埋
    - 预留线盒
    - 预留孔洞
  - 构件标识
    - 构件信息标识
    - 吊点标识
    - 安装方向标识

职业能力测验与答案

>> **任务导入**

某省某市某高层住宅项目，地上 12 层、地下 1 层，结构体系为装配整体式混凝土剪力墙结构，上人屋面。该项目采用 EPC 总承包模式，合同工期 400 日历天。

本项目主体结构部分：竖向构件主要采用预制剪力墙，水平构件主要采用桁架钢筋混凝土叠合板底板、预制楼梯、预制阳台板、预制空调板。某构件厂承接了该项目的预制叠合板生产任务。其中，预制底板 DHB-1 的大样图见附录（编号 01）。

请结合任务介绍和图纸内容，学习桁架钢筋混凝土叠合板底板大样图的图示内容和识读方法，获取预制底板 DHB-1 生产相关的图纸信息。

2.2.1　制图规则

1. 板的编号

对桁架钢筋混凝土叠合板底板进行编号，可以帮助人们正确区分不同预制底板，让板构件大样图与板结构平面布置图一一对应，方便识图与构件的现场安装。

桁架钢筋混凝土叠合板底板的编号，常包含底板类型，底板位置，厚度尺寸，跨度、宽度尺寸，底板钢筋代号等信息。

（1）厚度尺寸。叠合楼板是由预制底板和后浇混凝土层叠合而成的。预制层的厚度不宜小于 60 mm，后浇混凝土层的厚度不应小于 60 mm。常见预制底板的厚度有 60 mm、70 mm；常见后浇混凝土层的厚度有 70 mm、80 mm、90 mm。

（2）跨度、宽度尺寸。板有跨度和宽度方向之分。一般来说，沿板的长边方向就是板的跨度方向，沿板的短边方向就是板的宽度方向，如图 2.36 所示。

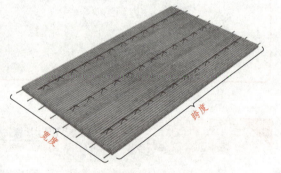

图 2.36　底板跨度、宽度示意

《桁架钢筋混凝土叠合板（60 mm 厚底板）》（15G366-1）中给出的桁架钢筋混凝土叠合板的标志宽度有 1 200 mm、1 500 mm、1 800 mm、2 000 mm、2 400 mm 共 5 种；标志跨度为 3M 的倍数，预制双向板的最小标志跨度为 3 000 mm，预制单向板的最小标志跨度为 2 700 mm。板的标志跨度和标志宽度取值见表 2.1。

表 2.1　板的标志跨度和标志宽度取值表

板型	标志宽度/mm	标志跨度/mm
双向板	1 200、1 500、1 800、2 000、2 400（共 5 种）	3 000、3 300、3 600、3 900、4 200、4 500、4 800、5 100、5 400、5 700、6 000（共 11 种）
单向板	1 200、1 500、1 800、2 000、2 400（共 5 种）	2 700、3 000、3 300、3 900、4 200（共 5 种）

表 2.1 中的尺寸仅为《桁架钢筋混凝土叠合板(60 mm 厚底板)》(15G366-1)的参考规格，是期望板的规格尽可能标准化，实现少规格，多组合。当前在工程实践中，构件标准化程度还不够，实际项目中板的尺寸规格多样，但板的图示内容和识读方法是相同的。

(3)底板钢筋代号。

1)**预制双向板钢筋代号**：《桁架钢筋混凝土叠合板(60 mm 厚底板)》(15G366-1)中将预制双向板的钢筋类型、直径、间距等信息以代号的形式表示，具体可参见表2.2。

表 2.2　预制双向板跨度、宽度方向钢筋代号组合表(15G366-1)

宽度方向 ＼ 跨度方向	⊈8@200	⊈8@150	⊈10@200	⊈10@150
⊈8@200	11	21	31	41
⊈8@150		22	32	42
⊈8@100				43

预制双向板跨度方向钢筋有四种型号，用 1、2、3、4 表示(1 代表 ⊈8@200；2 代表 ⊈8@150；3 代表 ⊈10@200；4 代表 ⊈10@150)。宽度方向钢筋有三种型号，用 1、2、3 表示(1 代表 ⊈8@200；2 代表 ⊈8@150；3 代表 ⊈8@100)。钢筋代号编写时，将跨度方向钢筋写在前面，宽度方向钢筋写在后面，共组合出 11、21、…、43 八种代号。

代号举例：某预制双向板的钢筋代号为 21，代表跨度方向的钢筋为直径 8 mm 的 HRB400 级钢筋，钢筋间距为 150 mm；宽度方向钢筋为直径 8 mm 的 HRB400 级钢筋，钢筋间距为 200 mm。

2)**预制单向板钢筋代号**：《桁架钢筋混凝土叠合板(60 mm 厚底板)》(15G366-1)中单向板的钢筋代号可参见表2.3。

表 2.3　预制单向板跨度、宽度方向钢筋代号表(15G366-1)

代号	1	2	3	4
跨度方向钢筋	⊈8@200	⊈8@150	⊈10@200	⊈10@150
宽度方向钢筋	⊈6@200	⊈6@200	⊈6@200	⊈6@200

预制单向板跨度方向钢筋有四种型号，用 1、2、3、4 表示(1 代表 ⊈8@200；2 代表 ⊈8@150；3 代表 ⊈10@200；4 代表 ⊈10@150)。宽度方向钢筋采取构造配筋，钢筋均为 ⊈6@200。

代号举例：某预制单向板的钢筋代号为 2，代表跨度方向的钢筋采用的是直径 8 mm 的 HRB400 级钢筋，钢筋间距为 150 mm；宽度方向钢筋采用的是直径为 6 mm 的 HRB400 级钢筋，钢筋间距为 200 mm。

(4)编号规则。《桁架钢筋混凝土叠合板(60 mm 厚底板)》(15G366-1)桁架钢筋混凝土叠合板底板的编号规则如图 2.37 和图 2.38 所示。

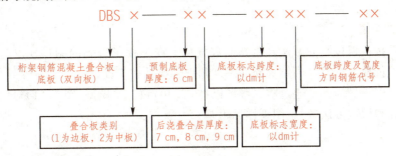

图 2.37　预制双向板编号规则

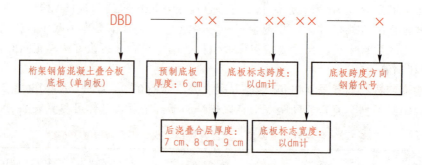

图 2.38　预制单向板编号规则

编号举例：

1）DBS1-67-3012-11：表示桁架钢筋叠合板底板，双向板，边板，预制底板厚度 60 mm，后浇叠合层厚度 70 mm，预制底板的标志跨度为 3 000 mm，预制底板的标志宽度为 1 200 mm，底板跨度方向的配筋为 ♨8@200，底板宽度方向的配筋为 ♨8@200。

2）DBD67-2712-1：表示桁架钢筋叠合板底板，单向板，预制底板厚度 60 mm，后浇叠合层的厚度为 70 mm，预制底板的标志跨度为 2 700 mm，预制底板的标志宽度为 1 200 mm，底板跨度方向的配筋为 ♨8@200，宽度方向钢筋采取构造配筋，钢筋均为 ♨6@200。

在实际工程中，各设计院也可按本院的命名习惯对板进行编号，表达清楚即可。

2. 桁架钢筋混凝土叠合板底板大样图的组成

桁架钢筋混凝土叠合板底板大样图由板模板图、板钢筋图、断面图、材料统计表、文字说明和节点详图组成。图 2.39 所示为本教材配套项目案例图纸中预制底板 DHB-1 大样图。

（1）板模板图的主要内容：预制板轮廓形状、钢筋外伸及钢筋桁架布置情况、预埋件及预留洞口布置情况等，模板图是模具制作和模具组装的依据。

（2）板钢筋图的主要内容：跨度方向钢筋的编号、规格、定位、尺寸；宽度方向钢筋的编号、规格、定位、尺寸；桁架钢筋的编号、规格、定位、尺寸等，钢筋图是钢筋下料、绑扎、安装的依据。

（3）断面图一般包括沿跨度方向的断面图和沿宽度方向的断面图。主要内容：预制板的断面轮廓尺寸、钢筋外伸及桁架钢筋布置、钢筋竖向空间位置关系等。断面图一般与模板图和钢筋图结合起来配合识读。

2.2.2　桁架钢筋混凝土叠合板底板大样图识读（1＋X）（GZ008）

1. 模板图识读

模板图是按照正投影的方法，将预制底板从上向下投影得到的图样，也是构件脱模后的俯视图，识读模板图时，要结合断面图和预埋件统计表识读。

下面以"DHB-1"为例，通过将二维图纸（图 2.40）和三维模型（图 2.41）对照，介绍模板图的图示内容和识读方法（完整图纸详见附录，编号 01）。

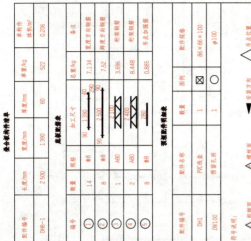

组合构件净重表

配件编号	长度/mm	宽度/mm	厚度/mm	单重/Kg	单构件体积/m³
DHB-1	2 500	1 390	60	522	0.206

底筋配料表

编号	数量	规格	加工尺寸	总重/Kg	备注
①	14	Φ8	1290	7.134	宽度方向钢筋
②	8	Φ8	2400	7.52	跨度方向钢筋
③	1	A80	2100	3.696	桁架钢筋
④	2	A80	2400	8.448	桁架钢筋
⑤	8	Φ8	280	0.885	吊点加强筋

预埋配件明细表

配件编号	配件名称	数量	图列	配件规格
DH1	PVC线盒	1	⊠	86×86×100
DM100	预留孔洞	1	○	φ100

符号说明：　△粗糙面　△模板面　▼安装方向　△吊点位置

注：
1. 混凝土强度等级为C30。
2. △指方向为板底模面，△所指方向为保护板面，粗糙面凹凸深度不小于4mm。
3. △表示吊点位置。
4. 吊点应设置在本图所示合理最此上支下点处，吊点位置须对色油漆标识。
5. 钢筋桁架电点焊须严格控制焊缝并保证钢筋15mm的保护层厚度。
6. 所有钢筋布长规定为钢筋直线长度，配置生产进行制作以确定未来长度（光未布钢筋有特定未来情况的，更应注注该未来标记尺寸）。
7. 本大样未说明，所有钢筋伸墙面，最外侧钢筋距外边距离为15mm，楼板底板伸保护层厚度为15mm。

DHB-1 模板图 1:20

1—1 　2 500

钢筋桁架　底板

DHB-1 钢筋图 1:20　200×11=2200

双向板断面图

钢筋桁架剖面图　上弦钢筋　腹杆钢筋　下弦钢筋

钢筋桁架立面图

2—2

图 2.39　预制底版DHB-1大样图

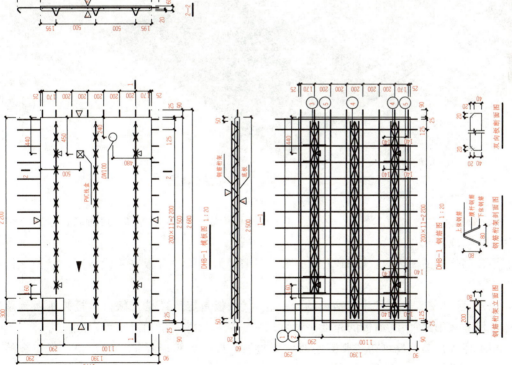

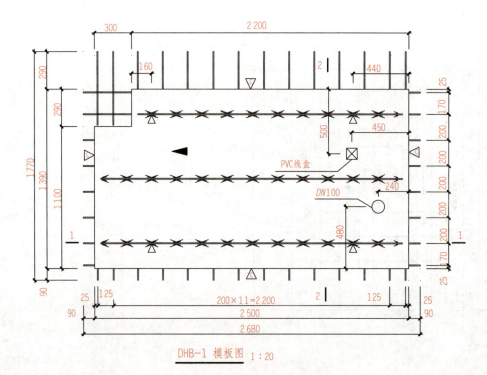

DHB-1 模板图 1：20

图 2.40　预制底板 DHB-1 模板图

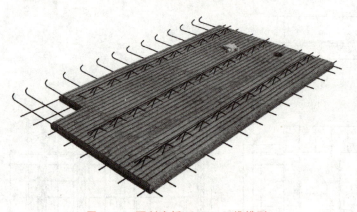

图 2.41　预制底板 DHB-1 三维模型

（1）**图名与绘图比例。**图名一般以"××模板图"或"××模板平面图"命名，绘图比例一般为 1：20 或 1：30。

该预制底板的图名为：DHB-1 模板图，即编号为 1 的叠合板底板模板图；绘图比例为 1：20。

（2）**轮廓尺寸。**轮廓尺寸包括板的外形轮廓（如板是矩形还是带缺口，板是否做倒角）、板的总尺寸及细部尺寸（如板的跨度、宽度尺寸、缺口尺寸、倒角尺寸等）等信息。

根据底板出筋情况可初步判断为双向板边板；形状为矩形板带缺口，缺口位于板的左上角。

底板总长度为 2 500 mm，总宽度为 1 390 mm，结合 1—1 断面图（图 2.39）的标注可知板厚度为 60 mm；缺角部分为长方形，长度为 300 mm，宽度为 290 mm；由节点详图可知，板上表面各侧均设宽度、高度为 20 mm 的倒角。

（3）**外伸钢筋及钢筋桁架布置**。外伸钢筋及钢筋桁架布置包括跨度、宽度方向钢筋的外伸情况（如有无外伸、外伸形式），钢筋桁架的布置情况（如桁架的数量、位置）。

结合 1—1、2—2 断面图（图 2.39）可知，板端四面均有钢筋外伸，其中上面的外伸钢筋形式为带 135° 弯钩，其余三面均为直线形；沿板跨度方向布置了 3 道钢筋桁架，由 2—2 断面图（图 2.39）可知钢筋桁架距板上、下边缘各 195 mm，桁架筋间的间距为 500 mm，由 1—1 断面图（图 2.39）可知桁架筋端部距板左、右边缘各 50 mm。

（4）**预留预埋件布置**。预留预埋件布置包括预埋件的布置（如埋件类型、数量、位置）、预留洞口的布置（如洞口大小、数量、位置）。读图时需结合预埋配件明细表（表 2.4）。

表 2.4　预埋配件明细表

配件编号	配件名称	数量	图例	配件规格
DH1	PVC 线盒	1	⊠	86 mm×86 mm×100 mm
DN100	预留孔洞	1	○	Φ100

该底板上各设置了 1 个 PVC 预埋线盒（规格：86 mm×86 mm×100 mm）和 1 个直径为 100 mm 的管道预留孔；线盒中心距离板右侧边缘 450 mm，距离板上侧边缘 500 mm；管道孔中心距离板下侧边缘 480 mm，距离板右侧边缘 240 mm；结合预埋件明细表，模板图与明细表中信息一致。

（5）**符号标注**。符号标注包括粗糙面标注、模板面标注、安装方向标注、吊点位置标注等。桁架钢筋混凝土叠合板底板大样图中：以"△C"示意粗糙面、以"△M"示意模板面、以"→"示意安装方向、以"△"示意吊点位置。

在模板图、1—1 断面图、2—2 断面图相应位置分别标注了图例符号：底板上表面和侧面为粗糙面，下表面为模板面；为确保底板现场安装方向正确，在模板图中以箭头标注了安装方向，箭头方向水平向左；该板有 4 个起吊点，吊点位置以"△"示意。

✿ 总　结

> 识读模板图时，通过平面图，了解底板轮廓形状，底板长度和宽度尺寸，钢筋外伸情况，预留预埋件沿长度、宽度方向的定位；通过断面图，了解底板的厚度、倒角设置情况，钢筋上下位置关系，桁架钢筋布置情况。识读模板图时平面图和断面图要配合识读，同时，还需结合预埋配件明细表、节点详图和文字说明辅助识读。

2. 钢筋图识读

（1）预制底板钢筋的组成。**桁架钢筋混凝土叠合板底板的钢筋由底板钢筋、钢筋桁架和吊点加强筋组成**，如图 2.42 和图 2.43 所示。底板钢筋包含沿跨度方向布置的钢筋和沿宽度方向布置的钢筋；钢筋桁架由上弦钢筋、下弦钢筋和腹杆钢筋焊接而成；吊点加强筋设置于吊点位置附近。

动画 2.4　桁架钢筋叠合板底板钢筋组成

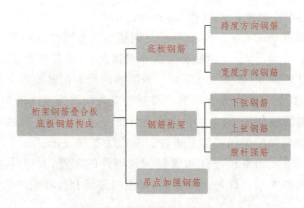

图 2.42 预制底板钢筋组成

图 2.43 预制底板钢筋分布

1)**底板钢筋**：底板钢筋采用 HRB400 级，沿宽度和跨度两个方向垂直正交布置，共同构成底板的钢筋网片。

2)**钢筋桁架**：《桁架钢筋混凝土叠合板（60 mm 厚底板）》（15G366-1）中对桁架钢筋的规格及代号作了规定，见表 2.5。

表 2.5 钢筋桁架规格及代号表

桁架规格型号	上弦钢筋公称直径/mm	下弦钢筋公称直径/mm	腹杆钢筋公称直径/mm	桁架设计高度/mm	桁架每延米理论重量/(kg·m⁻¹)
A80	8	8	6	80	1.76
A90	8	8	6	90	1.79
A100	8	8	6	100	1.82
B80	10	8	6	80	1.98
B90	10	8	6	90	2.01
B100	10	8	6	100	2.04

由表 2.5 可知，桁架上弦钢筋的公称直径有 8 mm（A 型）和 10 mm（B 型）两种；桁架下弦钢筋的公称直径为 8 mm；桁架腹杆钢筋的公称直径为 6 mm。桁架的设计高度有 80 mm、90 mm、100 mm 三种。A80 和 B80 两种型号的钢筋桁架常为优先选用的规格。

在实际工程中，预制叠合板底板中的桁架钢筋有两种布置形式：一种是桁架钢筋位于底板钢筋上部，简称桁架钢筋位于上层，如图 2.44 所示；另一种是底板宽度方向钢筋穿入钢筋桁架内，简称桁架钢筋位于下层，如图 2.45 所示。

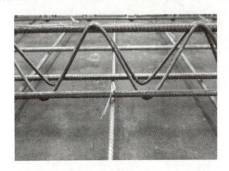

图 2.44　桁架钢筋位于上层

图 2.45　桁架钢筋位于下层

3）**吊点加强钢筋**：预制叠合板底板的吊点一般设置在板面负弯矩与吊点之间正弯矩大致相等的位置，对称布置。为增强吊点处承载力，需在吊点位置两侧各设置一道加强钢筋，如图 2.46 所示。加强钢筋常采用直径为 8 mm、长度为 280 mm 的 HRB400 级钢筋，与桁架下弦钢筋和腹杆钢筋绑扎牢固。

图 2.46　吊点加强钢筋

（2）钢筋图识读。钢筋图主要表达底板钢筋的编号、规格、定位、尺寸；钢筋桁架的型号、布置等。识读钢筋图时，一般要结合断面图和配筋表识读。

下面以"DHB-1"为例，通过将二维图纸（图 2.47）和三维模型（图 2.48）对照，介绍钢筋图的图示内容和识读方法（完整图纸详见附录，编号 01）。

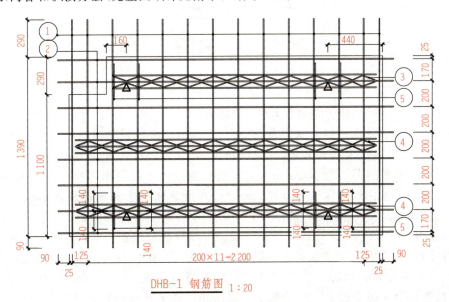

DHB-1 钢筋图　1∶20

图 2.47　预制底板 DHB-1 钢筋图

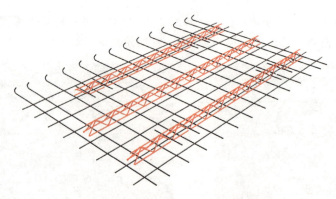

图 2.48　预制底板 DHB-1 的钢筋三维模型

1)**图名与绘图比例。**图名一般以"××钢筋图"命名，绘图比例与模板图一致。

该钢筋图的图名为：DHB-1 钢筋图，表示编号为 1 的叠合板底板钢筋图；绘图比例为 1∶20。

2)**跨度方向钢筋。**跨度方向钢筋主要是钢筋的编号、规格、定位、外伸长度及尺寸等。

该板中，沿跨度方向钢筋编号为"②"；结合底板配筋表(表 2.6)可知钢筋规格为直径 8 mm 的 HRB400 级钢筋，共 8 根；最上边的两根钢筋间距为 170 mm，最下边的两根钢筋间距为 170 mm，中间钢筋间距均为 200 mm，最上边和最下边钢筋到相应构件外边的距离均为 25 mm (板的钢筋保护层厚度不小于 15 mm)；跨度方向钢筋的外伸形式为直线形，外伸长度均为 90 mm，单根钢筋总长度为 2 500＋90＋90＝2 680(mm)；该板缺角位置，跨度方向钢筋不截短。

表 2.6　底板配筋表

编号	数量	规格、型号	加工尺寸	总重/kg	备注
①	14	⏀8	90　1 390　40　290	7.134	宽度方向钢筋
②	8	⏀8	90　2 500　90	7.52	跨度方向钢筋
③	1	A80	2 100	3.696	桁架钢筋
④	2	A80	2 400	8.448	桁架钢筋
⑤	8	⏀8	280	0.885	吊点加强筋

3)**宽度方向钢筋。**宽度方向钢筋主要是钢筋的编号、规格、定位、外伸长度及尺寸等。

该板中，沿宽度方向钢筋的编号为"①"；结合底板配筋表可知钢筋规格为直径 8 mm 的 HRB400 级钢筋，共 14 根；最左边的两根钢筋间距为 125 mm，最右边的两根钢筋间距为 125 mm，中间钢筋间距均为 200 mm，最左边和最右边钢筋到相应构件外边的距离均为 25 mm(板的钢筋保护层厚度不小于 15 mm)；宽度方向下边钢筋的外伸形式为直线形，外伸长度为 90 mm，上边钢筋的外伸形式为带 135°弯钩，外伸长度为 290 mm，单根钢筋水平段总长度为 1 390＋90＋290＝1 770(mm)。该板缺角位置，宽度方向钢筋不截短。

4)**钢筋桁架。**钢筋桁架主要是介绍钢筋桁架的型号、定位等。

钢筋桁架编号为③和④，型号为 A80，沿跨度方向共设置了 3 道；由 2—2 断面图 (图 2.39)可知桁架筋距板上、下边缘各 195 mm，桁架筋间的间距为 500 mm；由 1—1 断面图(图 2.49)可知桁架筋端部距板左、右边缘各 50 mm；由断面图可知，钢筋竖向空间位置关系为：沿宽度方向的钢筋（①）位于最下层，钢筋外侧距离板底 15 mm（参见设计说明，钢筋保护层厚度为 15 mm），其上面一层为跨度方向钢筋（②），桁架钢筋（③、④）与跨度方向钢筋（②）位于同一层。

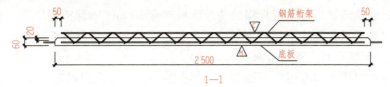

图 2.49　预制底板 DHB-1 的 1—1 断面图

5）**吊点加强钢筋**。吊点加强钢筋主要介绍钢筋的编号、规格、定位、尺寸等。

吊点加强钢筋编号为⑤，结合底板配筋表可知钢筋规格为直径 8 mm 的 HRB400 级钢筋；长度为 280 mm，每个吊点附近布置两根，共有 8 根。

有的设计单位单独绘制了吊点示意图，并在吊点示意图中表达吊点加强钢筋信息。图 2.47 的吊点加强钢筋在钢筋图中表达，没有单独绘制吊点示意图。

✳ 总　结

> 识读钢筋图时，通过配筋图了解钢筋的种类、编号及其沿宽度方向和长度方向的定位；配合断面图，了解钢筋上下位置关系，桁架钢筋布置情况等。同时还需要配合钢筋表，了解钢筋的规格型号、形状、加工尺寸等信息。

3. 材料统计表

材料统计表是将板的各种材料信息分类汇总在表格里。材料统计表一般由构件参数表、预埋配件明细表、配筋表等组成。

（1）**构件参数表**。构件参数表主要反映底板编号、构件尺寸、混凝土体积、底板自重等信息。该预制底板编号为 DHB-1，构件长度为 2 500 mm，构件宽度为 1 390 mm，构件自重为 522 kg，构件体积为 0.206 m³，见表 2.7。

表 2.7　叠合板构件参数表

配件编号	长度/mm	宽度/mm	厚度/mm	单重/kg	单构件体积/m³
DHB-1	2 500	1 390	60	522	0.206

（2）**预埋配件明细表**。预埋配件明细表主要表达预埋件的类型、规格、数量等信息，见表 2.4。此表与前面的模板图识读配套使用。

（3）**配筋表**。配筋表主要表示钢筋编号、规格、数量、加工尺寸、钢筋重量等信息，见表 2.6。此表与前面的钢筋图识读配套使用。

4. 文字说明

文字说明是对图纸内容的进一步补充和完善，主要包括构件在生产、施工过程中的要求和注意事项（如混凝土强度等级、钢筋保护层厚度、粗糙面处理要求等）。

图 2.39 中文字说明有如下要求：

（1）混凝土强度等级为 C30。

（2）所指方向做粗糙面，所指方向做模板面，粗糙面凹凸深度不小于 4 mm。

（3）△表示吊点位置。

（4）吊点应设置在离上图所示位置最近的上弦节点处，吊点位置刷红色油漆标识。

（5）钢筋遇电盒或洞口时，弯折钢筋并保证钢筋有 15 mm 的保护层厚度。

（6）所有钢筋标示长度均为钢筋直线长度，批量生产前应进行翻样以确定其实际值（尤其钢筋有弯曲情况的，更应该注意其实际长度）。

（7）若无特殊说明，所有钢筋端面、最外侧钢筋外边距板边距离为 15 mm，楼板底筋距板底保护层厚度为 15 mm。

课后总结思维导图

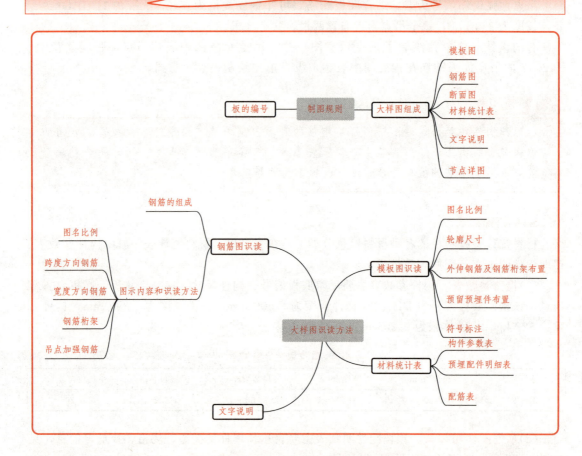

职业能力测验

职业能力测验与答案

任务导入

　　某省某市某高层住宅项目，地上 12 层、地下 1 层，结构体系为装配整体式混凝土剪力墙结构，上人屋面。该项目采用 EPC 总承包模式，合同工期 400 日历天。

　　本项目主体结构部分：竖向构件主要采用预制剪力墙，水平构件主要采用桁架钢筋混凝土叠合板底板、预制楼梯、预制阳台板、预制空调板。某施工单位承接了该项目的预制叠合板吊装任务。其中，三到十一层平面布置图见附录（编号 02）。

　　请结合任务介绍和图纸内容，学习叠合楼板平面布置图的图示内容和识读方法，获取预制叠合板吊装相关的图纸信息。

2.3.1　制图规则

　　在装配整体式剪力墙结构中，楼板宜采用叠合楼板。叠合楼板平面布置图主要包括预制底板平面布置图和现浇层配筋图。预制底板平面布置图主要表达预制板及其接缝的分布、定位情况，用于指导构件安装；现浇层配筋图主要表达叠合板现浇层的面筋布置和现浇板区域的钢筋布置情况，用于指导后浇混凝土层及现浇板部分的钢筋绑扎安装。

2.3.2　叠合楼板平面布置图识读（1＋X）

1. 预制底板平面布置图的识读

　　预制底板平面布置图中主要表达的内容：叠合楼板和现浇楼板的区域分布；预制底板的编号、安装方向；预制底板间的板缝形式及尺寸；预制底板及其接缝的定位等；当板面标高有高差时，需标注标高高差，下降为负（－）。

视频 2.4　叠合板
现场安装

　　当选用标准图集中的预制底板时，可直接在板块上标注标准图集中的相应底板编号；当自行设计预制底板时，可参考标准图集的编号规则进行编号，也可按照设计院的命名习惯编号。

　　下面以"三～十一层平面布置图"（图 2.50）为例，介绍其图示内容和识读方法。

　　(1) **图名与绘图比例**。平面布置图绘图比例一般较小，常用的有 1∶100、1∶150、1∶200。

　　如图 2.50 所示，图名为"三～十一层平面布置图"，比例为 1∶100。

　　(2) **层高表**。层高表标注出叠合楼板所在楼层及对应的结构标高。

　　本叠合板平面布置图反映的是 3～11 层的楼板平面布置，对应的结构标高为 5.900～29.900。

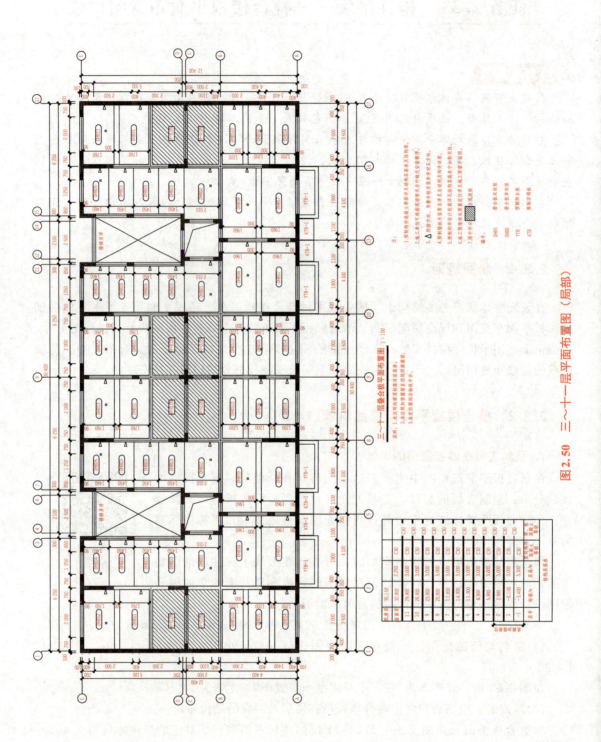

图 2.50 三~十一层平面布置图（局部）

（3）**叠合楼板和现浇楼板的区域分布。** 同一楼层，通常不会全是叠合板，一些特殊部位如卫生间、厨房、电梯前室、管线密集区域、异型板块区域等在满足装配率的前提下会优先选择现浇，在预制底板平面布置图，要用图例示意现浇板区域。

图 2.50 中厨房、卫生间、电梯前室采用现浇，图中以"▨"图例示意，其余均为叠合楼板。

（4）**预制底板编号和安装方向。** 如图 2.51 所示，单向板以 DHBD 编号，双向板以 DH-BS 编号，以图中左上角编号为 DHBS2 的预制板为例，表示编号为 2 的叠合双向板，安装方向朝右侧，图中以"△"示意。

（5）**板缝形式及尺寸。** 板缝形式及尺寸表示预制板之间的接缝是整体式接缝还是分离式接缝，以及接缝的尺寸。

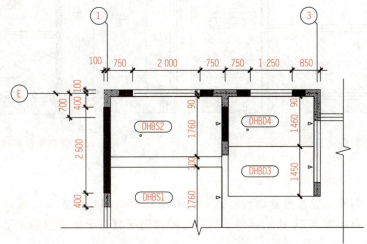

图 2.51　预制底板编号和安装方向示意

如图 2.52 所示，以①、②轴线交⑪、⑫轴线所围区域为例，DHBS1 和 DHBS2 两块板之间采用整体式接缝，接缝宽度为 300 mm。以②、③轴线交⑪、⑫轴线所围区域为例，DHBD3、DHBD4 板之间采用分离式接缝。

（6）**预制底板及其接缝的定位。** 如图 2.53 所示，以①、②轴线交⑪、⑫轴线所围区域为例，从上往下：DHBS2 上侧与⑫轴线距离为 90 mm，板宽为 1 760 mm；DHBS1 和 DHBS2 两块板之间的整体式接缝宽度为 300 mm，DHBS1 板宽为 1 760 mm。板与支座均有 10 mm 搭接。

（7）**查看板面标高不一致的地方，如有，查看分布区域及高差。** 如图 2.53 所示，图中用"▨"填充的区域板顶标高比楼层标高降 0.05 m。

2. 现浇层配筋图的识读

叠合楼板现浇层配筋图主要表达叠合板现浇层的面筋布置、现浇板区域的钢筋布置、板厚度，板高差等内容。配筋注写方法与《混凝土结构施工图平面整体表示方法制图规则和构造详图（现浇混凝土框架、剪力墙、梁、板）》（22G101-1）中有梁楼盖板平法施工图的表示方法相同，识读方法也与现浇结构板配筋图的识读方法相同，此处不详细介绍。

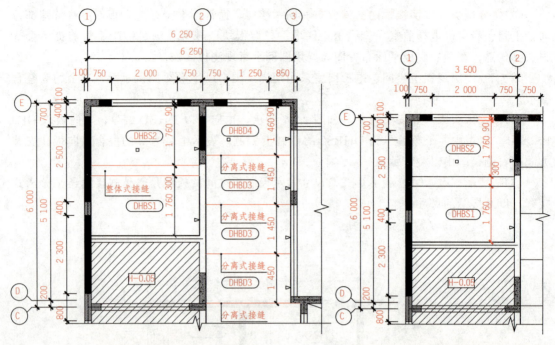

图 2.52　板缝形式及尺寸示意　　　　　图 2.53　预制板及其接缝的定位示意

3. 叠合板底板钢筋的布置形式

叠合板底板钢筋布置常见有两种形式，**一种是将桁架钢筋放置于底板钢筋上层**，楼板厚度方向钢筋排布如图 2.54 所示；**另一种是将桁架钢筋放置于底板钢筋下层**，楼板厚度方向钢筋排布如图 2.55 所示。

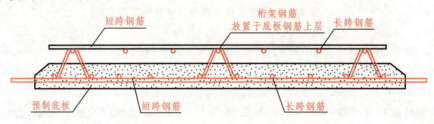

图 2.54　桁架钢筋放置于底板钢筋上层

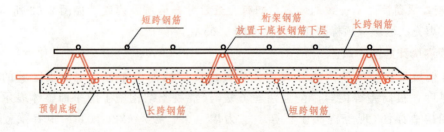

图 2.55　桁架钢筋放置于底板钢筋下层

（1）**钢筋桁架置于底板钢筋上层**：生产效率高，钢筋定位准，但钢筋桁架与底板钢筋的连接差。

（2）**钢筋桁架置于底板钢筋下层**：生产效率低，钢筋定位差，但钢筋桁架与底板钢筋的连接好，桁架筋可兼作底板钢筋。

课后总结思维导图

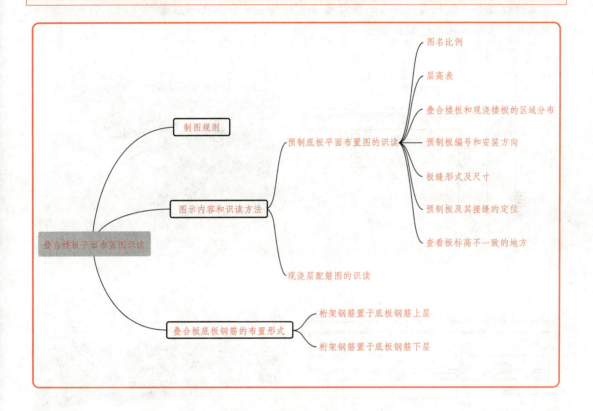

职业能力测验

职业能力测验与答案

任务 2.4 构件连接——叠合板底板连接节点大样图识读

≫ 任务导入

某省某市某高层住宅项目，地上 12 层、地下 1 层，结构体系为装配整体式混凝土剪力墙结构，上人屋面。该项目采用 EPC 总承包模式，合同工期 400 日历天。

本项目主体结构部分：竖向构件主要采用预制剪力墙，水平构件主要采用桁架钢筋混凝土叠合板底板、预制楼梯、预制阳台板、预制空调板。某施工单位承接了该项目的预制叠合板节点施工任务。其中，双向板板端支座连接节点大样图如图2.56所示，双向板整体式接缝连接节点大样图如图2.57所示，单向板板侧连接节点大样图如图2.58所示，单向板分离式接缝连接节点大样图如图2.59所示。

　　请结合任务介绍和图纸内容，学习叠合板底板连接节点大样图的图示内容和识读方法，获取底板节点施工相关的图纸信息。

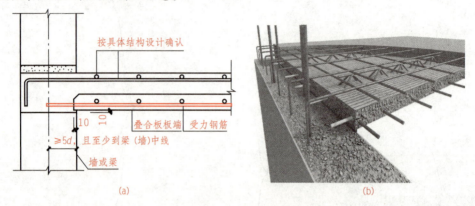

图 2.56　双向板板端支座连接节点大样图

(a)构造图；(b)三维模型图

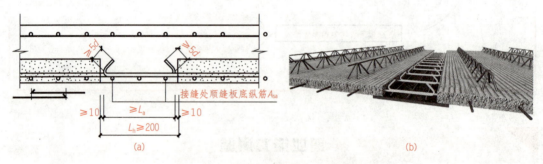

图 2.57　底板纵筋末端带 135°弯钩搭接

(a)构造图；(b)三维模型图

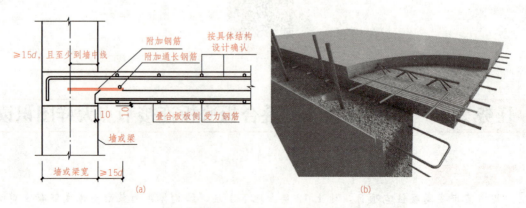

图 2.58　单向板板侧连接节点(板底分布钢筋不伸入支座)

(a)构造图；(b)三维模型图

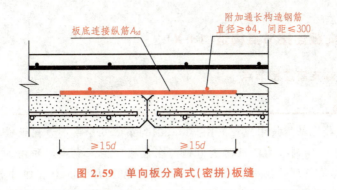

图 2.59　单向板分离式(密拼)板缝

2.4.1　连接节点分类

在装配式混凝土剪力墙结构中，单向板间接缝宜采用分离式接缝，双向板间接缝宜采用整体式接缝，如图2.60所示。

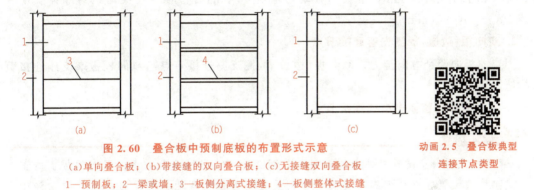

图 2.60　叠合板中预制底板的布置形式示意

(a)单向叠合板；(b)带接缝的双向叠合板；(c)无接缝双向叠合板

1—预制板；2—梁或墙；3—板侧分离式接缝；4—板侧整体式接缝

动画 2.5　叠合板典型连接节点类型

(1)对于双向板，按其连接节点位置的不同，有双向板板端支座连接节点、双向板(边板)板侧支座连接节点、双向板板侧整体式接缝的连接节点三类，如图2.61所示。

(2)对于单向板，按其连接节点位置的不同，有单向板板端支座连接节点、单向板(边板)板侧支座连接节点、单向板板侧分离式接缝的连接节点三类，如图2.62所示。

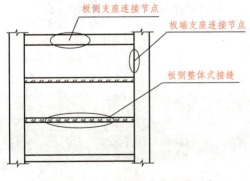

图 2.61　双向板连接节点位置示意

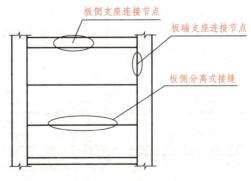

图 2.62　单向板拼缝位置示意

2.4.2 双向板连接节点构造(1+X)

1. 双向板板端支座连接节点

走进规范

《装配式混凝土结构技术规程》(JGJ 1—2014)第 6.6.4 条：为保证楼板的整体性及传递水平力的要求，预制板内的纵向受力钢筋在板端宜伸入支座，并锚入支承梁或墙的后浇混凝土中，锚固长度不应小于 $5d$(d 为纵向受力钢筋直径)，且宜伸过支座中心线。

在工程实践中，板端与支座常有 10 mm 的搭接，板底与支座顶面有 10 mm 的间隙作为误差调节。双向板板端支座连接节点构造如图 2.56 所示。

案例： 以板端支撑于宽度为 200 mm 的剪力墙为例，外伸钢筋至少要伸过支座中心线，即伸出长度为 100 mm，考虑到板端与墙有 10 mm 的搭接，故板端钢筋外伸长度至少为 $100-10=90$(mm)。

2. 双向板(边板)板侧支座连接节点

因双向板向两个方向传力，双向板(边板)板侧支座连接节点与双向板板端支座连接节点构造做法一致。

3. 双向板板侧整体式接缝连接节点

走进规范

《装配式混凝土建筑技术标准》(GB/T 51231—2016)第 5.5.4 条：双向板板侧的整体式接缝宜设置在叠合板的次要受力方向且宜避开最大弯矩截面。接缝可采用后浇带形式，后浇带宽度不宜小于 200 mm，后浇带两侧板底纵向受力钢筋可在后浇带中焊接、搭接、弯折锚固、机械连接。

当后浇带两侧板底纵向受力钢筋在后浇带中搭接连接时，应符合下列规定：

(1)预制板板底外伸钢筋为直线形(图 2.63)时，钢筋搭接长度应符合现行国家标准《混凝土结构设计标准(2024 年版)》(GB/T 50010—2010)的有关规定。

动画 2.6　双向板板侧整体式接缝连接节点构造

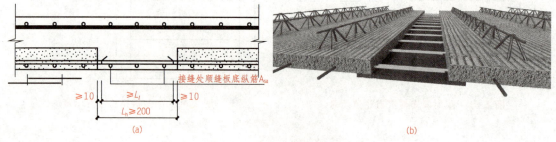

接缝处顺缝板底纵筋A_sa

≥ 10　$\geq L_l$　≥ 10
$L_h \geq 200$

(a)

(b)

图 2.63　底板纵筋直线搭接

(a)构造图；(b)三维模型图

（2）预制板板底外伸钢筋端部为90°弯钩（图 2.64）或 135°弯钩（图 2.57），钢筋搭接长度应符合现行国家标准《混凝土结构设计标准（2024 年版）》（GB/T 50010—2010）有关钢筋锚固长度的规定，90°弯钩和 135°弯钩钢筋弯后直段长度分别为 12d 和 5d（d 为钢筋直径）。

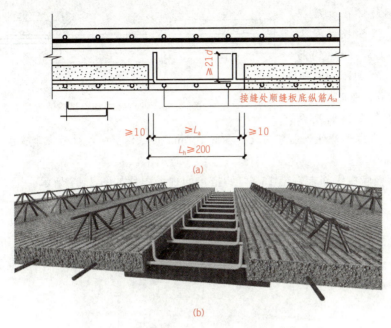

图 2.64　底板纵筋末端带 90°弯钩搭接

（a）构造图；（b）三维模型图

当后浇带两侧板底纵向受力钢筋在后浇带中弯折锚固时，如图 2.65 所示，应符合下列规定：

1）叠合板厚度不应小于 10d，且不应小于 120 mm（d 为弯折钢筋直径的较大值）；

2）接缝处预制板侧伸出的纵向受力钢筋应在后浇混凝土叠合层内锚固，且锚固长度不应小于 l_a；两侧钢筋在接缝处重叠的长度不应小于 10d，钢筋弯折角度不应大于 30°，弯折处沿接缝方向应配置不少于 2 根通长构造钢筋，且直径不应小于该方向预制板内钢筋直径。

视频 2.5　双向板整体式接缝成型效果

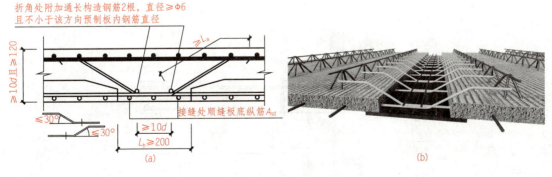

图 2.65　底板纵筋弯折锚固

（a）构造图；（b）三维模型图

案例： 在工程实践中，底板纵筋末端带135°弯钩搭接运用较多。以图2.66所示节点为例，钢筋搭接长度应大于等于 l_a。假设板混凝土强度等级为C30，外伸钢筋为直径 8 mm 的 HRB400 级钢筋，l_a 为 $35d$，即 $35 \times 8 = 280$(mm)，钢筋搭接长度至

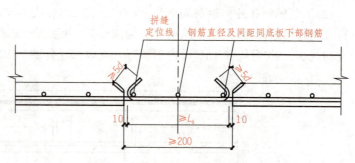

图 2.66 双向板拼缝典型构造大样

少为 280 mm，考虑到外伸钢筋搭两边要各留 10 mm 的操作空间，故后浇带宽度至少为 $280 + 10 + 10 = 300$(mm)。

预制双向板底板纵筋末端带135°弯钩搭接的现场图片如图2.67所示。

图 2.67 双向板整体式接缝现场图片

4. 补充：双向板的密拼构造

当后浇层厚度较大，且设置有钢筋桁架并配有足够数量的接缝钢筋时，接缝可承受足够大的弯矩和剪力，此时可将其作为整体式接缝，可采用密拼方式。密拼就是双向板板侧不外伸钢筋（可方便生产和施工），为了保证拼接处的整体性，后浇层混凝土应有足够厚度且应在预制板上设置附加钢筋，图2.68和图2.69分别给出了板端支座连接和板侧连接的密拼做法。

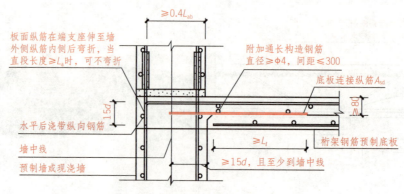

图 2.68 板端密拼节点构造

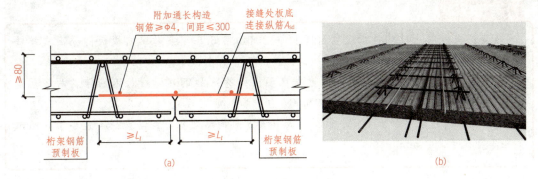

图 2.69　板侧密拼节点构造

(a)构造图；(b)三维模型图

2.4.3　单向板连接节点构造(1+X)

1. 单向板板端支座连接节点

因单向板沿板端(跨度)方向传力，单向板板端支座连接节点与双向板板端支座连接节点构造做法一致，详见前面 2.4.2 节的第 1 部分。

2. 单向板板侧支座连接节点

单向板板侧支座处，为了加工及施工方便，可不外伸构造钢筋，但应采取附加钢筋的方式，保证楼面的整体性及连续性。单向板板侧连接节点的构造大样图，如图 2.58 所示。

>> **走进规范**

《装配式混凝土结构技术规程》(JGJ 1—2014)第 6.6.4 条：当板底分布钢筋不伸入支座时，宜在紧邻预制板顶面的后浇混凝土叠合层中设置附加钢筋，附加钢筋截面面积不宜小于预制板内的同向分布钢筋面积，且间距不宜大于 600 mm，在板的后浇混凝土叠合层内锚固长度不应小于 $15d$，在支座内锚固长度不应小于 $15d$(d 为附加钢筋直径)且宜伸过支座中心线。

案例：以板侧支撑于宽度 200 mm 的剪力墙为例，预制板顶面设置附加钢筋，附加钢筋与单向板的分布钢筋相同，取 $\Phi6@200$(假设分布筋为 $\Phi6@200$)。附加钢筋在后浇叠合层内的锚固长度不应小于 $15d$，即 $15 \times 6 = 90$ mm；附加钢筋在支座内锚固长度不应小于 $15d$ 且宜伸过支座中心线，即取[$15 \times 6 = 90$(mm)]与[$200/2 = 100$(mm)]的大值，为 100 mm。

动画 2.7　单向板板侧连接节点构造

3. 单向板板侧分离式接缝连接节点

单向板板侧接缝常采用分离式接缝，利于构件生产和施工，单向板板缝的接缝边界主要传递剪力，在接缝处宜配置附加钢筋，主要目的是保证接缝处不发生剪切破坏，且控制接缝处的裂缝开展。

《装配式混凝土结构技术规程》(JGJ 1—2014)第 6.6.5 条对单向板板侧分离式接缝作了以下规定:

1. 接缝处紧邻预制板顶面宜设置垂直于板缝的附加钢筋,附加钢筋伸入两侧后浇混凝土叠合层的锚固长度不应小于 $15d$(d 为附加钢筋直径)。

2. 附加钢筋截面面积不宜小于预制板中该方向钢筋面积,钢筋直径不宜小于 6 mm、间距不宜大于 250 mm。

单向板板侧分离式接缝的构造大样图,如图 2.59 所示。单向板板侧分离式接缝的现场图片如图 2.70 所示。

图 2.70 单向板密拼接缝现场图片

案例:如假设附加钢筋直径为 6 mm,间距为 200 mm,则伸入两侧后浇混凝土叠合层的锚固长度不应小于 $15d$,即 $15 \times 6 = 90 (\text{mm})$。

4. 补充:单向板板侧的"小接缝做法"

图集《装配式混凝土结构连接节点构造(楼盖结构和楼梯)》(15G310-1)中提到了"小接缝做法",通过 30～50 mm 的尺寸用以调节板缝,达到尽可能构件的标准化设计。单向板后浇小接缝做法如图 2.71 所示,通过小接缝调节构件标准化示例如图 2.72 所示。

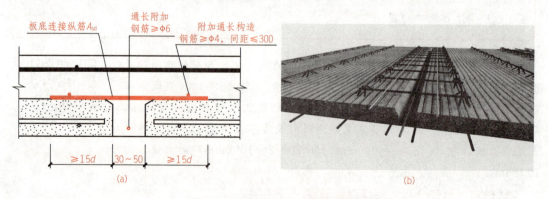

图 2.71 单向板后浇小接缝做法
(a)构造图;(b)三维模型图

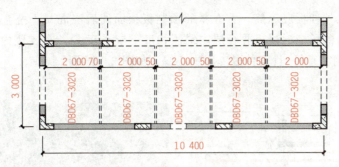

图 2.72　通过小接缝调节构件标准化示例

2.4.4　其他典型连接节点构造

1. 预制底板与现浇部分的连接构造

预制底板与现浇部分连接时，预制底板的外伸纵筋与现浇板的板底纵筋搭接，搭接长度满足钢筋锚固要求。预制底板与现浇部分连接构造如图 2.73 所示。

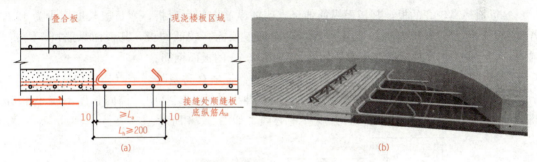

图 2.73　预制底板与现浇部分连接构造

(a)构造图；(b)三维模型图

2. 板厚度不同时节点连接构造

（1）**板顶有高差。**当支座两边的板顶标高不同，板顶有高差时，节点连接构造如下：

1）若预制板有外伸板底纵筋，则外伸钢筋伸出并锚入支座，锚固长度不应小于 $5d$（d 为纵向受力钢筋直径），且宜伸过支座中心线，如图 2.74 所示。

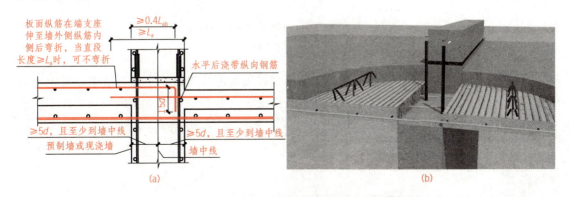

图 2.74　板顶有高差，预制板留有外伸板底纵筋

(a)构造图；(b)三维模型图

2)若预制板无外伸板底纵筋，宜在紧邻预制板顶面的后浇混凝土叠合层中设置附加钢筋。附加钢筋在板的后浇混凝土叠合层内锚固长度不应小于 L_1，在支座内锚固长度不应小于 $15d$（d 为附加钢筋直径）且宜伸过支座中心线，如图 2.75 所示。

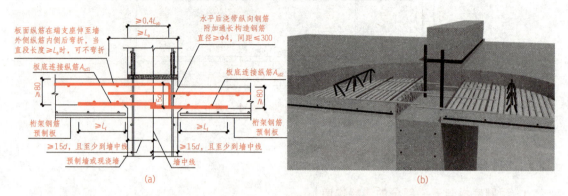

图 2.75　板顶有高差，预制板无外伸板底纵筋

(a)构造图；(b)三维模型图

3)板顶标高较高的板，其板面纵筋伸至支座的纵筋内侧后弯折，弯折段长度至少为 $15d$，若直线段长度大于等于 l_a 时，也可不弯折；而板板顶标高较低的板，其板面纵筋可不弯折，锚固长度至少为 l_a。具体构造可参照图 2.74 和图 2.75 的板面钢筋。

(2)**板底有高差。**当支座两边的板底标高不同，板底有高差时，节点连接构造如下：

1)若预制板留有外伸板底纵筋，则外伸钢筋伸出并锚入支座中，锚固长度不应小于 $5d$（d 为纵向受力钢筋直径），且宜伸过支座中心线，如图 2.76 所示。

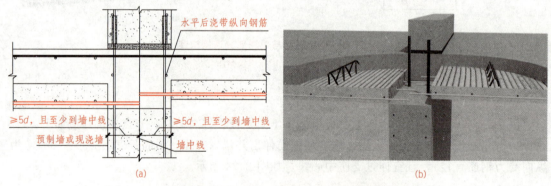

图 2.76　板底有高差，预制板留有外伸板底纵筋

(a)构造图；(b)三维模型图

2)若预制板无外伸板底纵筋，宜在紧邻预制板顶面的后浇混凝土叠合层中设置附加钢筋，附加钢筋在板的后浇混凝土叠合层内锚固长度不应小于 L_1，在支座内锚固长度不应小于 $15d$（d 为附加钢筋直径）且宜伸过支座中心线，如图 2.77 所示。

2.4.5　水平后浇带和圈梁节点构造

为保证结构整体性和稳定性，应在结构楼面、屋面处设置封闭连续的后浇钢筋混凝土圈梁或水平后浇带。

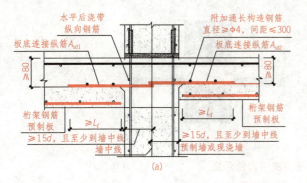
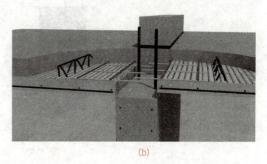

图 2.77 板底有高差，预制板无外伸板底纵筋
(a)构造图；(b)三维模型图

>> 走进规范

《装配式混凝土结构技术规程》(JGJ 1—2014)第 8.3.2 条、第 8.3.3 条对后浇钢筋混凝土圈梁或水平后浇带做了详细说明。

屋面及立面收进的楼层，应在预制剪力墙顶部设置封闭的**后浇钢筋混凝土圈梁**(图 2.78)，并应符合下列规定：

(1)圈梁截面宽度不应小于剪力墙的厚度，截面高度不宜小于楼板厚度及 250 mm 的较大值；圈梁应与现浇或者叠合楼、屋盖浇筑成整体。

(2)圈梁内配置的纵向钢筋不应少于 4Φ12，且按全截面计算的配筋率不应小于 0.5% 和水平分布筋配筋率的较大值，纵向钢筋竖向间距不应大于 200 mm；箍筋间距不应大于 200 mm ，且直径不应小于 8 mm。

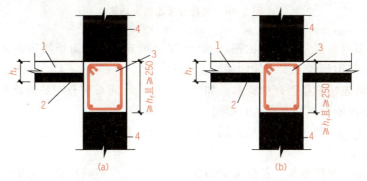

图 2.78 后浇钢筋混凝土圈梁构造示意
(a)端部节点；(b)中间节点
1—后浇混凝土叠合层；2—预制板；3—后浇圈梁；4—预制剪力墙

各层楼面位置，预制剪力墙顶部无后浇圈梁时，应设置连续的**水平后浇带**(图 2.79)，水平后浇带应符合下列规定：

(1)水平后浇带宽度应取剪力墙的厚度，高度不应小于楼板厚度；水平后浇带应与现浇或叠合楼、屋盖浇筑成整体。

(2)水平后浇带内应配置不少于 2 根连续纵向钢筋，其直径不宜小于 12 mm。

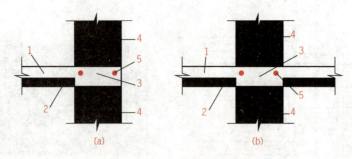

图 2.79　水平后浇带构造示意

(a)端部节点；(b)中间节点

1—后浇混凝土叠合层；2—预制板；3—水平后浇带；4—预制墙板；5—纵向钢筋

在叠合楼板平面图中，水平后浇带或圈梁的布置位置及做法一般以通用节点详图的形式表达。

2.4.6　叠合板连接节点大样图识读练习

下面以某叠合板连接大样图(图 2.80)为例，进行识图练习。

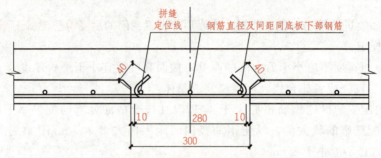

图 2.80　某叠合板连接大样图

(1)**看连接节点部位及类型**。由图 2.80 可知，此节点为双向板侧边整体式接缝，属于整体式接缝中外伸钢筋到 135°弯钩的做法。

(2)**看预制板连接侧是否外伸钢筋**。如钢筋外伸，外伸长度及钢筋搭接长度是多少；如无钢筋外伸，附加钢筋规格及搭接长度是多少。

由图 2.80 可知：预制板连接侧钢筋外伸，外伸长度为 10 mm＋280 mm＝290 mm，钢筋搭接长度为 280 mm。

(3)**看接缝处分布筋要求**。接缝处分布筋钢筋直径与间距同底板下部钢筋。

(4)**看连接节点的宽度**。此接缝宽度为 300 mm。

2.4.7　叠合板节点连接设计训练

(1)根据连接节点宽度，计算预制板钢筋外伸长度。

案例一

工程背景：某设计院在进行某装配式整体式剪力墙结构叠合楼板拆分设计时，拟采用双向板，板侧外伸钢筋为直径 8 mm 的 HRB400 级钢筋，外伸形式为带 135°弯钩，预制板混凝土强度等级为 C30，经初步计算，拟将板缝宽度设计为 360 mm 能做到构件的尽可能标准化。此时，板侧钢筋的外伸长度至少为多少？并设计出此连接节点的大样图。

  解析： 按照双向板整体式接缝的要求，板侧外伸钢筋形式为带 135° 弯钩，钢筋搭接长度应大于等于 l_a。根据混凝土强度等级为 C30，外伸钢筋为 HRB400 级钢筋，查 22G101-1 得 l_a 为 35d，外伸钢筋直径为 8 mm，$l_a = 35 \times 8 = 280$(mm)，钢筋搭接长度至少为 280 mm。外伸钢筋端部到相邻板边的操作空间可留 (360－280)/2＝40(mm) 的间隙，故板侧钢筋至少外伸 360－40＝320(mm)，最长可外伸 360－10＝350(mm)。

  节点连接大样图如图 2.81 所示。

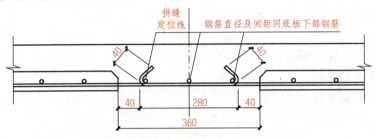

图 2.81 案例一的节点连接大样图

案例二

  工程背景： 某设计院在进行某装配式整体式剪力墙结构叠合楼板拆分设计时，拟采用单向板，板端支撑在 250 mm 厚的剪力墙上，板端外伸钢筋为直径 8 mm 的 HRB400 级钢，预制板混凝土等级为 C30。此时，板端钢筋的外伸长度至少为多少？并设计出此连接节点的大样图。

  解析： 按照单向板板端支座接缝的要求，预制板内的纵向受力钢筋在板端宜伸入支座，并锚入支承梁或墙的后浇混凝土中，锚固长度不应小于 5d(d 为纵向受力钢筋直径)，且宜伸过支座中心线。本工程中，板端支撑为宽为 250 mm 的剪力墙上，钢筋直径为 8 mm。那么钢筋外伸长度取 $5 \times 8 = 40$(mm) 与 250/2＝125(mm) 的大值。工程实践中，板端与支座常有 10 mm 的搭接，板底与支座顶面有 10 mm 的间隙作为误差调节。故外伸钢筋至少取 125－10＝115(mm)。

  节点连接大样图如图 2.82 所示。

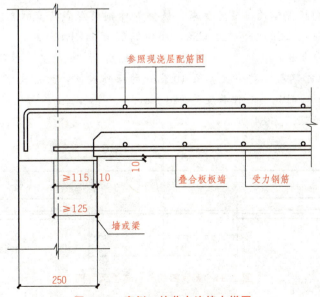

图 2.82 案例二的节点连接大样图

（2）根据拟定节点连接形式，计算最小连接节点宽度。

案例三

工程背景： 某设计院在进行某装配式整体式剪力墙结构叠合楼板拆分设计时，拟采用双向板，板侧外伸钢筋为直径 10 mm 的 HRB400 级钢筋，外伸形式为带 135°弯钩，预制板混凝土强度等级为 C30，采用整体式接缝。请设计整体式接缝的最小缝宽，并绘制此连接节点的大样图。

解析： 按照双向板整体式接缝的要求，板侧外伸钢筋形式为带 135°弯钩，钢筋搭接长度应大于等于 l_a。根据混凝土强度等级为 C30，外伸钢筋为 HRB400 级，查 22G101-1 得 l_a 为 35d，外伸钢筋直径为 10 mm，$l_a＝35×10＝350$(mm)，钢筋搭接长度至少为 350 mm。考虑到外伸钢筋搭两边要各留 10 mm 的操作空间，故后浇带宽度至少为 350＋10＋10＝370(mm)，此时钢筋外伸长度为 360 mm。

节点连接大样图如图 2.83 所示。

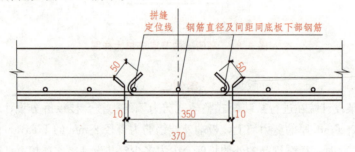

图 2.83　案例三的节点连接大样图

案例四

工程背景： 某设计院在进行某装配式整体式剪力墙结构叠合楼板拆分设计时，拟采用双向板，板侧外伸钢筋为直径 8 mm 的 HRB400 级钢筋，外伸形式为直线形，预制板混凝土强度等级为 C30，采用整体式接缝。请设计整体式接缝的最小缝宽，并绘制此连接节点的大样图。

解析： 按照双向板整体式接缝的要求，板侧外伸钢筋形式为直线形，钢筋搭接长度应大于等于 l_l。根据混凝土强度等级为 C30，外伸钢筋为 HRB400 级，查 22G101-1 得 l_l 为 56d，外伸钢筋直径为 8 mm，$l_l＝56×8＝448$(mm)，数字取整，钢筋搭接长度至少为 450 mm。考虑到外伸钢筋搭两边要各留 10 mm 的操作空间，故后浇带宽度至少为 450＋10＋10＝470(mm)，此时钢筋外伸长度为 460 mm。

节点连接大样图如图 2.84 所示。

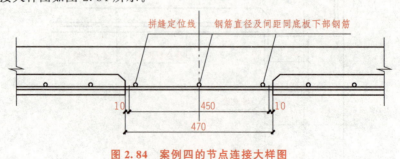

图 2.84　案例四的节点连接大样图

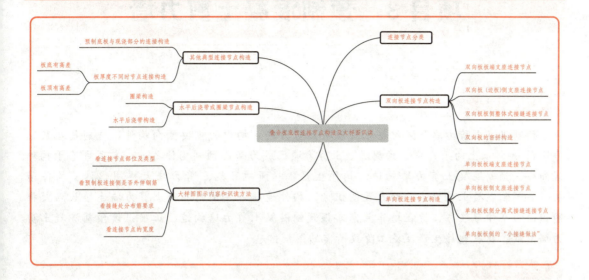

职业能力测验与答案

中国建筑走向世界　　　桁架钢筋叠合板底板新技术介绍

项目3 预制混凝土剪力墙

内容提要

　　预制混凝土剪力墙是装配整体式混凝土剪力墙结构中的重要竖向构件，特别是在装配率达到 50％ 以上的项目中，预制混凝土剪力墙已成为必选预制构件之一。本项目基于构件认知——预制混凝土剪力墙构造、构件生产——预制混凝土剪力墙大样图识读、构件吊装——预制混凝土剪力墙平面布置图识读、构件连接——预制混凝土剪力墙连接节点大样图识读四个学习任务，旨在培养大家掌握预制混凝土剪力墙构造、正确识读预制混凝土剪力墙图纸、获取构件生产及施工阶段所需的图纸信息。

学习目标

知识目标

(1)了解预制混凝土剪力墙的概念、分类和编号规则；

(2)掌握预制混凝土剪力墙的构造组成和构造要求；

(3)掌握四种典型预制混凝土剪力墙大样图的图示内容和识读方法；

(4)掌握预制混凝土剪力墙平面布置图的图示内容和识读方法；

(5)掌握预制混凝土剪力墙典型连接节点的构造要求和识读方法。

能力目标

(1)能够熟练识读预制混凝土剪力墙大样图、平面布置图、连接节点图；

(2)能够根据图纸内容，准确获取预制混凝土剪力墙生产、吊装施工所需的信息。

素养目标

(1)培养精益求精的工匠精神；

(2)树立严守规范的职业素养。

任务 3.1　构件认知——预制混凝土剪力墙构造

任务导入

　　某省某市某高层住宅项目，地上 12 层、地下 1 层，结构体系为装配整体式混凝土剪力墙结构，上人屋面。该项目采用 EPC 总承包模式，合同工期 400 日历天。

　　本项目主体结构部分：竖向构件主要采用预制剪力墙，水平构件主要采用桁架钢筋混凝土叠合板底板、预制楼梯、预制阳台板、预制空调板。

　　请结合以上介绍，完成对预制混凝土剪力墙概念、分类和构造组成的学习与认知。

3.1.1 认识墙板

1. 预制混凝土墙板常见类型

（1）预制剪力墙板：**在工厂预制而成**的混凝土剪力墙承重构件，如图 3.1(a)所示。施工现场，墙板两侧常通过预留外伸钢筋的形式在现浇连接节点中搭接，墙板底部通过套筒灌浆或浆锚搭接的方式与下层墙体的预留钢筋连接。

动画 3.1 预制混凝土墙板常见类型

（2）预制夹心保温外墙板（预制自保温混凝土外墙承重板）：**中间夹有保温层**的预制混凝土外墙板，简称夹心外墙板，如图 3.1(b)所示。构件由三层组成，内叶板为预制剪力墙板，中间为保温层，外叶板为钢筋混凝土保护层，内叶板与外叶板通过**保温连接件**连接。连接件材料一般采用不锈钢或纤维增强塑料。

（3）叠合剪力墙板：两侧混凝土板和钢筋桁架在工厂制作成**内含空腔构件**，现场安装就位后在空腔内浇筑混凝土，形成的预制和现浇混凝土共同受力的钢筋混凝土墙体，如图 3.1(c)所示。其包括双面叠合剪力墙和单面保温叠合剪力墙两种形式。

（4）预制外挂墙板：安装在主体结构上，起围护、装饰作用的**非承重预制混凝土外墙板**，简称外挂墙板，如图 3.1(d)所示。

（5）预制外墙模板（PCF 板）：作为竖向构件外侧模板，由外叶混凝土层和保温层通过保温连接件组合而成，如图 3.1(e)所示。

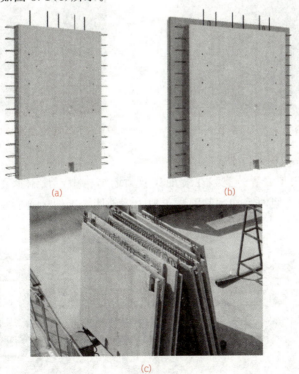

(a)   (b)

(c)

图 3.1 预制混凝土墙板常见类型

(a)预制剪力墙板；(b)预制夹心保温外墙板；(c)叠合剪力墙板；

(d)   (e)

图 3.1　预制混凝土墙板常见类型(续)

(d)预制外挂墙板；(e)预制外墙模板(PCF 板)

2. 预制混凝土剪力墙的概念

预制混凝土剪力墙是指在工厂预先生产制作，现场安装，支撑上部结构，传递竖向荷载的预制墙板。一般情况下，预制混凝土剪力墙竖向通过套筒灌浆(图 3.2)或浆锚搭接，水平通过现浇连接节点整体式接缝(图 3.3)的方式与相邻结构构件进行可靠连接。

动画 3.2　套筒灌浆

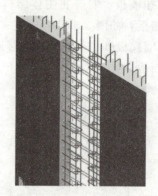

图 3.2　套筒灌浆　　　　图 3.3　连接节点整体式接缝

3. 预制混凝土剪力墙的分类

(1)按预制墙体安装位置分类。在装配式剪力墙结构中，预制承重墙按安装位置不同，可分为预制混凝土剪力墙内墙和预制混凝土剪力墙外墙，如图 3.4 所示。

图 3.4　预制混凝土剪力墙内墙和外墙

预制混凝土剪力墙内墙仅**有内叶墙板(结构层)一层**,如图 3.5 所示。

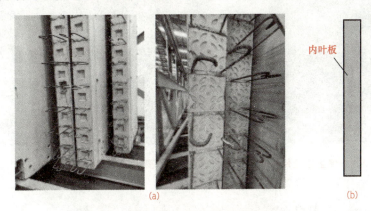

图 3.5　预制混凝土剪力墙内墙构造层次
(a)预制内墙板;(b)预制内墙板构造层次示意

　　预制混凝土剪力墙外墙因有保温要求,由**外叶墙板、保温层、内叶墙板(结构层)**三部分组成,俗称三明治墙板,如图 3.6 所示。内叶墙板是预制钢筋混凝土板,起承重作用,厚度一般为 200 mm;保温层为挤塑聚苯板(XPS)等保温板材,起保温作用,

视频 3.1　保温板铺装　视频 3.2　保温连接件布置

厚度通过设计计算得出,一般为 30~100 mm;外叶墙板是预制钢筋混凝土板,厚度一般为 60 mm,起外墙保护作用,外叶板通过保温连接件(图 3.7)与内叶板进行可靠连接;外墙可通过反打技术(图 3.8)在外表面形成石材、瓷砖饰面,实现外墙保温装饰一体化。

图 3.6　预制混凝土剪力墙外墙构造层次
(a)预制外墙板;(b)预制外墙板构造层次示意

　　(2)**按有无洞口分类**。预制混凝土剪力墙按有无洞口可分为无洞口墙、带门洞墙和带窗洞墙。带门洞墙,根据门洞的位置,又可分为固定门垛墙、中间门洞墙和刀把墙。带窗洞墙,根据窗洞的数量和位置,又可分为带一个窗洞墙和带两个窗洞墙,如图 3.9 所示。

图 3.7　保温连接件　　　　　图 3.8　外墙瓷砖反打

图 3.9　按有无洞口分类

(a)无洞口墙；(b)带门洞墙；(c)带窗洞墙；(d)中间门洞墙；(e)刀把墙；

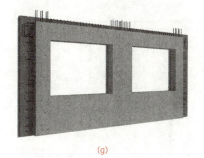

图 3.9　按有无洞口分类(续)

(f)带一个窗洞墙；(g)带两个窗洞墙

（3）**按有无槽口分类**。预制混凝土剪力墙按照有无槽口可分为无槽口墙和带槽口墙，如图 3.10 所示。带槽口墙一般用于墙与梁连接的部位。

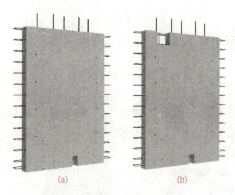

图 3.10　按有无槽口分类

(a)无槽口墙；(b)带槽口墙

3.1.2　剖析墙板(1＋X)(GZ008)

1. 外伸钢筋

外伸钢筋用于**构件之间的连接**，预制剪力墙需分别在**水平**和**竖向**两个方向与相邻构件进行连接。无洞口预制墙体的外伸钢筋包括**水平外伸连接钢筋及竖向外伸连接钢筋**（一般为梅花形布置），如图 3.11(a)所示。带洞口预制墙体外伸钢筋也包括**水平外伸连接钢筋及竖向外伸连接钢筋**，由于其洞口顶部有连梁，其水平外伸连接钢筋又可分为**连梁纵筋、墙身水平连接筋**；竖向外伸钢筋可分为**边缘构件区纵向外伸连接钢筋(一般为双排布置)、连梁箍筋**，如图 3.11(b)所示。

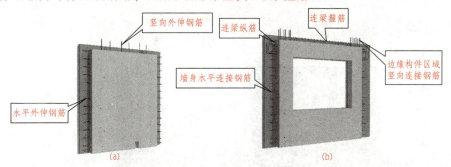

图 3.11　外伸钢筋

(a)无洞口预制墙体的外伸钢筋；(b)带洞口预制墙体的外伸钢筋

（1）**无洞口预制混凝土剪力墙外伸钢筋。**

1）**水平外伸钢筋**：同楼层相邻预制剪力墙之间应采用**整体式接缝**，如图 3.12 所示，为保证节点区域的连接可靠性，预制墙体的**水平钢筋应伸到连接节点中**，如图 3.13 所示，外伸长度应满足在后浇段内的相应搭接锚固要求。

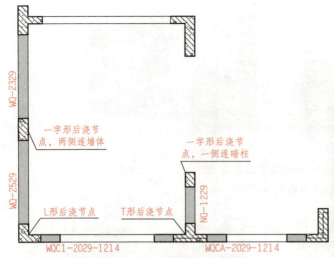

一字形后浇节点，两侧连墙体

一字形后浇节点，一侧连暗柱

L形后浇节点

T形后浇节点

WQ-2329

WQ-2529

NQ-1229

WQC1-2029-1214

WQCA-2029-1214

图 3.12　预制墙体间的后浇节点位置示意

图 3.13　预制墙体间的水平外伸钢筋

预制混凝土剪力墙水平外伸钢筋形式有封闭形(如 U 形、半圆形)和开口形(如直线形、弯钩形)，如图 3.14 所示，其中以 U 形(图 3.15)和弯钩形(图 3.16)、直线形(图 3.17)较为常见。

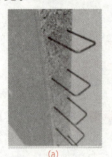 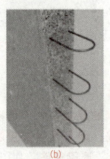 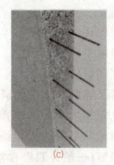 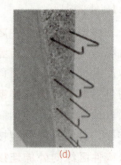

(a) (b) (c) (d)

图 3.14　水平外伸钢筋形式

(a)U 形；(b)半圆形；(c)直线形；(d)弯钩形

图 3.15　水平外伸钢筋(U 形)

(a)

(b)   (c)

图 3.16   水平外伸钢筋(弯钩形)

2)**竖向外伸钢筋**：预制剪力墙与相邻竖向楼层的构件应可靠连接。竖向钢筋可采用**套筒灌浆**或**浆锚搭接**连接。抗震等级为一级的剪力墙及抗震等级为二、三级的剪力墙的底部加强部位，剪力墙的边缘构件竖向钢筋宜采用套筒灌浆连接。

无洞口预制混凝土剪力墙竖向外伸钢筋为上、下层墙板的连接钢筋，连接钢筋的**下端与灌浆套筒相连，仅上端外伸，与上层剪力墙进行套筒或浆锚连接，外伸形式为直线形**。竖向连接钢筋一般呈"梅花形"布置，从外观上看，竖向外伸钢筋交错排布，如图 3.18 所示。

(2)**带洞口预制混凝土剪力墙外伸钢筋**。

1)**水平外伸钢筋**：带洞口预制混凝土剪力墙因有连梁的存在，水平外伸钢筋除墙身水平连接筋外，连梁的底部钢筋和腰部钢筋也需要外伸，以实现连梁两端的钢筋锚固。墙身水平外伸钢筋的形式同无洞口剪力墙，如图 3.19 所示；连梁底部外伸纵筋可采用**直锚、弯锚、钢筋端部加锚板**的方式，如图 3.20 所示，需既满足锚固长度又要避免钢筋在节点处碰撞。

图 3.17   水平外伸钢筋(直线形)

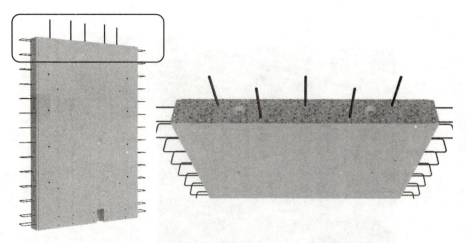

图 3.18　竖向外伸钢筋

(a)　　　　　　　　　　　　　(b)

图 3.19　墙身水平外伸钢筋形式

（a）墙身水平外伸钢筋（U 形）；（b）墙身水平外伸钢筋（直线形）

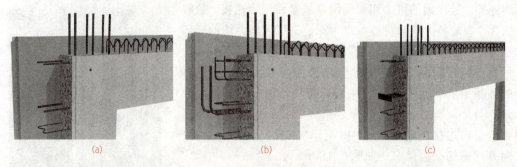

(a)　　　　　　　　　(b)　　　　　　　　　(c)

图 3.20　连梁外伸纵筋形式

（a）直锚；（b）弯锚；（c）端部加锚板

2）**竖向外伸钢筋**：带洞口预制混凝土剪力墙的竖向外伸钢筋包括**边缘构件区域竖向连接钢筋和连梁箍筋**。

边缘构件是保证剪力墙抗震性能的重要构造，边缘构件**竖向外伸钢筋双层布置，逐根连接**，竖向钢筋外伸形式为直线形，如图 3.21 所示。

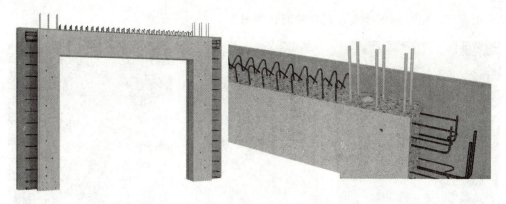

图 3.21 边缘构件中的纵筋

预制混凝土剪力墙洞口上方的连梁宜与后浇圈梁或水平后浇带叠合形成叠合梁。连梁的箍筋应外伸，外伸形式有**封闭箍**或**开口箍**，如图 3.22 所示。箍筋一般为封闭箍，有时考虑施工方便，将箍筋的顶盖去掉，形成开口箍。

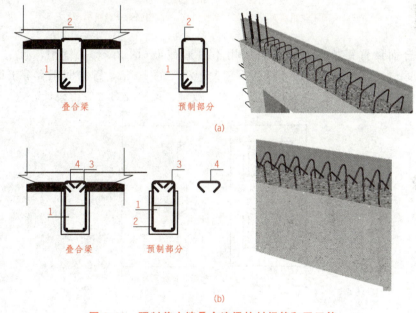

图 3.22 预制剪力墙叠合连梁的封闭箍和开口箍

(a)封闭箍；

1—预制连梁；2—连梁上部纵筋

(b)开口箍

1—预制连梁；2—开口箍筋；3—连梁上部纵筋；4—箍筋顶盖

2. 粗糙面

预制混凝土剪力墙的顶面和底面与后浇混凝土的**结合面应设置粗糙面**；侧面与后浇混凝土的结合面应设置**粗糙面**，也可设置**键槽**。

设置粗糙面时，粗糙面凹凸深度不应小于 6 mm，粗糙面的面积不宜小于结合面的 80%。粗糙面可通过花纹钢板模具形成压花粗糙面，如图 3.23(a)、(b)所示，也可通过在模板表面涂刷适量缓凝剂

视频 3.3 粗糙面成型工艺

脱模后用高压水枪冲刷形成露骨料粗糙面，如图 3.23(c)所示。

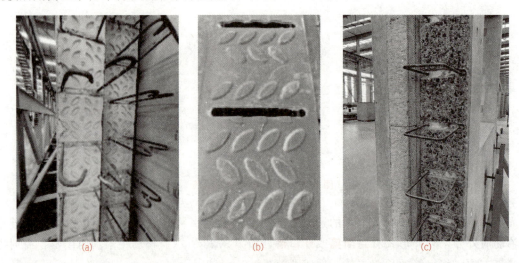

图 3.23 粗糙面
(a)侧面压花粗糙面；(b)花纹钢板模具；(c)侧面露骨料粗糙面

　　侧面结合面设置键槽时，键槽可采用不贯通截面（图 3.24），键槽深度 t 不宜小于 20 mm，宽度 w 不宜小于深度的 3 倍且不宜大于深度的 10 倍，键槽间距宜等于键槽宽度，键槽端部斜面倾角不宜大于 30°。键槽的形式、数量、尺寸及布置应由设计确定。

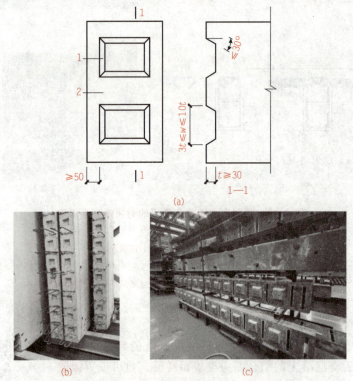

图 3.24 键槽
(a)键槽不贯通截面；(b)侧面设置键槽；(c)键槽模具
1—键槽；2—墙端面

3. 细部构造

(1)预留凹槽。为实现预制构件与后浇混凝土接缝处外观的平整，防止后浇混凝土漏浆，常在预制混凝土剪力墙内墙板左右两端的内外面预留凹槽。《预制混凝土剪力墙内墙板》(15G365-2)中规定，预留凹槽的尺寸为 **30 mm×5 mm**，如图 3.25 所示。在实际工程中，也可根据情况设置。

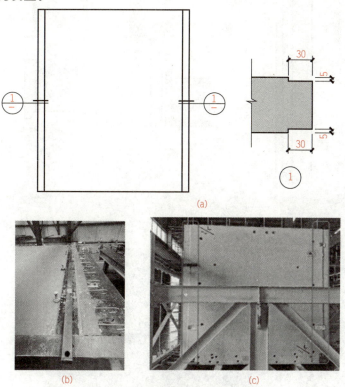

图 3.25 预留凹槽

(a)内墙板的预留凹槽大样图；(b)预留凹槽的模具；(c)预留凹槽成型效果

预制混凝土剪力墙外墙的凹槽设置在**内叶板左右两端靠室内一侧**，凹槽的构造要求同上，如图 3.26 所示。

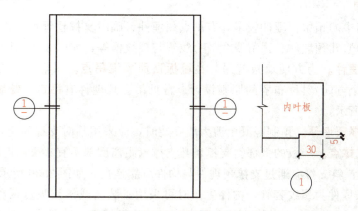

图 3.26 外墙板的预留凹槽大样图

（2）**外叶板预留企口。**将预制外墙外叶板的上、下两端做成企口，形成水平企口缝，作为外墙水平接缝处的防水构造，如图 3.27 所示。

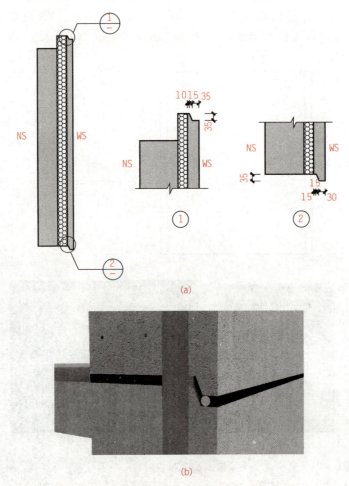

动画 3.3　外墙水平及竖向接缝构造

图 3.27　外叶板预留企口
(a)外叶板的企口缝大样图；(b)外叶板的企口缝三维模型

4. 预留预埋

预制剪力墙中的预留预埋件较多，有吊点预埋件、临时支撑预埋件、模板固定预埋件、套筒灌浆孔与出浆孔预埋件、预留线盒（箱）线管与接线槽等，如图 3.28 所示。

（1）**吊点预埋件。**为方便墙板起吊，在**墙板顶面预埋吊点**。吊点按照在构件重心两侧（宽度和厚度两个方向）对称布置的原则设计。常见吊点预埋件有**吊钉、螺纹套筒、吊环**三类，如图 3.29 所示。

（2）**临时支撑预埋件。**预制混凝土剪力墙安装时，应采用临时支撑固定，**临时支撑不宜少于 2 道 4 个支撑点**。墙板的上部斜支撑，其支撑点距离底部不宜小于高度的 2/3，且不应小于高度的 1/2；斜支撑应通过支撑预埋件与构件可靠连接，如图 3.30 所示。

临时支撑预埋件为螺纹套管，构件生产时可采用工装架或螺纹吸盘两种方法固定在模具上，如图 3.31 所示。前者兼有定位和固定功能且效果较好；后者施工便捷但容易受后续操作的影响。

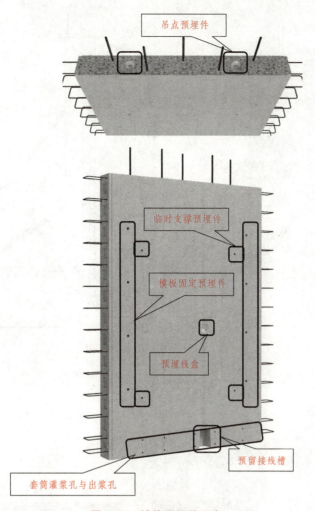

图 3.28　墙体预埋件示意

(a)　　　　　　　　　　　(b)

(c)　　　　　　　　　　　(d)

图 3.29　吊点预埋件

(a)预埋吊钉；(b)预埋螺纹套筒；(c)预埋吊环；(d)预埋吊钉的起吊示意

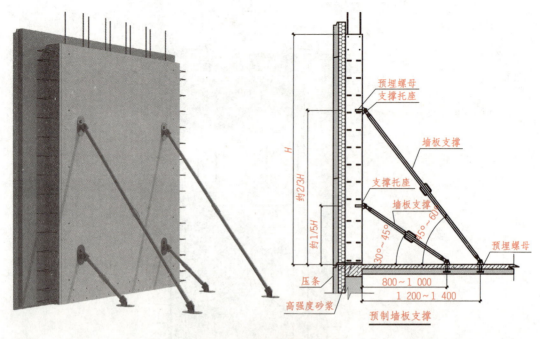

图 3.30 预制墙板临时支撑

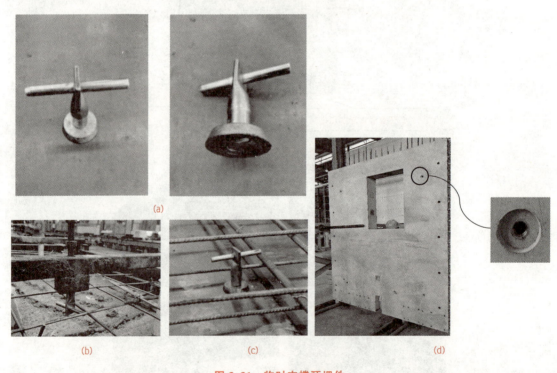

图 3.31 临时支撑预埋件

(a)临时支撑螺纹套管预埋件；(b)工装架固定；(c)螺纹吸盘固定；(d)临时支撑预埋件成型效果

（3）**模板固定预埋件。** 为方便后浇接缝或连梁叠合层的模板固定，在墙板上相应位置预留孔洞，施工时，将对拉螺杆穿入预留孔，拧紧螺栓，即可固定模板，如图 3.32 所示。

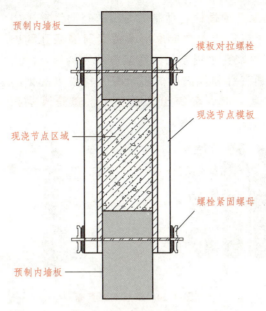

图 3.32　模板固定示意

模板固定预埋件可采用**预埋塑料管**或**圆锥形金属件**(上大下小，便于脱模)，构件生产时用工装架或螺纹吸盘固定在模具上，如图 3.33 所示。预留孔洞的数量、位置，由设计、施工单位共同确定。

图 3.33　模板固定预埋件

(a)空心 PVC 管预埋件；(b)圆锥金属管预埋件；(c)工装架固定圆锥形金属件；
(d)螺纹吸盘固定塑料管；(e)模板固定预留孔成型效果

（4）**套筒灌浆孔与出浆孔预埋件。**预制剪力墙的竖向钢筋采用套筒灌浆连接时，在预制混凝土**剪力墙底部预留套筒灌浆孔和出浆孔**，如图 3.34 所示。灌浆孔是用于加注灌浆料的入料口，出浆孔是用于加注灌浆料时通气并将注满后的多余灌浆料溢出的排料口。根据套筒的压力灌浆原理，**套筒出浆孔在上，套筒灌浆孔在下。**

视频 3.4　模板固定预埋件展示

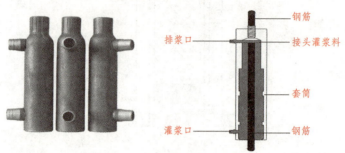

图 3.34　钢筋灌浆套筒

套筒灌浆孔与出浆孔预埋件，可采用**柔性波纹管**或**硬质 PVC 管**。柔性波纹管，一端通过扎丝与套筒预留孔固定，另一端通过吸盘与模台固定；硬质 PVC 管，只需一端通过扎丝与套筒预留孔固定，另一端伸出模具上边一定长度，如图 3.35 所示。

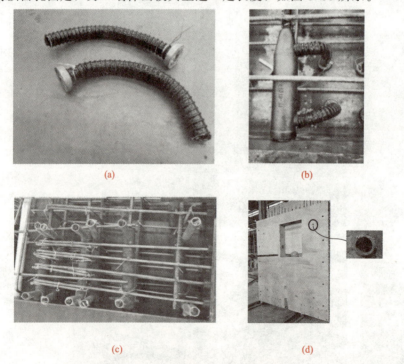

图 3.35　套筒灌浆孔与出浆孔预埋件
(a)柔性波纹管；(b)柔性波纹管预埋；(c)硬质 PVC 管预埋；(d)灌浆孔与出浆孔成型效果

视频 3.5　套筒组件预埋

（5）**预留线盒(箱)线管与接线槽。**预制剪力墙生产时，需将**线盒、线管暗埋于墙体内。**线盒按其材质不同，可分为 PVC 线盒和金属线盒。常采用定制底座将线盒固定在模具上，底座有**焊接固定式**和**活动式**两种，如图 3.36 所示。预埋线盒时，要区分线盒是预留在墙板的正面还是反面，并确保线盒的定位准确。

(a)   (b)

图 3.36　预埋线盒
(a)焊接固定式预埋线盒；(b)活动式预埋线盒

为方便接线穿管，常在线盒位置对应的墙板下部预留接线槽，**线盒及槽口应避开边缘构件范围设置，**如图 3.37 所示。

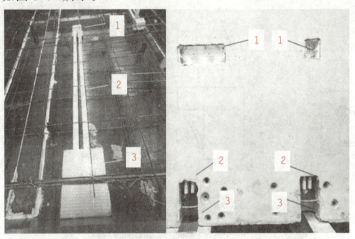

图 3.37　预埋线盒、线管、接线槽位置示意
1—预埋线盒；2—预埋线管；3—预留接线槽

有时考虑到现场电气设备安装的便捷，也可将配电箱整体预埋在构件内，如图 3.38 所示。

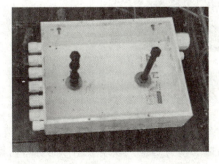

图 3.38　预埋配电箱

5. 构件标识

预制剪力墙的构件标识一般为产品合格证。产品合格证常采用**二维码标识**，通过扫描二维码，可查阅构件编号、构件类型、生产企业、生产日期、所属工程、生产各阶段质量验收等信息，实现管理有痕迹，信息可追溯，如图3.39所示。

6. 其他构造

(1)**预制剪力墙临时加固**。带门洞预制剪力墙、刀把墙等开口构件，在脱模、吊装、运输和安装过程中需在开口下方**采取临时加固措施**，避免混凝土开裂，如采用临时加固钢梁或临时加固杆，对应位置须设置临时加固用螺母预埋件，如图3.40所示。

图3.39 产品合格证

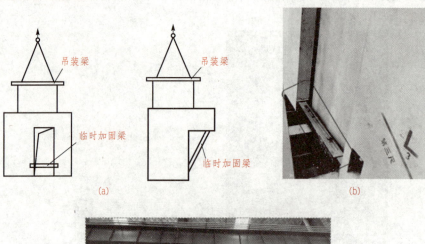

(a)

(b)

(c)

图3.40 预制剪力墙临时加固

(a)带门洞预制墙体吊装示意；(b)带门洞预制墙体的临时加固梁；(c)刀把墙的临时加固杆

(2)**窗框、门框连接**。为保证门框、窗框与墙体的密封质量，在墙板制作时可将窗框、门框提前预埋在构件内，也可在洞口周边预埋门框、窗框预埋件，常为**防腐木砖**，如图3.41所示。

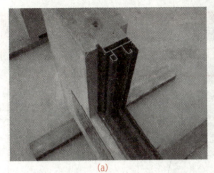

(a)   (b)

图 3.41 窗框预埋

(a)预制墙体上的预埋窗框；(b)窗洞边预埋防腐木砖

视频 3.6 门窗安装预

埋件固定——防腐木

（3）**施工安全防护措施预埋件**。为保障施工人员在操作面施工作业时的安全，如要设置临边安全防护架体，须**制订专项施工方案和专项论证**，在墙板制作时提前**预埋安全防护架安装螺栓**，如图 3.42 所示。

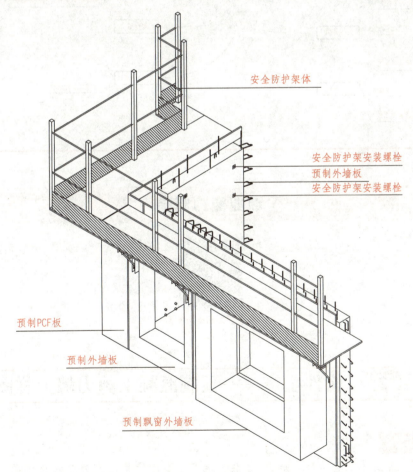

安全防护架体

安全防护架安装螺栓
预制外墙板
安全防护架安装螺栓

预制PCF板

预制外墙板

预制飘窗外墙板

图 3.42 临边安全防护架示意

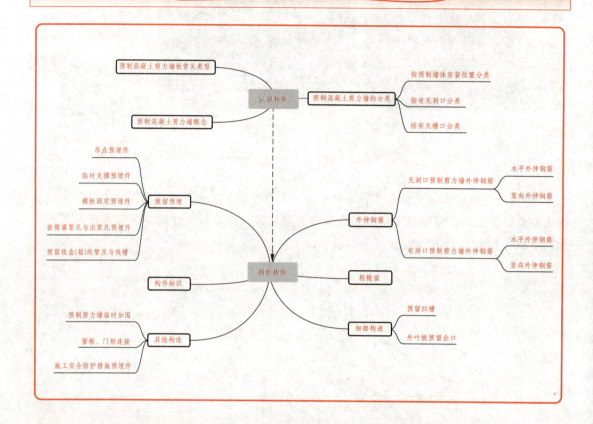

职业能力测验

职业能力测验与答案

任务 3.2　构件生产——预制混凝土剪力墙大样图识读

>> 任务导入

　　某省某市某高层住宅项目，地上 12 层、地下 1 层，结构体系为装配整体式混凝土剪力墙结构，上人屋面。

　　该项目采用 EPC 总承包模式，合同工期 400 日历天。本项目主体结构部分：竖向构件主要采用预制剪力墙，水平构件主要采用桁架钢筋混凝土叠合板底板、预制楼梯、预制阳台板、预制空调板。某构件厂承接了该项目的预制混凝土剪力墙的生产任务。其中，无洞口预制内墙 NQ-1828、无洞口预制外墙 WQ-2728、带门洞预制外墙 WQM-3628-2123、带窗洞预制外墙 WQC1-3328-1814 的大样图见附录(编号 03、04、05、06)。

请结合以上任务介绍和图纸内容，学习预制混凝土剪力墙大样图的图示内容和识读方法，获取预制混凝土剪力墙生产相关的图纸信息。

3.2.1　无洞口预制内墙大样图识读

3.2.1.1　制图规则

1. 墙体编号

无洞口预制内墙板的编号，一般包括墙板代号、墙板标志宽度、层高等信息，在《预制混凝土剪力墙内墙板》(15G365-2)中，无洞口预制内墙板的编号规则如图 3.43 所示。

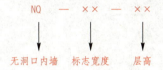

NQ —— ×× —— ××

无洞口内墙　　标志宽度　　层高

图 3.43　无洞口预制内墙板的编号规则

例如，"NQ-1828"表示无洞口预制内墙，标志宽度为 1 800 mm，墙板所在楼层层高为 2 800 mm。

在实际项目中，各设计院常按本院的命名习惯对墙板进行编号，但要遵循表达简洁、同一构件在墙体平面布置图与构件大样图中的编号完全对应原则。

2. 常见图例及符号

预制墙板大样图中常见图例及符号见表 3.1。

表 3.1　常见图例

外表面 WS	内表面 NS	防腐木砖 ⊠	预埋线盒 ⊠	装配方向 ▲

3. 无洞口预制内墙大样图的组成

无洞口预制内墙大样图由模板图、钢筋图、材料统计表、文字说明和节点详图组成。

(1)模板图包括主视图、俯视图、仰视图和右视图(如果左右视图不一致，还包括左视图)。模板图主要表达墙板的轮廓形状、钢筋外伸、预埋件和预留洞口布置、装配方向等信息。模板图是模具制作和模具组装的依据。

(2)钢筋图包括配筋图和断面图，主要表达墙板钢筋的编号、规格、定位、尺寸等，钢筋图是钢筋下料、绑扎、安装的依据。

(3)材料统计表一般包括构件参数表、预埋配件明细表和钢筋表，主要表达预埋配件的类型、数量，钢筋的编号、规格、加工示意图及尺寸、重量等信息。

(4)文字说明是指在图样中没有表达完整，用文字进行补充说明的内容，主要包括构件在生产、施工过程中的要求和注意事项(如混凝土强度等级、钢筋保护层厚度、粗糙面设置要求等)。

(5)模板图、配筋图中未表示清楚的细节做法用节点详图补充。

3.2.1.2 无洞口预制内墙大样图识读(1+X)(GZ008)

1. 模板图识读

为全面准确反映构件外形轮廓,应采用正投影法,将墙板从前向后、从上向下、从下向上、从右向左投影,分别得到构件的**主视图、俯视图、仰视图和右视图**,共同构成了墙板的模板图。

动画 3.4 预制剪力墙
无洞口内墙构造

下面以"NQ-1828"为例,如图 3.44 所示,介绍模板图的图示内容和识读方法。(完整图纸详见附录,编号 03)

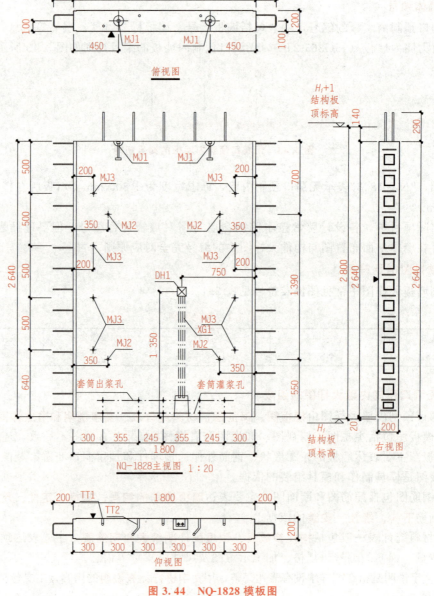

图 3.44 NQ-1828 模板图

(1)**墙板编号、图名及绘图比例**。绘图比例一般为1∶20或1∶30。

如图3.44所示，该墙板编号为"NQ-1828"，无洞口内墙板，模板图包含主视图、俯视图、仰视图、右视图，绘图比例为1∶20。

(2)**轮廓尺寸**。轮廓尺寸是指墙板的外形轮廓（如墙板是矩形还是带缺口，板侧是否做凹槽），墙板的宽度、高度、厚度、与上下层楼板的空间位置关系及细部尺寸（如层高与墙板实际高度的关系、凹槽细部做法等）。

如图3.44所示，该墙板为矩形，厚度为200 mm，宽度为1 800 mm，高度为2 640 mm，**墙板底面相对本层结构板面标高高出20 mm**（20 mm为套筒灌浆的墙底接缝高度），**墙板顶面相对上层结构板面标高低了140 mm**（140 mm为叠合板厚度130 mm＋预留的10 mm误差调节），**墙板的实际高度为2 800－20－140＝2 640(mm)**。该墙板左右两侧的内外面均设置凹槽。结合节点详图可知，凹槽的尺寸为30 mm×5 mm，如图3.45所示。

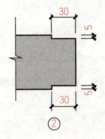

图3.45　凹槽详图

(3)**钢筋外伸情况**。其包括墙板水平、竖向的钢筋外伸情况（如有无外伸、外伸形式、外伸尺寸等）。

如图3.44所示，墙板**左右两侧均外伸水平筋**，外伸形状为U形，外伸长度为200 mm；**墙板顶面外伸竖向连接钢筋**，外伸形状为一字形，呈**"梅花形"**布置。

(4)**预埋件及预留孔洞管线布置情况**。其包括预埋件的布置（如类型、数量、位置），预留孔洞管线的布置（如孔洞管线的规格、数量、位置）等。

如图3.44所示，结合预埋配件明细表（表3.2）可知，模板图上共表达了**吊件**（MJ1）、**临时支撑预埋件**（MJ2）、**模板固定预埋件**（MJ3）、**套筒灌浆孔与出浆孔预埋组件**（TT1/TT2）、**预埋线盒**（DH1）、**电线配管**（XG1）、**预留接线槽**的布置情况。

1)吊件位于墙板顶面，共有2个，用符号MJ1示意。结合预埋配件明细表（表3.2），采用直径为14 mm的圆头吊钉，单个承重为2.5 t。其定位尺寸见俯视图，厚度方向：居中设置；宽度方向：各距构件边缘450 mm。

2)临时支撑预埋件位于墙板正面（墙板装配方向一侧），共有4个，用符号MJ2示意。结合预埋配件明细表（表3.2），采用直径M24螺母。其定位尺寸见主视图，高度方向：下排距构件底面550 mm，上排距构件顶面700 mm；宽度方向：各距构件边缘350 mm。

3)模板固定预埋件位于墙板正面（墙板装配方向一侧），共有8个，用符号MJ3示意。结合预埋配件明细表（表3.2），采用直径为25 mm的PVC管。其定位尺寸见主视图，高度方向：下排距构件底面640 mm，其余竖向间距为500 mm；宽度方向：各距构件边缘200 mm。

4)套筒灌浆孔与出浆孔预埋组件位于墙板正面的下部，共5组，三短两长，分别用TT1/TT2表示，对应套筒规格为GT16。其位置见主视图和仰视图，从左往右水平定位尺寸依次相距为300 mm、355 mm、245 mm、355 mm、245 mm；结合预埋配件明细表（表3.2），套筒灌浆孔与出浆孔预埋管件有 TT1/TT2 两种规格，**一短一长**（因连接钢筋呈"梅花形"布置）。

5）在墙板正面中区预埋接线盒 1 个，用符号 DH1 示意。结合预埋配件明细表（表 3.2），采用 86 mm×86 mm×70 mm 的 PVC 线盒。接线盒的定位尺寸为：距构件下端 1 350 mm，距构件右端 750 mm。

6）在墙板正面底部，正对线盒下方预留接线槽 1 个，具体做法见节点③，如图 3.46 所示。

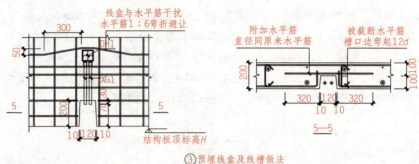

图 3.46　预埋线盒及线槽做法

7）在接线盒与接线槽之间预埋线管两根，用符号 XG1 示意。结合预埋配件明细表（表 3.2），采用直径为 25 mm 的 PVC 管。

结合预埋配件明细表，**核对模板图预埋类型、数量与明细表中的信息是否一致**，本图前后一致。

表 3.2　NQ-1828 预埋配件明细表

配件编号	配件名称	数量	图例	配件规格
MJ1	吊件（吊钉）	2		D14-2.5 t
MJ2	临时支撑预埋件	4		螺母 M24
MJ3	模板固定预埋件	8		PVC25
TT1/TT2	套筒组件	3/2		GT16
DH1	预埋线盒	1		PVC86×86×70
XG1	电线配管	2		PVC25

（5）**符号标注**。符号标注主要有装配方向标注、表面处理标注等。

如图 3.44 所示，为确保内墙板现场安装方向的准确，模板图中以"▲"标注墙板装配方向。根据图中文字说明可知：墙板顶面、底面做成凹凸不小于 6 mm 粗糙面；两侧面设置键槽，做法见节点①，如图 3.47 所示。

无洞口预制内墙板的三维模型如图 3.48 所示。

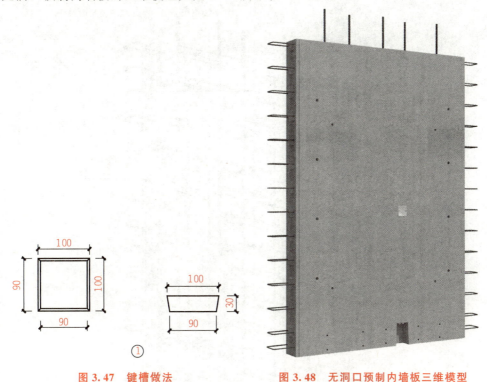

图 3.47　键槽做法　　　　　　　图 3.48　无洞口预制内墙板三维模型

总　结

　　识读模板图时，通过主视图，了解墙板类型，墙板宽度和高度尺寸，钢筋外伸情况，预留预埋件沿宽度、高度方向的定位；通过俯视图和仰视图，了解墙板的厚度、预留预埋件沿厚度方向的定位及装配方向；通过右视图，了解墙板在高度方向与上下层结构板面的空间位置关系。识读模板图时主视图、俯视图、仰视图、右视图要配合识读，同时，还需结合预埋配件明细表、节点详图和文字说明辅助识读。

2. 钢筋图识读

　　无洞口预制内墙的钢筋包括水平筋、竖向筋和拉筋三大类。水平筋为墙体水平分布钢筋；竖向筋为墙体竖向分布钢筋和上下层墙板的竖向连接钢筋，如图 3.49 所示。水平钢筋和竖向钢筋共同构成剪力墙体钢筋网片；拉筋将墙板内外两层钢筋网片拉结起来形成整体钢筋笼，如图 3.50 所示。

动画 3.5　无洞口
剪力墙钢筋组成

　　钢筋图包括配筋图和断面图。配筋图是采用正投影法，将墙板从前向后投影得到的图样。绘图时，假设混凝土为透明体，主要表达构件内钢筋的布置、定位、编号等信息。断面图是用假想平面，沿着宽度方向或高度方向在指定位置将墙板剖开，采用正投影法投影得到的图样，用"×—×"表示，无洞口内墙板常有四个断面图。水平方向两个断面图：套筒位置（1—1）和中间墙身位置（2—2）；竖直方向两个断面图：竖向封边钢筋所在位置（3—3）和中间墙身位置（4—4）。识读钢筋图时，要结合断面图和钢筋表一起识读。

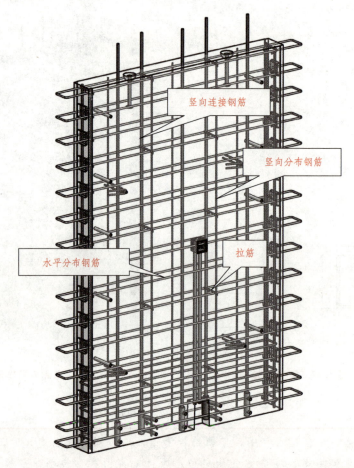

图 3.49　无洞口预制内墙板的钢筋

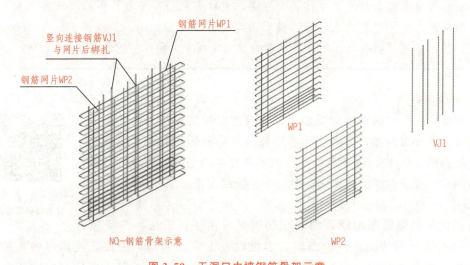

图 3.50　无洞口内墙钢筋骨架示意

下面以"NQ-1828"为例，介绍钢筋图的图示内容和识读方法，如图 3.51 所示。

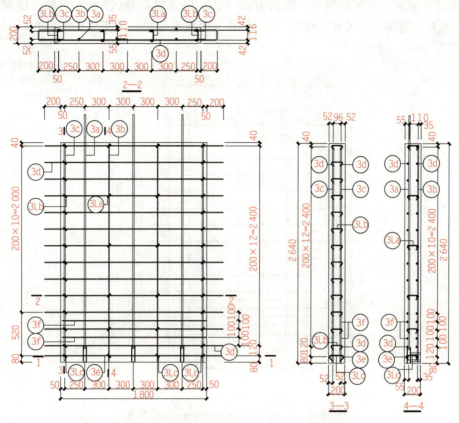

图 3.51 NQ-1828 钢筋图

(1) **图名与绘图比例**。图名一般为"××配筋图",绘图比例与模板图保持一致。

如图 3.52 所示(见彩插图 3.52),NQ-1828 钢筋图包含配筋图和四个断面图。水平方向断面为套筒位置(1—1)和中间墙身位置(2—2),竖直方向断面为竖向封边钢筋所在位置(3—3)和中间墙身位置(4—4)。绘图比例为 1∶20。

视频 3.7 竖向连接钢筋安装

(2) **竖向钢筋**。竖向钢筋包括钢筋的编号、定位、规格、尺寸及外伸长度等信息。

如图 3.52 所示,以编号③a、③b、③c表示竖向钢筋。③a为**竖向连接钢筋**,③b为**竖向分布筋**,③c为**竖向封边钢筋**。

1)上下层竖向连接钢筋③a(图 3.52 中红色所示):通过配筋图可知,该钢筋下端与套筒连接,上端外伸;通过 1—1 断面图可知,该钢筋呈"梅花形"排布,每隔 300 mm 交错布置一根，钢筋和套筒中心到墙表面的距离为 55 mm；通过钢筋表（表 3.3）可知，该钢筋采用 $\Phi 16$，共 5 根，每根上端外伸长度为 290 mm，与套筒连接的一端车丝长度为 23 mm，中间部分长度为 2 466 mm。

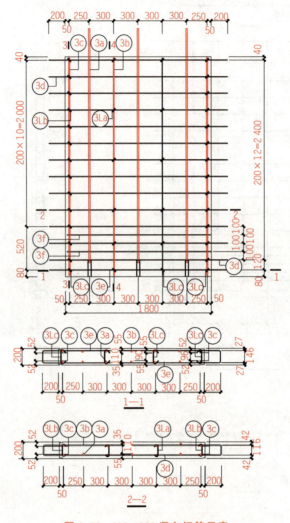

图 3.52 NQ-1828 竖向钢筋示意

表 3.3 NQ-1828 钢筋表

钢筋类型		钢筋编号	规格	钢筋加工尺寸	备注
混凝土墙	竖向筋	③a	5Φ16	23 ⊢ 2 466 ⊣ 290	一端车丝长度 23 mm
		③b	5Φ6	2 610	
		③c	4Φ12	2 610	

钢筋类型		钢筋编号	规格	钢筋加工尺寸	备注
混凝土墙	水平筋	③d	13⊕8	116 200 1 800 200 116	
		③c	1⊕8	146 200 1 800 200 146	
		③f	2⊕8	116 1 750 116	
	拉筋	③La	⊕6@600	130 30 30	
		③Lb	26⊕6	124 30 30	
		③Lc	4⊕6	154 30 30	

>> 走进规范

《装配式混凝土结构技术规程》(JGJ 1—2014)第 8.3.5—2 条：预制剪力墙的竖向分布钢筋，当仅部分连接时，被连接的同侧钢筋间距不应大于 600 mm，不连接的竖向分布钢筋直径不应小于 6 mm。

《装配式混凝土建筑技术标准》(GB/T 51231—2016)第 5.7.10—1 条：当竖向分布钢筋采用"梅花形"部分连接时，连接钢筋直径不应小于 12 mm，同侧间距不应大于 600 mm，未连接的竖向分布钢筋直径不应小于 6 mm。

2）竖向分布筋③b（图 3.52 中蓝色所示）：通过钢筋图和 1—1 断面图可知，该钢筋呈"梅花形"排布，每隔 300 mm 交错布置一根；通过 2—2 断面图可知，钢筋中心到墙表面的距离为 35 mm；通过钢筋表（表 3.3）可知，该钢筋采用⊕6，共 5 根，每根长度为 2 610 mm；单根钢筋③b总长＝2 640－15－15＝2 610(mm)（钢筋保护层厚度为 15 mm）。

3）竖向封边钢筋③c（图 3.52 中紫色所示）：通过钢筋图可知，该钢筋设置在墙板左右两侧，分别距墙板左右两侧边 50 mm；通过 1—1 断面图或 2—2 断面图可知，钢筋中心到墙表面的距离为 52 mm；通过钢筋表（表 3.3）可知，该钢筋采用⊕12，共 4 根，每根长度为 2 610 mm；单根钢筋③c总长＝2 640－15－15＝2 610 mm（钢筋保护层厚度为 15 mm）。

>> 走进规范

《装配式混凝土结构技术规程》(JGJ 1—2014)第 8.2.5 条：端部无边缘构件的预制剪力墙，宜在端部配置 2 根直径不小于 12 mm 的竖向构造钢筋；沿该钢筋竖向应配置拉筋，拉筋直径不宜小于 6 mm、间距不宜大于 250 mm。

（3）水平钢筋。钢筋的编号、定位、规格、尺寸及外伸长度等信息。

视频 3.8 水平钢筋安装

如图 3.53 所示（见彩插图 3.53），以编号 ③d、③e、③f 表示水平钢筋。③d 为墙身水平钢筋，两端外伸；③e 为套筒处水平钢筋，两端外伸；③f 为套筒加密区范围水平附加钢筋，两端不外伸。

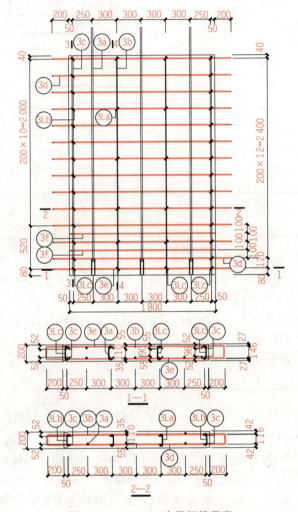

图 3.53　NQ-1828 水平钢筋示意

1）**墙身水平钢筋 ③d（图 3.53 中红色所示）**：通过配筋图可知，墙身水平钢筋 ③d 中最下面的一根到构件底面的距离为 200 mm，最上面的一根到构件顶面的距离为 40 mm，中间钢筋的间距为 200 mm；通过 2—2 断面图可知，钢筋中心到墙表面的距离为 42 mm；通过钢筋表（表 3.3）可知该水平筋为封闭 U 形，采用 ⊈8，共 13 根，钢筋在墙板内的长度为 1 800 mm，两端各向外伸出水平长度为 200 mm，宽度方向钢筋中心线尺寸为 116 mm。

2）**套筒处水平筋 ③e（图 3.53 中蓝色所示）**：通过配筋图可知，钢筋距墙板底面 80 mm；通过 1—1 断面图可知，钢筋中心到墙表面的距离为 27 mm；通过钢筋表（表 3.3）可知，该水平筋为封闭 U 形，采用 ⊈8，共 1 根。钢筋在墙板内的长度为 1 800 mm，两端各向外伸出长度为 200 mm，宽度方向钢筋中心线尺寸为 146 mm（因套筒直径大于钢筋直径）。

3）**加密区水平附加钢筋③f**（图 3.53 中紫色所示）：通过配筋图可知，**2 根加密区水平钢筋③f和 3 根墙身水平钢筋（1 根③e＋2 根③d）** 共同构成了加密范围钢筋，加密区钢筋间距为 100 mm，如图 3.54 所示；通过钢筋表（表 3.3）可知，该水平筋为封闭型，采用 ⊕8，共 2 根，两端不向外伸出。

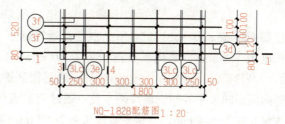

图 3.54　水平分布筋加密区示意

钢筋在墙板内的长度为 1 750 mm，宽度方向钢筋中心线尺寸为 116 mm。

▶▶ 走进规范

《装配式混凝土结构技术规程》（JGJ 1—2014）第 8.2.4 条：当采用套筒灌浆连接时，自套筒底部至套筒顶部并向上延伸 300 mm 范围内，预制剪力墙的水平分布筋应加密，加密区水平分布筋的最大间距及最小直径应符合规定，套筒上端第一道水平分布钢筋距离套筒顶部不应大于 50 mm。

（4）**拉筋**。拉筋包括钢筋的编号、定位、规格、尺寸及外伸长度等。

如图 3.55 所示（见彩插图 3.55），以编号③La、③Lb、③Lc表示拉筋。③La为墙身区域的拉筋；③Lb为竖向封边钢筋之间的拉筋；③Lc为套筒区域的拉筋。

视频 3.9　拉筋摆放

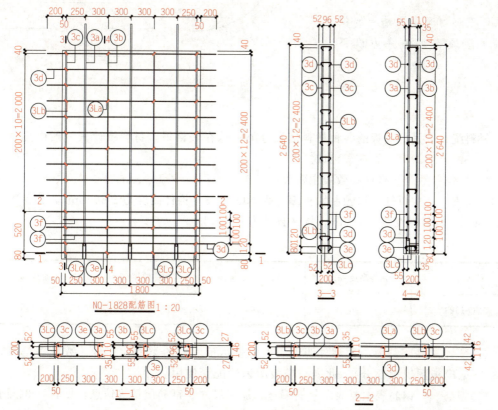

图 3.55　NQ-1828 拉筋示意

1) 拉筋③La（图3.55中红色所示）：通过钢筋图、2—2断面图和4—4断面图可知，该拉筋间距按600 mm×600 mm布置；通过钢筋表（表3.3）可知，该拉筋采用⊕6，直线段长度为130 mm，弯钩平直段长度为30 mm（取5d）。

2) 拉筋③Lb（图3.55中蓝色所示）：通过钢筋图、2—2断面图和3—3断面图可知，该拉筋竖向间距同水平外伸钢筋间距布置；通过钢筋表（表3.3）可知，该拉筋采用⊕6，共26根，直线段长度为124 mm，弯钩平直段长度为30 mm（取5d）。

3) 拉筋③Lc（图3.55中紫色所示）：通过钢筋图、1—1断面图可知，该拉筋水平方向隔一拉一布置；通过钢筋表（表3.3）可知，该拉筋采用⊕6，共4根，直线段长度为154 mm，弯钩平直段长度为30 mm（取5d）。

总结

识读钢筋图时，通过配筋图，了解钢筋的种类、编号及其沿宽度方向和高度方向的定位；配合断面图，了解钢筋沿厚度方向的定位、钢筋形状等。同时还需配合钢筋表，了解钢筋的规格型号、形状、加工尺寸等信息。

无洞口预制内墙板的钢筋类型通常可细分为以下种类：

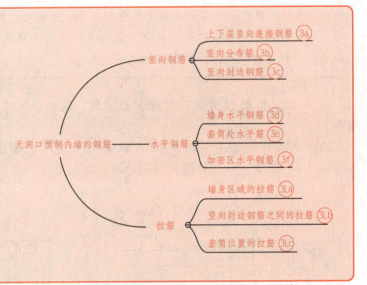

无洞口预制内墙的钢筋
- 竖向钢筋
  - 上下层竖向连接钢筋③a
  - 竖向分布筋③b
  - 竖向封边钢筋③c
- 水平钢筋
  - 墙身水平钢筋③d
  - 套筒处水平筋③e
  - 加密区水平钢筋③f
- 拉筋
  - 墙身区域的拉筋③La
  - 竖向封边钢筋之间的拉筋③Lb
  - 套筒位置的拉筋③Lc

3. 材料统计表识读

材料统计表是将墙板的各种材料信息分类汇总在表格里。材料统计表一般由**构件参数表、预埋配件明细表和钢筋表**组成。

（1）**构件参数表**。构件参数表主要表达**墙板编号、构件尺寸、混凝土体积、墙板自重**等信息。从表3.4中可知，该预制墙板编号为NQ-1828，构件高度为2 640 mm，构件宽度为1 800 mm，构件厚度为200 mm，构件自重为2 736 kg。

表3.4　构件参数表

墙板编号	构件高度/mm	构件宽度/mm	构件厚度/mm	质量/kg
NQ-1828	2 640	1 800	200	2 736

（2）**预埋配件明细表**。预埋件明细表主要表达预埋件的类型、型号、数量等信息，见表3.2（见模板图识读部分）。此表与模板图识读配套使用。

（3）**钢筋表**。钢筋表主要表示钢筋编号、加工尺寸、钢筋质量等信息，见表3.3（见钢筋图识读部分）。此表与钢筋图识读配套使用。

4. 文字说明

图中文字说明有以下要求：

(1)墙体顶面与底面应做成凹凸不小于 6 mm 的粗糙面。

(2)墙体左右两面应设置键槽，做法见节点详图①。

(3)墙体两侧凹槽做法见节点详图②。

(4)混凝土强度等级为 C30，钢筋保护层厚度为 15 mm。

(5)线盒对应墙底位置设线路连接槽口，槽口大小及开槽后墙体钢筋截断处理见节点详图③。

(6)灌浆孔、出浆孔的标高根据选用套筒参数确定。

(7)▲所指方向为预制墙体安装方向及视图正面。

5. 接线孔处钢筋处理

墙板上预埋电气线盒时，常需要在其对应位置的预制板下部或上部预留线路连接槽口，线盒及槽口应避开边缘构件范围设置，预留的接线槽口与墙板内钢筋碰撞后，按节点③，如图 3.46 所示。

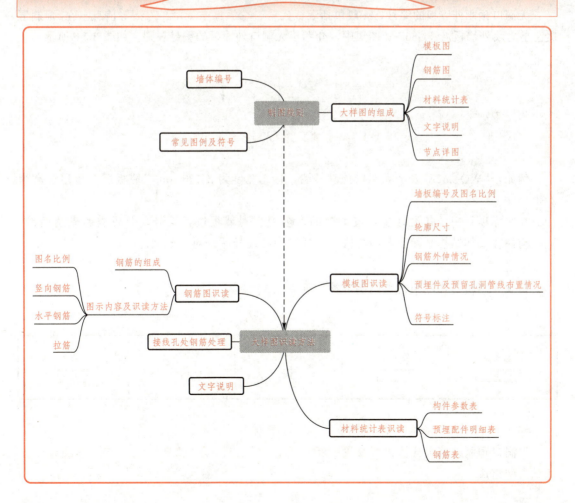

职业能力测验与答案

3.2.2 无洞口预制外墙大样图识读

3.2.2.1 制图规则

1. 墙体编号

无洞口预制外墙板的编号，一般包括墙板代号、墙板标志宽度、层高等信息。在《预制混凝土剪力墙外墙板》(15G365-1)图集中，介绍了无洞口外墙板的编号规则，如图3.56所示。

图 3.56　无洞口预制外墙板编号规则

例如，"WQ-2428"表示无洞口预制外墙，标志宽度为 2 400 mm，墙板所在楼层层高为 2 800 mm。

在实际项目中，各设计院常按本院的命名习惯对墙板进行编号，但要遵循表达简洁、同一构件在墙体结构平面布置图与构件大样图中的编号一一对应原则。

2. 常见图例及符号

预制外墙板大样图中常见图例及符号见表3.5。

表 3.5　常见图例

预制墙板	后浇段	防腐木砖	预埋线盒	保温层

3. 无洞口预制外墙大样图的组成

无洞口预制外墙大样图由模板图、钢筋图、材料统计表、文字说明、节点详图和外叶板配筋图组成。

3.2.2.2 无洞口预制外墙大样图识读(1+X)(GZ008)

1. 模板图识读

下面以"WQ-2728"为例,介绍模板图的图示内容和识读方法,如图 3.57 所示(完整图纸详见附录,编号 04)。

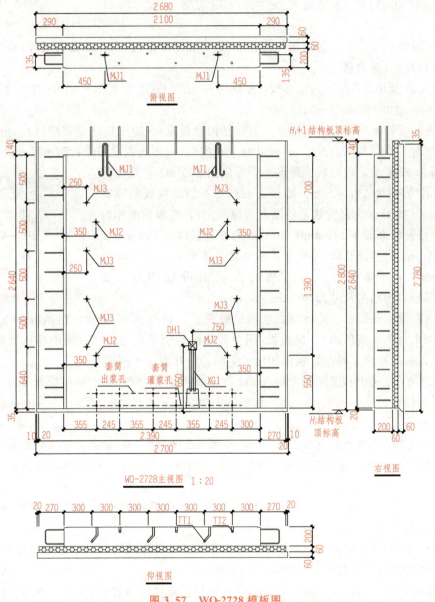

图 3.57 WQ-2728 模板图

(1)**墙板编号、图名及绘图比例**。绘图比例一般为 1:20 或 1:30。

如图 3.57 所示,该墙板编号为"WQ-2728",为无洞口外墙板,模板图包含主视图、俯视图、仰视图、右视图,绘图比例为 1:20。

(2)**外叶板轮廓尺寸及节点构造**。外叶板外形轮廓(板是矩形板还是带槽口),外叶板尺寸（宽度、高度、厚度及槽口尺寸），外叶板节点构造（板侧是否设防水企口、企口做法等）等信息。

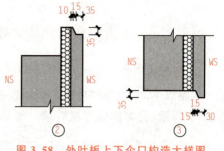

如图3.57所示，外叶板为矩形，厚度为60 mm，标志宽度为2 700 mm，**实际宽度为2 680 mm**（两块外叶板之间每侧各留10 mm缝隙），**总高为2 800＋35－20＝2 815（mm）**。外叶板上、下端各做高度35 mm的**企口缝**，企口的构造大样见节点图②、③，如图3.58所示。

图3.58　外叶板上下企口构造大样图

（3）**保温板轮廓尺寸**。保温板外形轮廓（矩形板还是带槽口）、保温板尺寸（宽度、高度、厚度及槽口尺寸）等信息。

如图3.57所示，保温层为矩形板，厚度为60 mm，宽度为2 100＋270＋270＝2 640（mm），高度为2 640＋140＝2 780（mm）。

（4）**内叶板轮廓尺寸及节点构造**。其包括内叶板轮廓（矩形板还是带槽口）、内叶板尺寸（宽度、高度、厚度及槽口尺寸）、内叶板节点构造（板侧是否设凹槽，凹槽尺寸等）等信息。

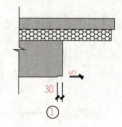

如图3.57所示，内叶板为矩形板，厚度为200 mm，宽度为2 100 mm，高度为2 640 mm，墙板底面相对本层结构板面标高高出20 mm（20 mm为套筒灌浆的墙底接缝高度），墙板顶面相对上层结构板面标高低了140 mm（140 mm为叠合板厚度130 mm＋预留的10 mm误差调节），**墙板的实际高度为2 800－20－140＝2 640（mm）**。该墙板左、右两端的内侧面设置凹槽。如图3.59所示，凹槽的尺寸为30 mm×5 mm。

图3.59　凹槽详图

（5）**内叶板、保温板、外叶板的相对位置关系**。如图3.60所示，预制混凝土外墙板由外叶板（图中红色线条所示）、保温板（图中蓝色线条所示）、内叶板（图中紫色线条所示）组成。其中，外叶板位于外侧，保温板位于中间，内叶板位于内侧。

1）宽度方向：外叶板宽度为2 680 mm，保温板宽度为2 640 mm，内叶板宽度为2 100 mm。宽度上，**保温板比外叶板小40 mm**，每侧各少20 mm；**内叶板比保温板小540 mm**，每侧各少270 mm。

2）高度方向：外叶板高度为2 815 mm，保温板高度为2 780 mm，内叶板高度为2 640 mm。高度上，**保温板与外叶板顶部对齐，下端比外叶墙板少35 mm；内叶板与保温板下端平齐，顶部比保温板低140 mm**。

（6）**内叶板钢筋外伸情况**。其包括墙板水平、竖向钢筋的外伸情况（如有无外伸、外伸形式、外伸尺寸等）。

如图3.60所示，墙板**左右两侧均外伸水平筋**，外伸形状为U形；墙板**顶面外伸竖向连接钢筋**，外伸形状为直线形，呈"**梅花形**"布置。

（7）**预埋件及预留孔洞管线布置情况**。其包括预埋件的布置（如类型、数量、位置），预留孔洞管线的布置（如孔洞管线的规格、数量、位置）等情况。

如图3.60所示，结合预埋配件明细表（表3.6），模板图上共表达了**吊件（MJ1）、临时支撑预埋件（MJ2）、模板固定预埋件（MJ3）、套筒灌浆孔与出浆孔预埋组件（TT1/TT2）、预埋线盒（DH1）、电线配管（XG1）、预留接线槽**的布置情况。

1）吊件位于墙板顶面，共有2个，用符号MJ1示意。结合预埋配件明细表（表3.6），采用直径12 mm的HPB300级钢筋做成吊环。其定位尺寸见俯视图,厚度方向:距离内叶板内表面135 mm;宽度方向:两侧各距内叶板边缘450 mm。

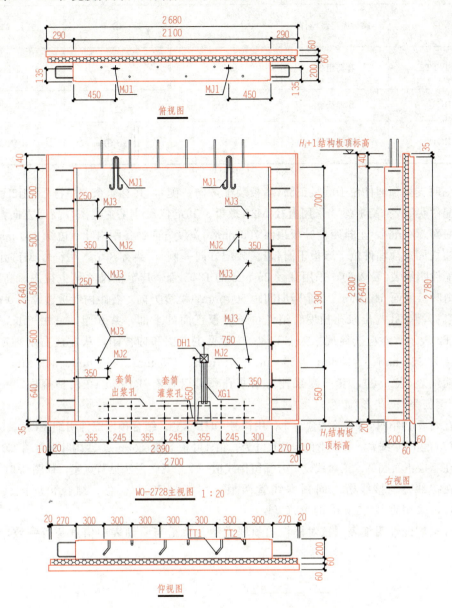

图 3.60　内叶板、保温板、外叶板的相对位置关系

表 3.6　预埋配件明细表

配件编号	配件名称	数量	图例	配件规格
MJ1	吊件(吊环)	2		Φ12
MJ2	临时支撑预埋件	4		螺母 M24

配件编号	配件名称	数量	图例	配件规格
MJ3	模板固定预埋件	8		PVC25
TT1/TT2	套筒组件	3/3		GT16
DH1	预埋线盒	1		PVC86×86×70
XG1	电线配管	2		PVC25

2）临时支撑预埋件位于墙板正面（墙板装配方向一侧），共有 4 个，用符号 MJ2 示意。结合预埋配件明细表（表 3.6），采用直径 M24 螺母。其定位尺寸见主视图，高度方向：下排距内叶板底面 550 mm，上排距内叶板顶面 700 mm；宽度方向：各距内叶板边缘 350 mm。

3）模板固定预埋件位于墙板正面（墙板装配方向一侧），共有 8 个，用符号 MJ3 示意。结合预埋配件明细表（表 3.6），采用直径 25 mm 的 PVC 管。其定位尺寸见主视图，高度方向：下排距内叶板底面 640 mm，其余竖向间距 500 mm；宽度方向：各距内叶板边缘 250 mm。

4）套筒灌浆孔与出浆孔预埋管组件位于墙板正面的下部，共 6 组，三短三长，分别用 TT1/TT2 表示，对应套筒规格为 GT16。位置见主视图和仰视图，从左往右水平定位尺寸依次相距为 355 mm、245 mm、355 mm、245 mm、355 mm、245 mm、300 mm；结合预埋配件明细表（表 3.6），套筒灌浆孔与出浆孔预埋管件有 TT1/TT2 两种规格，一短一长（因连接钢筋呈"梅花形"布置）。

5）在墙板正面低区预埋接线盒一个，用符号 DH1 示意。结合预埋配件明细表（表 3.6），采用 86×86×70 的 PVC 线盒。接线盒的定位尺寸为：距外叶板下端 650 mm，距内叶板右端 750 mm。

6）在墙板正面底部，正对线盒下方预留接线槽一个，具体做法见节点④，如图 3.61 所示。

7）在接线盒与接线槽之间预埋线管两根，用符号 XG1 示意。结合预埋配件明细表（表 3.6），采用直径 25 mm 的 PVC 管。

结合预埋配件明细表，核对模板图预埋类型、数量与明细表中信息是否一致，本图前后一致。

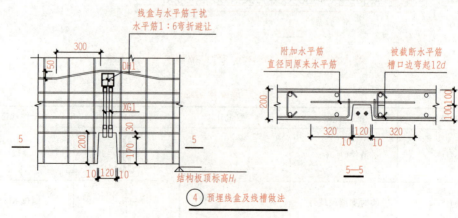

图 3.61　预埋线盒及线槽做法

（8）**表面处理。** 根据图中文字说明可知，墙体内叶板 4 个侧面应做成凹凸不小于 6 mm 的粗糙面。

无洞口预制外墙板的三维模型如图 3.62 所示。

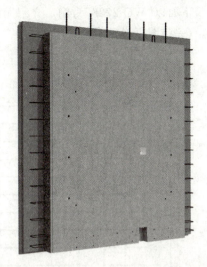

图 3.62　无洞口预制外墙板的三维模型图

> ⭐ **总　结**
>
> 识读模板图时，通过主视图，了解墙板类型，各层的宽度和高度尺寸，内叶板钢筋外伸情况，预留预埋件沿宽度、高度方向的定位；通过俯视图和仰视图，了解墙板各分层厚度、预留预埋件沿厚度方向的定位；通过右视图，了解墙板在高度方向的空间位置关系。识读模板图时主视图、俯视图、仰视图、右视图要配合识读，同时，还需结合预埋配件明细表、节点详图和文字说明辅助识读。

2. 钢筋图识读

预制夹芯保温外墙承受荷载的部分是内叶板，**钢筋图反映的是内叶板配筋**，无洞口预制外墙内叶板的钢筋组成与前面所介绍的无洞口预制内墙相同，包括水平筋、竖向筋和拉筋，如图 3.63 所示。识读时需结合钢筋表（表 3.7）。

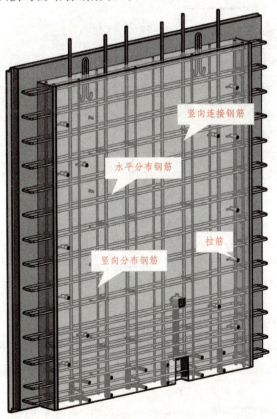

竖向连接钢筋

水平分布钢筋

拉筋

竖向分布钢筋

图 3.63　无洞口预制外墙板的内叶板钢筋

下面以"WQ-2728"为例，介绍无洞口外墙板钢筋图的图示内容和识读方法，如图 3.64 所示(完整图纸详见附录，编号 04)。

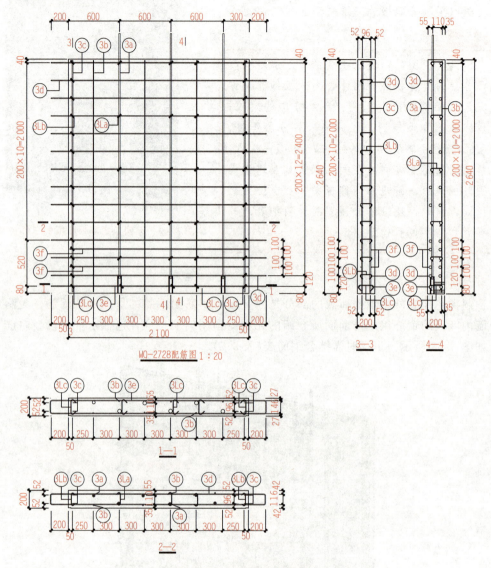

图 3.64　WQ-2728 钢筋图

(1)**图名与绘图比例**。图名一般为"××配筋图"，绘图比例与模板图保持一致。

如图 3.64 所示，WQ-2728 钢筋图包含配筋图和四个断面图，水平方向断面为套筒位置(1—1)和中间墙身位置(2—2)，竖直方向断面为竖向封边钢筋所在位置(3—3)和中间墙身位置(4—4)。绘图比例为 1∶20。

(2)**竖向钢筋**。竖向钢筋包括钢筋的编号、定位、规格、尺寸及外伸长度等信息。

如图 3.65 所示(见彩插图 3.65)，以编号③a、③b、③c表示竖向钢筋。③a为竖向连接钢筋，③b为竖向分布筋，③c为竖向封边钢筋。

1)**上下层竖向连接钢筋③a(图 3.65 中红色所示)**：通过配筋图可知，该钢筋**下端与套筒连接，上端外伸**；通过 1—1 断面图可知，该钢筋呈"梅花形"排布，每隔 300 mm 交错布置一根，钢筋和套筒中心到墙表面的距离为 55 mm；通过 WQ-2728 钢筋表（表 3.7）可知，该钢筋采用 ⏀16，共 6 根，每根上端外伸长度为 290 mm，与套筒连接的一端车丝长度为 23 mm，中间部分长度为 2 466 mm。

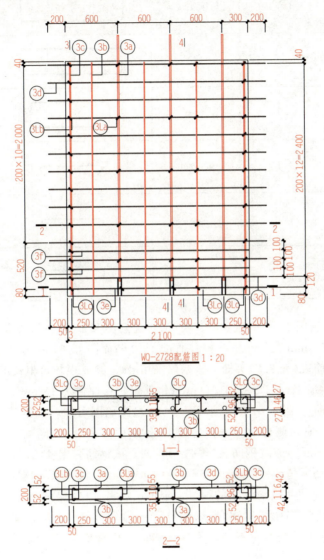

图 3.65　WQ-2728 竖向钢筋示意

表 3.7　WQ-2728 钢筋表

钢筋类型		钢筋编号	规格	钢筋加工尺寸	备注
混凝土墙	竖向筋	③a	6⏀16	23 ꞁ 2 466 ꞁ 290	一端车丝长度 23 mm
		③b	6⏀6	2 610	
		③c	4⏀12	2 610	

钢筋类型	钢筋编号	规格	钢筋加工尺寸	备注
混凝土墙	③d	13⊈8	116 200 2 100 200 116	
	③e	1⊈8	146 200 2 100 200 146	
	③f	2⊈8	116 2 050 116	
	③La	⊈6@600	130 / 30 30	
	③Lb	26⊈6	124 / 30 30	
	③Lc	5⊈6	154 / 30 30	

（水平筋）（拉筋）

2)**竖向分布筋**③b(**图3.65中蓝色所示**)：通过配筋图和1—1断面图可知，该钢筋呈**"梅花形"**排布，每隔300 mm交错布置一根；通过2—2断面图可知，钢筋中心到墙表面的距离为35 mm；通过钢筋表(表3.7)可知，该钢筋采用⊈6，共6根，每根长度为2 610 mm；单根钢筋③b**总长＝2 640－15－15＝2 610(mm)**(钢筋保护层厚度为15 mm)。

3)**竖向封边钢筋**③c(**图3.65中紫色所示**)：通过配筋图可知，该钢筋设在**墙板左、右两侧**，分别距墙板左、右两侧边50 mm；通过1—1断面图或2—2断面图可知，钢筋中心到墙表面的距离为52 mm；通过钢筋表(表3.7)可知，该钢筋采用⊈12，共4根，每根长度为2 610 mm；单根钢筋③c**总长＝2 640－15－15＝2 610(mm)**(钢筋保护层厚度为15 mm)。

(3)**水平钢筋**。水平钢筋看钢筋的编号、定位、规格、尺寸及外伸长度等信息。

如图3.66所示(见彩插图3.66)，以编号③d、③e、③f表示水平钢筋。③d为墙身水平钢筋，两端外伸；③e为套筒处水平钢筋，两端外伸；③f为套筒加密区范围附加水平钢筋，两端不外伸。

1)**墙身水平钢筋**③d(**图3.66中红色所示**)：通过配筋图可知，墙身水平钢筋③d中最下面的一根到构件底面的距离为200 mm，最上面一根到构件顶面的距离为40 mm，中间钢筋的间距为200 mm；通过2—2断面图可知，钢筋中心到墙表面的距离为42 mm；通过钢筋表(表3.7)可知，该水平筋为封闭U形，采用⊈8，共13根，钢筋在墙板内的长度为2 100 mm，两端各向外伸出的水平长度为200 mm，宽度方向钢筋中心线尺寸为116 mm。

2)**套筒处水平筋**③e(**图3.66中蓝色所示**)：通过配筋图可知，该钢筋距墙板底面80 mm；通过1—1断面图可知，钢筋中心到墙表面的距离为27 mm；通过钢筋表(表3.7)可知，该水平筋为封闭U形，采用⊈8，共1根。钢筋在墙板内的长度为2 100 mm，两端各向外伸出的水平长度为200 mm，宽度方向钢筋中心线尺寸为146 mm(因套筒直径大于钢筋直径)。

3)**加密区附加水平钢筋**③f(**图3.66中紫色所示**)：通过配筋图可知，**2根加密区附**

加水平钢筋③f和 3 根墙身水平钢筋（1 根③e＋2 根③d）共同构成了加密范围钢筋，加密区钢筋间距为 100 mm，如图 3.67 所示；通过钢筋表（表 3.7）可知，该水平筋为封闭型，采用 ⊈8 ，共 2 根，两端不外伸。钢筋在墙板内的长度为 2 050 mm，宽度方向钢筋中心线尺寸为 116 mm。

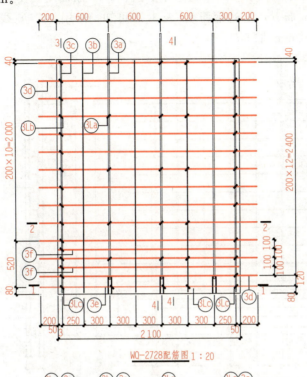

WQ-2728配筋图 1:20

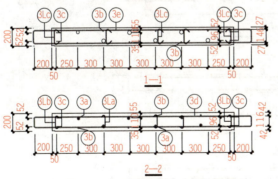

图 3.66　WQ-2728 水平钢筋示意

WQ-2728配筋图 1:20

图 3.67　水平分布筋加密区示意

（4）拉筋。拉筋包括钢筋的编号、定位、规格、尺寸及外伸长度等信息。

如图 3.68 所示（见彩插图 3.68），以编号⑨La、⑨Lb、⑨Lc表示拉筋。⑨La为墙身区域的拉筋；⑨Lb为竖向封边钢筋之间的拉筋；⑨Lc为套筒区域的拉筋。

1）拉筋⑨La（图 3.68 中红色所示）：通过钢筋图、2—2 断面图和 4—4 断面图可知，间距按 600 mm×600 mm 布置；通过钢筋表（表 3.7）可知，采用 $\Phi 6$，直线段长度为 130 mm，弯钩平直段长度为 30 mm（取 5d）。

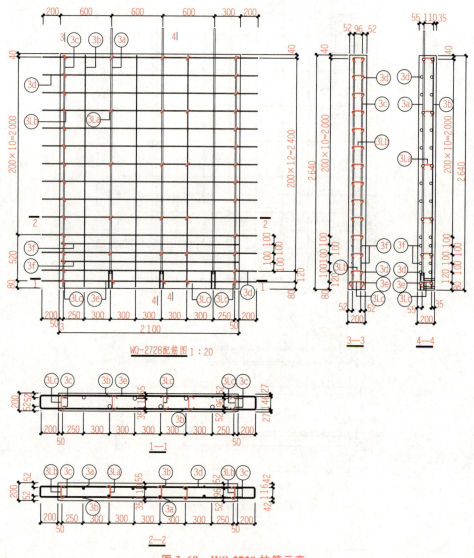

图 3.68 WQ-2728 拉筋示意

2）拉筋⑨Lb（图 3.68 中蓝色所示）：通过钢筋图、2—2 断面图和 3—3 断面图可知，竖向间距同水平外伸钢筋间距布置；通过钢筋表（表 3.7）可知，采用 $\Phi 6$，共 26 根，直线段长度为 124 mm，弯钩平直段长度为 30 mm（取 5d）。

3）拉筋⑨Lc（图 3.68 中紫色所示）：通过钢筋图、1—1 断面图可知，水平方向隔一拉一布置；通过钢筋表（表 3.7）可知，采用 $\Phi 6$，共 5 根，直线段长度为 154 mm，弯钩平直段长度为 30 mm（取 5d）。

识读钢筋图时，通过配筋图，了解钢筋的种类、编号及其沿宽度方向和高度方向的定位；配合断面图，了解钢筋沿厚度方向的定位、钢筋形状等。同时还需配合钢筋表，了解钢筋的规格型号、形状、加工尺寸、重量等信息。

无洞口预制外墙板的内叶板钢筋通常可细分为以下种类：

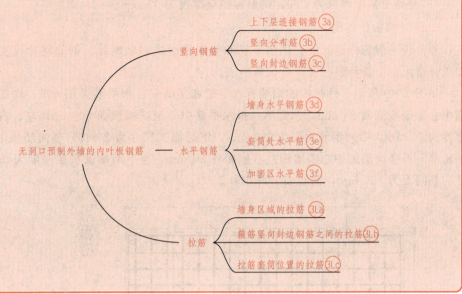

3. 材料统计表

材料统计表是将墙板的各种材料信息分类汇总在表格里。材料统计表一般由**构件参数表、预埋配件明细表和钢筋表**组成。

(1)**构件参数表。**主要表达**墙板编号、构件尺寸、混凝土体积、墙板自重**等信息。从表 3.8 可以看出，该预制墙板编号为 **WQ-2728**，构件对应层高为 2 800 mm，构件宽度为 2 700 mm，构件厚度为 320 mm，构件自重 3 904 kg。

表 3.8　构件参数表

墙板编号	对应层高/mm	构件宽度/mm	构件厚度/mm	质量/kg
WQ-2728	2 800	2 700	320	3 904

(2)**预埋配件明细表。**预埋配件明细表主要表达预埋件的类型、型号、数量等信息，见表 3.6。此表与模板图识读配套使用。

(3)**钢筋表。**钢筋表主要表示钢筋编号、加工尺寸、钢筋重量等信息，见表 3.7。此表与钢筋图识读配套使用。

4. 文字说明

图中文字说明有以下要求：

(1)墙体内叶板四个侧面应做成凹凸不小于 6 mm 的粗糙面。

(2)墙体内叶板两侧凹槽做法见节点详图①。

（3）外叶板门洞上口防水做法见节点详图②、③。

（4）保温拉结件布置图由厂商设计。

（5）线盒对应墙顶位置设线路连接槽口，槽口大小及开槽后墙体的钢筋截断处理见节点详图④。

（6）灌浆孔、出浆孔标高根据选用套筒参数确定。

（7）混凝土强度等级为C30，钢筋保护层厚度为15 mm。

5. 外叶墙板配筋图

外叶板一般为**构造配筋**，由水平筋和竖向筋组成钢筋网片，钢筋网片可实现全机械化加工，常用**一个通用图在设计总说明中**表达。

如图3.69所示，外叶板的钢筋有**水平筋**和**竖向筋**。水平筋采用 $\phi^R 5$，底部第一根水平筋中心距墙板底面35 mm，顶部第一根水平筋中心距墙板顶面30 mm，左、右两端保护层厚度为20 mm，中间钢筋间距为150 mm，钢筋加工尺寸为2 640；竖向筋采用 $\phi^R 5$，左右两边第一根竖向筋的中心距墙板左右侧面各30 mm，上下两端保护层厚度为20 mm，中间竖向筋间距为150 mm，钢筋加工尺寸为2 740。

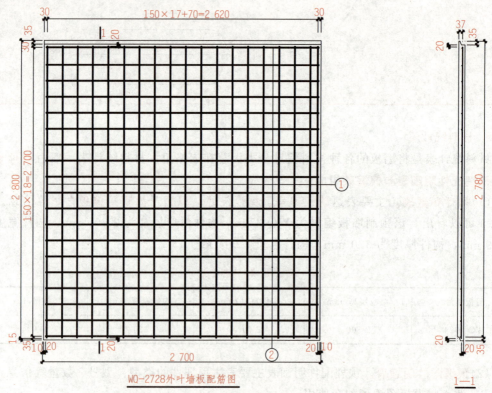

WQ-2728外叶墙板配筋图   1—1

WQ-2728外叶墙钢筋表				
钢筋类型	钢筋编号	规格	钢筋加工尺寸	备注
混凝土墙	竖向筋 ①	$\phi^R 5$	2 740	焊接钢筋网片
	水平筋 ②	$\phi^R 5$	2 640	

图3.69　外叶墙板配筋图

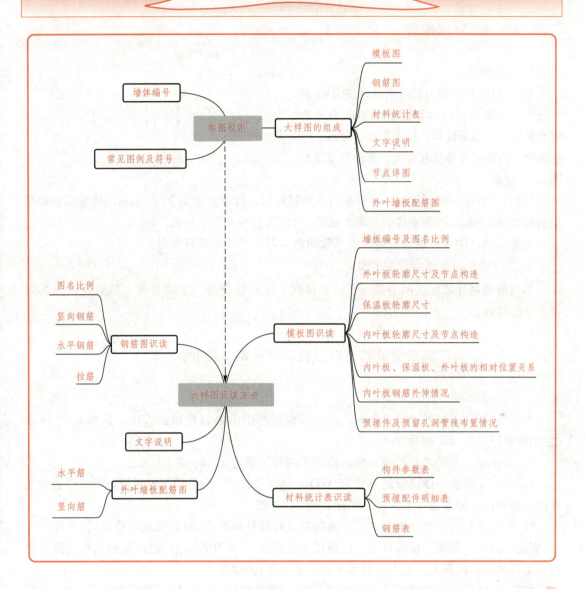

3.2.3　带门洞预制外墙大样图识读

3.2.3.1　制图规则

1. 墙体编号

在《预制混凝土剪力墙外墙板》(15G365-1)
图集中，介绍了带门洞预制外墙板的编号规
则，其编号与墙板代号、标志宽度、层高、门
洞宽度、门洞高度等信息有关。其编号规则如
图 3.70 所示。

图 3.70　带门洞预制外墙板编号规则

例如，"WQM-3628-1823"表示带门洞预制外墙，标志宽度为 3 600 mm，墙板所在楼层
层高为 2 800 mm，门洞宽度为 1 800 mm，门洞高度为 2 300 mm。

在实际项目中，各设计院也常按本院的命名习惯对墙板进行编号。

2. 带门洞预制外墙大样图的组成

带门洞预制外墙加工图由模板图、钢筋图、材料统计表、文字说明、节点详图和外叶
板配筋图组成。

3.2.3.2　带门洞预制外墙大样图识读(1＋X)(GZ008)

1. 模板图识读

下面以"WQM-3628-2123"为例，介绍模板图的图示内容和识读方法，如图 3.71 所示
(完整图纸详见附录，编号 05)。

(1)墙板编号、图名及绘图比例。绘图比例与一般为 1∶20 或 1∶30。

如图 3.71 所示，该墙板的编号为"WQM-3628-2123"，为带门洞外墙板，模板图包含主
视图、俯视图、仰视图、右视图，绘图比例为 1∶20。

(2)外叶板轮廓尺寸及细节构造。其包括外叶板外形轮廓(矩形板或带槽口)、外叶板尺
寸(宽度、高度、厚度、槽口尺寸、门洞尺寸及定位)、外叶板节点构造(板侧是否设防水企
口，企口尺寸；门洞上口是否设防水节点、做法等)等信息。

如图 3.71 所示，外叶板为矩形板开门洞，厚度为 60 mm，标志宽度为 3 600 mm，**实
际宽度为 3 580 mm**(两块外叶板之间每侧各留 10 mm 缝隙)，**总高度为 2 630 mm**，墙板底
面相对本层结构板面标高高出 20 mm(20 mm 为套筒灌浆的墙底接缝高度)，**墙板顶面相对
上层结构板面标高低了 150 mm**(考虑到叠合板厚度 130 mm＋预留的 10 mm 误差调节＋比
内叶板矮 10 mm)，**墙板的实际高度 2 800－20－150＝2 630(mm)**。门洞宽度为 2 100 mm，
居中布置，洞口左右两边距离内叶板左右两侧各 450 mm；洞口高度为 2 330 mm，洞口上
边距离内叶板顶 310 mm。**门洞上缘均在外叶板层做向下倾斜 10 mm 的斜坡，节点做法见
大样图③**，如图 3.72 所示。门洞左右侧在内叶板、保温板、外叶板中，三层平齐。

(3)保温板轮廓尺寸。其包括保温板外形轮廓(矩形板或带槽口)、保温板尺寸(宽度、
高度、厚度、槽口尺寸、门洞尺寸)等信息。

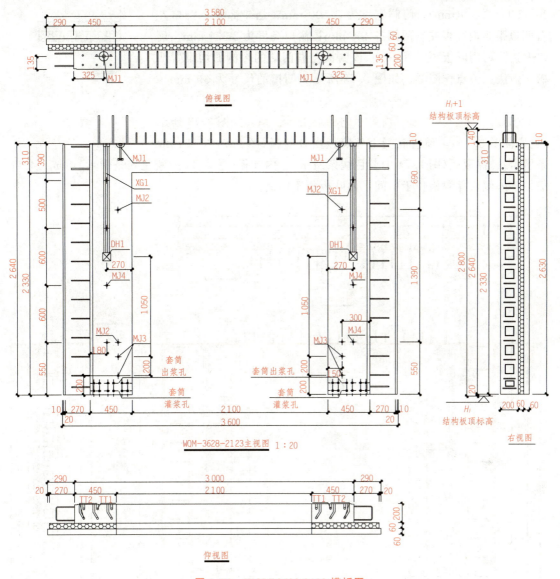

俯视图

WQM-3628-2123主视图 1:20

结构板顶标高

右视图

仰视图

图 3.71　WQM-3628-2123 模板图

　　如图 3.71 所示，保温层为矩形板开门洞，厚度为 60 mm，宽度为 3 540 mm，高度为 2 630 mm；门洞与外叶板所开洞口对齐。

　　(4)**内叶板轮廓尺寸及细节构造**。其包括内叶板轮廓(矩形板或带槽口)，内叶板尺寸(宽度、高度、厚度、门洞尺寸及定位)，内叶板细节构造(板侧是否设凹槽，凹槽尺寸等)等信息。

　　如图 3.71 所示，内叶板为矩形板开门洞，厚度为 200 mm，宽度为 3 000 mm，高度为 2 640 mm，墙板底面相对本层结构板面标高高出 20 mm(20 mm 为套筒灌浆的墙底接缝高度)，墙板顶面相对上层结构板面标高低了 140 mm(考虑到叠合板厚度 130 mm＋预留的 10 mm 误差调节)，墙板的实际高度为 2 800－

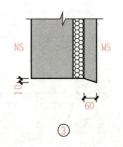

③

图 3.72　门洞上缘构造详图

20－140＝2 640(mm)。门洞宽度为2 100 mm，居中布置，洞口左右两边距离内叶板左右两侧各450 mm；洞口高度为2 330 mm，洞口上边距离内叶板顶310 mm。该墙板左右两端的内侧面均设置凹槽，做法见节点详图②，如图3.73所示。凹槽的尺寸为30 mm×5 mm。

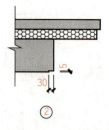

图 3.73　凹槽详图

(5)**外叶板、保温板、内叶板的相对位置关系**。如图3.74所示（见彩插图3.74），预制混凝土外墙板由外叶板（图3.74中红色线条所示）、保温板（图3.74中蓝色线条所示）、内叶板（图3.74中紫色线条所示）组成。外叶板位于外侧，保温板位于中间，内叶板位于内侧。

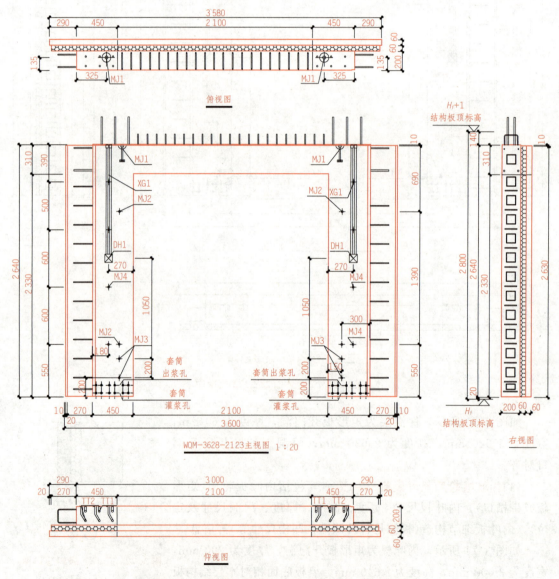

图 3.74　内叶板、保温板、外叶板的相对位置关系

1)宽度方向：外叶板宽度为3 580 mm，保温板宽度为3 540 mm，内叶板宽度为3 000 mm。

宽度上，**保温板比外叶板小 40 mm，**每侧各少 20 mm；**内叶板比保温板小 540 mm，**每侧各少 270 mm。

2）高度方向：外叶板高度为 2 630 mm，保温板高度为 2 630 mm，内叶板高度为 2 640 mm。高度上，**外叶板、保温板高度一致，三者下端平齐，而内叶板比保温板顶部高 10 mm。**

（6）**内叶板钢筋外伸情况。**内叶板钢筋外伸包括墙板水平、竖直方向的钢筋外伸情况（如有无外伸、外伸形式、外伸尺寸等），如图 3.74 所示。

1）水平方向：边缘构件区域墙体水平筋左右两侧均外伸，**外伸形式为 U 形；**门洞上方的连梁纵筋外伸，**外伸形式为直线形。**

2）竖直方向：边缘构件纵筋在墙板顶面外伸，双排布置，**外伸形式为直线形；**门洞上方连梁箍筋外伸，**箍筋为封闭箍筋。**

（7）**预埋件及预留孔洞管线布置情况。**预埋件及预留孔洞管线布置情况包括预埋件的布置（如类型、规格、数量、位置）、预留孔洞管线的布置（如孔洞管线的类型、规格、数量、位置）等。

如图 3.74 所示，模板图上表达了**吊件**（MJ1 表示）、**临时支撑预埋螺母**（MJ2 表示）、**临时加固预埋件**（MJ3 表示）、**模板固定预埋件**（MJ4 表示）、**套筒灌浆孔与出浆孔预埋组件**（TT1/TT2 表示）、**预埋线盒**（DH1 表示）、**电线配管**（XG1 表示）的布置情况。

1）吊件位于墙板顶面，共有 2 个，用符号 MJ1 表示。结合预埋配件明细表（表 3.9），采用直径 14 mm 的 HRB300 级钢筋做成吊钉，承重 2 500 kg。其定位尺寸见俯视图，厚度方向：距离内叶板内表面 135 mm；宽度方向：各距内叶板边缘 325 mm。

表 3.9　预埋配件明细表

配件编号	配件名称	数量	图例	配件规格
MJ1	吊件（吊钉）	2		D14-2 500 kg
MJ2	临时支撑预埋件	4		螺母 M24
MJ3	临时加固预埋件	4		螺母 M24
MJ4	模板固定预埋件	8		PVC25
TT1/TT2	套筒组件	6/6		GT16
DH1	预埋线盒	2		PVC86×86×70
XG1	电线配管	4		PVC25

2）临时支撑预埋件位于墙板正面（墙板装配方向一侧），共有 4 个，用符号 MJ2 表

示。结合预埋配件明细表，采用直径 M24 螺母。其定位尺寸见主视图，高度方向：下排距离内叶板底面 550 mm，上排距离内叶板顶面 700 mm；宽度方向：各距内叶板边缘 300 mm。

3）临时加固预埋螺母位于墙板主视面，共有 4 个，用符号 MJ3 表示。结合预埋配件明细表，采用直径 M24 螺母。其定位尺寸见主视图，高度方向：下排距离构件底面 200 mm，上排距离构件底面 400 mm；宽度方向：各距门洞边缘 150 mm。

4）模板固定预埋件位于墙板正面（墙板装配方向一侧），共有 8 个，用符号 MJ4 表示。结合预埋配件明细表，采用直径为 25 mm 的 PVC 管。其定位尺寸见主视图，高度方向：下排距离构件底面 550 mm，其余竖向间距从下至上分别为 600 mm、600 mm、500 mm；宽度方向：各距内叶板门洞边缘 270 mm。

5）套筒灌浆孔与出浆孔预埋管组件位于墙板正面的下部，共 6 组，三短三长，分别用 TT1/TT2 表示，对应套筒规格为 GT16，位置见主视图和仰视图。边缘构件中套筒灌浆孔、出浆孔的水平、竖向定位尺寸见套筒预埋件示意图，见节点详图④，如图 3.75 所示；结合预埋配件明细表，套筒灌浆孔与出浆孔预埋管件有 TT1/TT2 两种规格，一短一长。

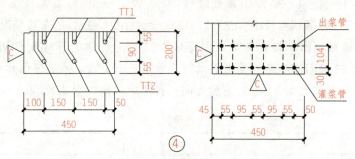

图 3.75　T-45 详图

在墙板正面中区预埋接线盒两个，用符号 DH1 表示。结合预埋配件明细表，采用 86 mm×86 mm×70 mm 的 PVC 线盒。接线盒的定位尺寸为：距离内叶板下端 1 450 mm，距离门洞边缘各 270 mm。在每个接线盒上方预埋线管两根，用符号 XG1 示意。结合预埋配件明细表，采用直径为 25 mm 的 PVC 管。

（8）表面处理。根据图中文字说明可知：墙板顶面、底面应做成凹凸不小于 6 mm 粗糙面，墙体左右两面应设置键槽，做法见节点详图①，如图 3.76 所示。

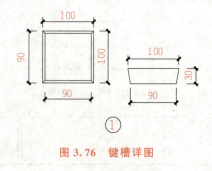

图 3.76　键槽详图

带门洞预制外墙板的三维模型如图 3.77 所示。

图 3.77　带门洞预制外墙板三维模型图

总　结

　　识读模板图时，通过主视图，了解墙板类型，墙板各层的外形轮廓、宽度和高度尺寸，洞口宽度和高度尺寸，钢筋外伸情况，预留预埋件沿宽度、高度方向的定位；通过俯视图和仰视图，了解墙板的厚度、预留预埋件沿厚度方向的定位；通过右视图，了解墙板在高度方向的空间位置关系。识读模板图时主视图、俯视图、仰视图、右视图要配合识读，尤其要明白内叶板、保温板、外叶板的相对位置，同时，还需结合材料统计表中的预埋配件明细表及节点详图辅助识读。

2. 钢筋图识读

　　带门洞外墙的内叶板可划分为两个区域，边缘构件区和连梁区。相对应，内叶板的钢筋也可划分为边缘构件区钢筋和连梁区钢筋，如图 3.78 所示（完整图纸详见附录，编号05）。

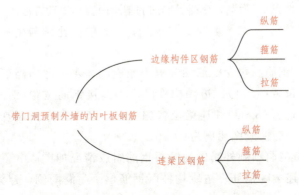

图 3.78　带门洞预制外墙的内叶板钢筋组成

　　钢筋图主要表达内叶墙板的配筋，包括配筋图和不同位置断面图。识读时需结合钢筋表（表 3.10）。

表 3.10　WQM-3628-2123 钢筋表

钢筋类型		钢筋编号	规格	钢筋加工尺寸	备注
连梁	纵筋	①Za	2⌀16	200 | 3 000 | 200	外露长度 200 mm
	纵筋	①Zb	2⌀10	200 | 3 000 | 200	外露长度 200 mm
	箍筋	①G	22⌀10	110　290　160	焊接封闭箍筋
	拉筋	①L	22⌀8	10d　170　10d	d 为拉筋直径
边缘构件	箍筋	②Za	12⌀16	23 | 2 466 | 290	一端车丝长 23 mm
		②Zb	4⌀10	2 610	
		②Ga	20⌀8	330 | 120	焊接封闭箍筋
		②Gb	22⌀8	200 | 415 | 120	焊接封闭箍筋
		②Gc	2⌀8	200 | 425 | 140	焊接封闭箍筋
		②Gd	8⌀8	400 | 120	焊接封闭箍筋
		②La	80⌀8	10d　130　10d	d 为拉筋直径
		②Lb	22⌀6	30　130　30	
		②Lc	4⌀8	10d　150　10d	d 为拉筋直径

下面以"WQM-3628-2123"为例，介绍钢筋图的图示内容和识读方法。

(1)**图名与绘图比例**。图名一般为"××配筋图"，绘图比例与模板图保持一致。

如图 3.79 所示，钢筋图包含配筋图和五个断面图，水平方向断面有四个，分别为套筒位置(1—1)、边缘构件区水平连接钢筋位置(2—2)、边缘构件区箍筋位置(3—3)和连梁位置(4—4)；竖直方向断面有一个，为连梁位置(5—5)。绘图比例为1∶20。

(2)**钢筋组成**。带门洞预制外墙的内叶板钢筋组成情况如图 3.80 所示，内叶板钢筋包括边缘构件区钢筋和连梁区钢筋。边缘构件区钢筋位于门洞两侧，连梁区钢筋位于门洞的正上方。

(3)**边缘构件区钢筋**。查看边缘构件区钢筋的编号、定位、规格、尺寸及外伸长度等信息。

如图 3.81 所示，边缘构件区钢筋有**竖向连接纵筋、侧面封边钢筋、箍筋(一级抗震时**

动画 3.8　带门洞
外墙钢筋组成

有)、墙身水平连接钢筋(兼作边缘构件区箍筋)、拉筋。

1) 竖向连接纵筋⑳(图 3.82 中红色所示)：通过配筋图可知，该钢筋分布于门洞两侧的边缘构件区，**下端与套筒连接，上端外伸**；通过 1—1 断面图可知，竖向连接纵筋双排布置，每排钢筋水平间距为 150 mm，钢筋和套筒中心到墙表面的距离为 52 mm；通过钢筋表(表 3.10)可知，该钢筋采用 ⊥16，共 12 根，每根上端外伸为直线形，外伸长度为 290 mm，与套筒连接的一端车丝长度为 23 mm，中间部分长度为 2 466 mm。

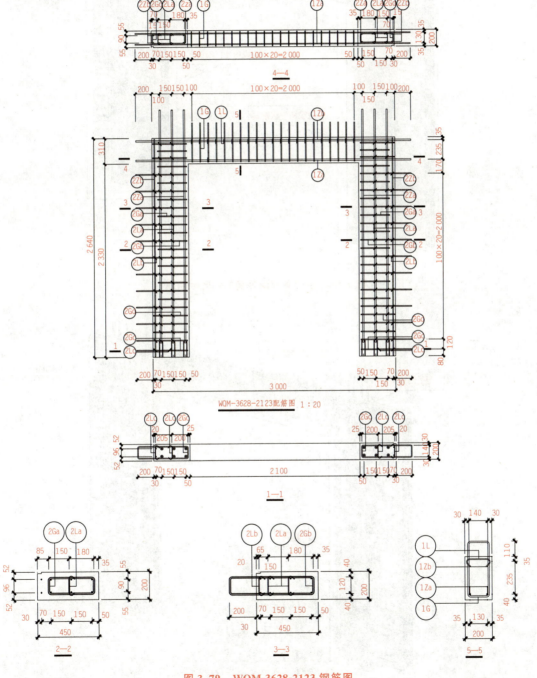

图 3.79   WQM-3628-2123 钢筋图

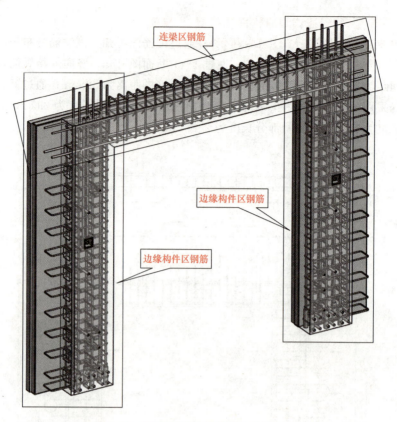

连梁区钢筋

边缘构件区钢筋

边缘构件区钢筋

图 3.80 带门洞预制外墙的内叶板钢筋

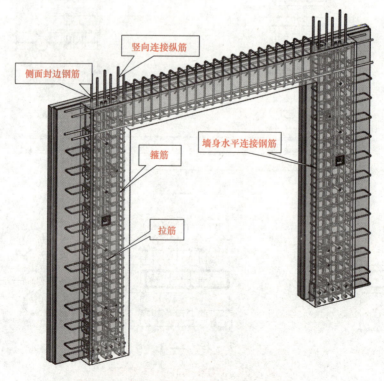

竖向连接纵筋

侧面封边钢筋

墙身水平连接钢筋

箍筋

拉筋

图 3.81 带门洞预制外墙的边缘构件区钢筋

《装配式混凝土结构技术规程》(JGJ 1—2014)第 8.3.5—1 条：边缘构件竖向钢筋应逐根连接。

2)**封边纵筋**②Zb**(图3.82中紫色所示)**：通过配筋图可知，该钢筋**设在墙板左右两侧**，分别距墙板左右两侧边 30 mm；通过钢筋表(表3.10)可知，该钢筋采用⊉10，共 4 根，每根长度为 2 610 mm；单根钢筋②Zb 总长＝2 640－15－15＝2 610(mm)(钢筋保护层厚度 15 mm)。

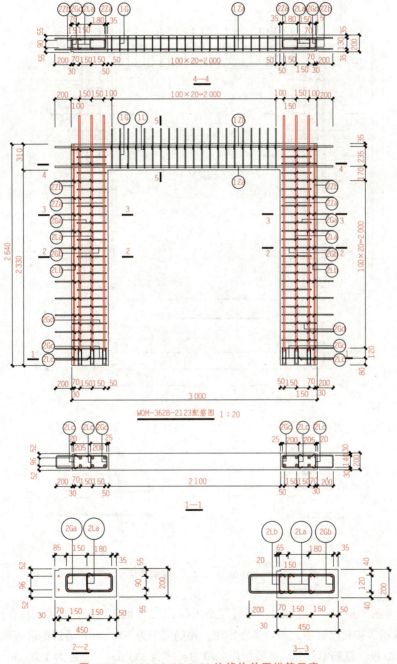

图 3.82　WQM-3628-2123 边缘构件区纵筋示意

3)**箍筋**。如图 3.83 所示（见彩插图 3.83），箍筋有四种：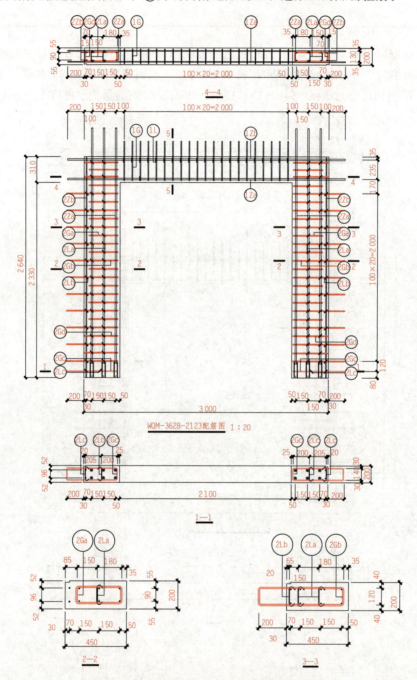②Ga 为仅在抗震等级为一级时设置的加密箍筋；②Gb 为边缘构件区的水平外伸连接钢筋（兼起箍筋作用）；②Gc 为套筒位置的水平外伸连接钢筋（兼起箍筋作用）；②Gd 为套筒附近加密区和连梁区的加密箍筋。

图 3.83　WQM-3628-2123 边缘构件区箍筋示意

①**箍筋②Ga**（图 3.83 中绿色所示）：通过配筋图和 2—2 断面图可知，该箍筋仅在抗震等级为一级时设置，采用焊接封闭箍筋，起到加密作用。箍筋间距为 200 mm；通过钢筋表（表 3.10）可知，采用 Φ8，共 20 根，箍筋不外伸，在墙板内的单边长度为 330 mm，宽度为 120 mm。

②箍筋②Gd(图3.83中红色所示)：通过配筋图和3—3断面图可知，该钢筋为边缘构件区的水平外伸连接钢筋，采用焊接封闭箍。最下部的箍筋距内叶板下缘200 mm，间距为200 mm；通过钢筋表(表3.10)可知，该钢筋采用Φ8，共22根。箍筋在墙板内的单边长度为415 mm，宽度为120 mm，箍筋外伸长度为200 mm。

③箍筋②Gc(图3.83中蓝色所示)：通过配筋图和1—1断面图可知，该钢筋为套筒位置的水平外伸连接钢筋，采用焊接封闭箍；通过钢筋表(表3.10)可知，该钢筋采用Φ8，共2根。箍筋在墙板内的单边长度为425 mm，宽度为140 mm，箍筋外伸长度为200 mm。

④箍筋②Gd(图3.83中紫色所示)：通过配筋图和4—4断面图可知，该钢筋为设置在连梁及套筒附近加密区内的加强箍筋，采用焊接封闭箍；通过钢筋表(表3.10)可知，该钢筋采用Φ8，共8根。箍筋不外伸，在墙板内的单边长度为400 mm，宽度为120 mm。

4)拉筋。如图3.84所示(见彩插图3.84)拉筋有三种：②La为连接纵筋②Za之间的拉筋；②Lb为封边纵筋②Zb之间的拉筋；②Lc为套筒位置的拉筋。

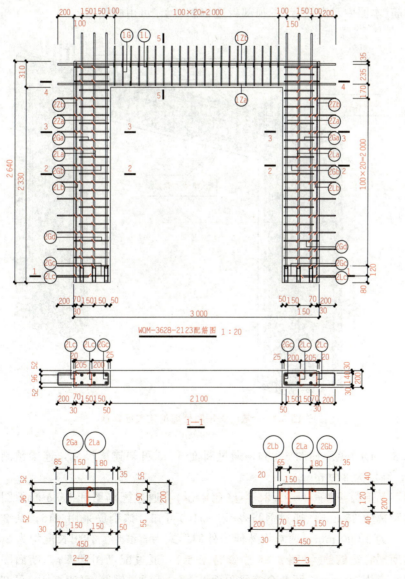

图3.84 WQM-3628-2123边缘构件区拉筋示意

①拉筋②La(图 3.84 中红色所示)：通过配筋图和 2—2 断面图可知，该钢筋拉结纵筋连接纵筋②Za；通过钢筋表(表 3.10)可知，该钢筋采用 ⾲8，共 80 根直线段长度为 130 mm，弯钩平直段长度为 30 mm。

②拉筋②Lb(图 3.84 中蓝色所示)：通过配筋图和 3—3 断面图可知，该钢筋拉结封边纵筋②Za，间距为 200 mm；通过钢筋表(表 3.10)可知，钢筋采用 ⾲6，共 22 根，直线段长度为 130 mm，弯钩平直段长度为 60 mm。

③拉筋②Lc(图 3.84 中紫色所示)：通过配筋图和 1—1 断面图可知，该钢筋拉结套筒位置；通过钢筋表(表 3.10)可知，钢筋采用 ⾲8，共 4 根，直线段长度为 150 mm，弯钩平直段长度为 80 mm。

(4)连梁区钢筋。连梁区钢筋主要包括查看连梁区钢筋的编号、定位、规格、尺寸及外伸长度等信息。

如图 3.85 所示，连梁区钢筋有纵筋、箍筋(①G)和拉筋(①L)，纵筋可又分为下部受力钢筋(①Za)、腰筋(本图中没有设置)、顶部封边钢筋(①Zb)，可由腰筋兼)。

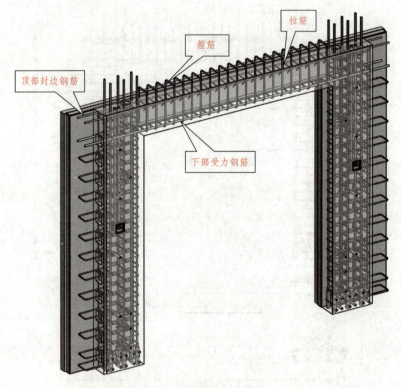

图 3.85　带门洞预制外墙的连梁区钢筋

如图 3.86 所示(见彩插图 3.86)，通过断面 5—5 可知连梁尺寸，连梁预制段截面宽度为 200 mm，高度为 310 mm。

1)连梁下部受力纵筋①Za(图 3.86 中红色所示)：通过配筋图和 5—5 断面图可知，钢筋到墙表面的距离为 35 mm；通过钢筋表(表 3.10)可知，该钢筋采用 ⾲16，共 2 根，钢筋在墙板内的长度为 3 000 mm，两端均外伸，外伸形式为直线形，伸出长度均为 200 mm。

2)连梁顶部封边钢筋①Zb(图 3.86 中紫色所示)：通过配筋图和 5—5 断面图可知，钢筋到墙表面的距离为 30 mm，距叠合连梁顶面 35 mm；通过钢筋表(表 3.10)可知，该钢筋采用⊕10，共2根，钢筋在墙板内的长度为3 000 mm，两端均外伸，外伸形式为直线形，伸出长度均为200 mm。

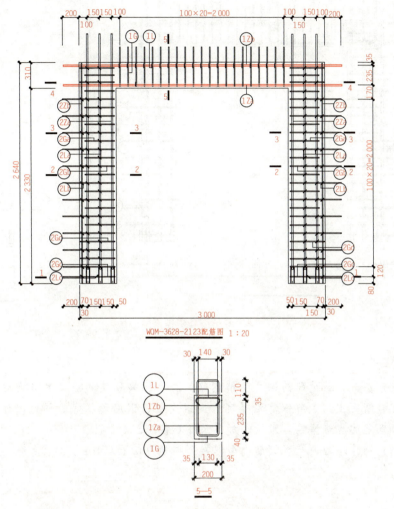

WQM-3628-2123配筋图 1:20

图 3.86　带门洞预制外墙的连梁区纵筋示意

3）箍筋①G(图3.87中蓝色所示)：通过配筋图、4—4断面和5—5断面图可知，该箍筋为焊接封闭箍，左右两侧第一根箍筋离最近洞口边距离均为50 mm，中间间距为100 mm，箍筋竖向外伸长度为110 mm；通过钢筋表(表3.10)可知，箍筋采用⊕10，共22根。

4）拉筋①L(图3.87中绿色所示)：通过配筋图和5—5断面图可知，拉筋将叠合连梁顶部封边筋和箍筋拉结起来，间距为100 mm；通过钢筋表(表3.10)可知，拉筋采用⊕8，共22根。

视频 3.10　门洞连梁
箍筋摆放

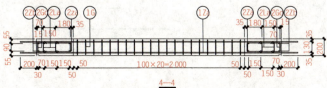

4—4

图 3.87　带门洞预制外墙的连梁区箍筋、拉筋示意

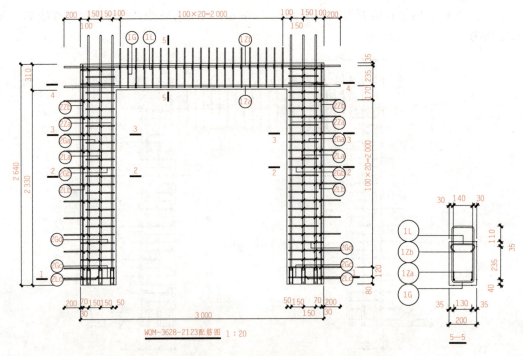

图 3.87　带门洞预制外墙的连梁区箍筋、拉筋示意(续)

　　识读钢筋图时，通过配筋图，了解钢筋的种类、编号及其沿宽度方向和高度方向的定位；配合断面图，了解钢筋沿厚度方向的定位、钢筋形状等。同时，还需配合钢筋表，了解钢筋的规格型号、形状、加工尺寸等信息。

　　带门洞预制外墙的内叶板钢筋类型通常可细分为以下几种：

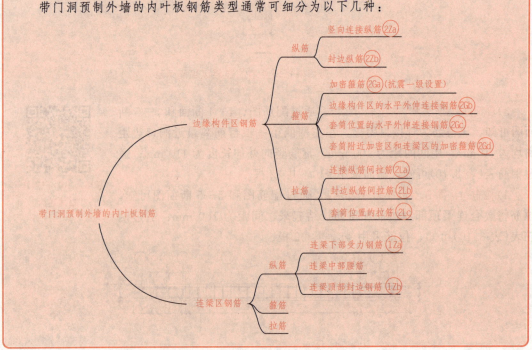

3. 材料统计表

材料统计表是将墙板的各种材料信息分类汇总在表格里。材料统计表一般由**构件参数表、预埋配件明细表和钢筋表**组成。

(1)**构件参数表**。主要表达墙板编号、构件尺寸、混凝土体积、墙板自重等信息，见表3.11。

表3.11 构件参数表

墙板编号	对应层高/mm	宽度/mm	厚度/mm	质量/kg
WQM-3628-2123	2 800	3 600	320	2 192

从表3.11可以看出，该预制墙板编号为WQM-3628-2123，构件对应层高为2 800 mm，构件标志宽度为3 600 mm、厚度为320 mm，构件自重为2 192 kg。

(2)**预埋配件明细表**。主要表达预埋件的类型、型号、数量等信息（表3.9）。此表与模板图识读配套使用。

(3)**钢筋表**。主要表示钢筋编号、加工尺寸、钢筋质量等信息，见表3.10。此表与钢筋图识读配套使用。

4. 文字说明

图中文字说明有如下要求：

(1)墙体顶面与底面应做成凹凸不小于6 mm的粗糙面。

(2)墙体左右两面应设置键槽，做法见节点详图①。

(3)墙体内叶板两侧凹槽做法见节点详图②。

(4)外叶板顶部底部防水做法见详节点详图③。

(5)保温拉结件布置图由厂商设计。

(6)灌浆孔、出浆孔标高根据选用套筒参数确定。

(7)混凝土强度等级为C30，钢筋保护层厚度为15 mm。

5. 外叶墙板配筋图

外叶墙板一般为**构造配筋**，由水平筋和竖向筋组成钢筋网片，钢筋网片可实现全机械化加工，常通过一个通用图来集中表达。

如图3.88所示，外叶墙板的钢筋有水平筋、竖向筋和门洞口加强筋三类。根据长度和位置的不同，竖向筋可分为两种，水平筋可分为两种。

①号竖向筋：通过配筋图可知，该钢筋位于门洞左右两侧，第一根竖向筋中心距墙板边缘30 mm，上下两端保护层厚度为20 mm，间距≤150 mm。通过钢筋表可知，该钢筋采用 $\phi^R 5$，钢筋加工尺寸为2 590 mm。

②号竖向筋：通过配筋图可知，该钢筋位于门洞上部，上下两端保护层厚度为20 mm，间距为150 mm。通过钢筋表可知，该钢筋采用 $\phi^R 5$，钢筋加工尺寸为260 mm。

③号水平筋：通过配筋图可知，该钢筋位于门洞左右两侧，第一根水平筋的中心距墙板底面30 mm，左右两端保护层厚度为20 mm，间距为150 mm；通过钢筋表可知，该钢筋采用 $\phi^R 5$，钢筋加工尺寸为700 mm。若门洞左右两侧该钢筋的加工尺寸不一样，可采用不同钢筋编号。

④号水平筋：通过配筋图可知，该钢筋位于门洞上部，第一根水平筋的中心距墙板

底面 30 mm，左右两端保护层厚度为 20 mm，间距为 120 mm；通过钢筋表可知，该钢筋采用 $\phi^R 5$，钢筋加工尺寸为 3 540 mm。

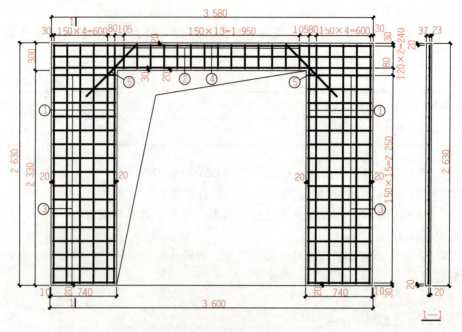

WQM-3628-2123外叶墙板配筋图

WQM-3628-2123外叶墙钢筋表				
钢筋类型	钢筋编号	规格	钢筋加工尺寸	备注
竖向筋	①	$\phi^R 5$	2 590	焊接钢筋网片
竖向筋	②	$\phi^R 5$	260	焊接钢筋网片
水平筋	③	$\phi^R 5$	700	焊接钢筋网片
水平筋	④	$\phi^R 5$	3 540	焊接钢筋网片
加固筋	⑤	$\Phi 8$	800	角部各放2根或采用C4钢筋网片

图 3.88　外叶墙板配筋图

⑤号加固筋：通过配筋图可知，该钢筋位于门洞两角，与水平方向呈 45°斜向放置，每个角部各放两根。通过钢筋表可知，该钢筋采用 $\Phi 8$，钢筋加工尺寸为 800 mm。

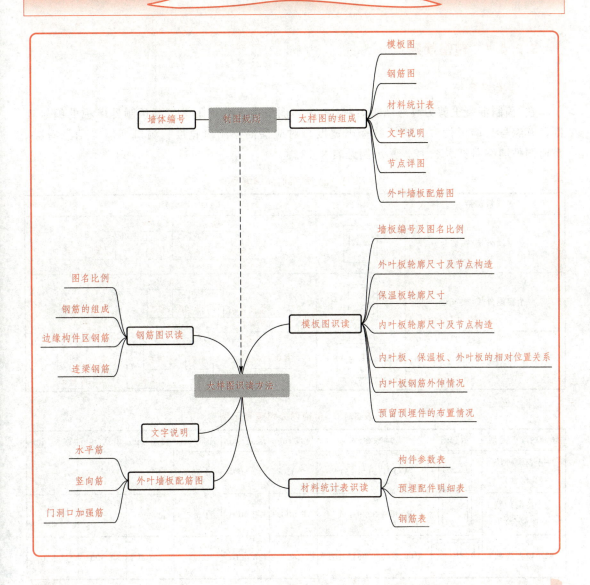

制图规则
- 墙体编号
- 大样图的组成
  - 模板图
  - 钢筋图
  - 材料统计表
  - 文字说明
  - 节点详图
  - 外叶墙板配筋图

大样图识读方法
- 钢筋图识读
  - 图名比例
  - 钢筋的组成
  - 边缘构件区钢筋
  - 连梁钢筋
- 模板图识读
  - 墙板编号及图名比例
  - 外叶板轮廓尺寸及节点构造
  - 保温板轮廓尺寸
  - 内叶板轮廓尺寸及节点构造
  - 内叶板、保温板、外叶板的相对位置关系
  - 内叶板钢筋外伸情况
  - 预留预埋件的布置情况
- 文字说明
- 外叶墙板配筋图
  - 水平筋
  - 竖向筋
  - 门洞口加强筋
- 材料统计表识读
  - 构件参数表
  - 预埋配件明细表
  - 钢筋表

职业能力测验

职业能力测验与答案

3.2.4 带窗洞预制外墙大样图识读

3.2.4.1 制图规则

1. 墙板编号

在《预制混凝土剪力墙外墙板》(15G365-1)图集中,介绍了带窗洞预制外墙板的编号规则,其编号与墙板代号、墙板的标志宽度、对应层高、洞口宽度、洞口高度等信息有关。带窗洞外墙编号见表3.12,其示例见表3.13。

表 3.12 带窗洞外墙编号

墙板类型	示意图	编号
一个窗洞外墙(高窗台)		WQC1 - ×××× - ×××× 一窗洞外墙高窗台 / 标志宽度 / 层高 / 窗宽 窗高
一个窗洞外墙(矮窗台)		WQCA - ×××× - ×××× 一窗洞外墙矮窗台 / 标志宽度 / 层高 / 窗宽 窗高
两个窗洞外墙		WQC2 - ×××× - ×××× - ×××× 两窗洞外墙 / 标志宽度 / 层高 / 左窗宽 左窗高 / 右窗宽 右窗高

表 3.13 带窗洞外墙编号示例

预制内墙板类型	示意图	墙板编号	宽度/mm	层高/mm	窗宽/mm	窗高/mm	窗宽/mm	窗高/mm
一个窗洞外墙(高窗台)		WQC1-3028-1514	3 000	2 800	1 500	1 400	—	—
一个窗洞外墙(矮窗台)		WQCA-3029-1517	3 000	2 900	1 500	1 700	—	—
两个窗洞外墙		WQC2-4830-0615-1515	4 800	3 000	600	1 500	1 500	1 500

2. 带窗洞预制外墙大样图的组成

带窗洞预制外墙大样图由模板图、钢筋图、材料统计表、文字说明、节点详图和外叶板配筋图组成。

3.2.4.2 带窗洞预制外墙大样图识读(1+X)(GZ008)

1. 模板图识读

下面以"WQC1-3328-1814"为例,介绍模板图的图示内容和识读方法,如图3.89所示(完整图纸详见附图,编号06)。

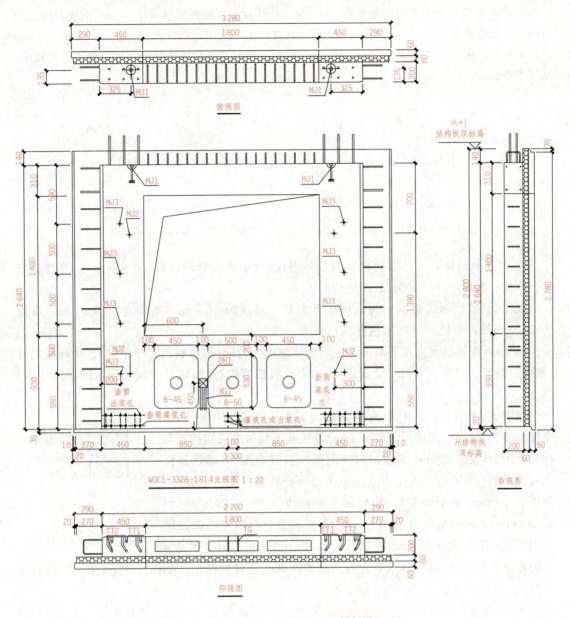

图 3.89　WQC1-3328-1814 模板图

（1）**墙板编号、图名及绘图比例**。绘图比例一般为 1∶20 或 1∶30。

如图 3.89 所示，该墙板编号为"WQC1-3328-1814"，为带窗洞（高窗台）外墙板，绘图比例为 1∶20。模板图包含主视图、俯视图、仰视图、右视图。

（2）**外叶板轮廓尺寸及节点构造**。其包括外叶板外形轮廓（矩形板或带槽口）、外叶板尺寸（宽度、高度、厚度、槽口尺寸、窗洞尺寸及定位）、外叶板节点构造（板侧是否设防水企口，企口尺寸；窗洞上下口是否设防水节点，做法等）等信息。

如图 3.89 所示，**外叶板为矩形板开窗洞，厚度为 60 mm，标志宽度为 3 300 mm，实际宽度为 3 280 mm（两块外叶板之间每侧各留 10 mm 缝隙），总高为 2 800＋35－20＝2 815(mm)**。窗洞宽度为 1 800 mm，居中布置，洞口左右两边距离内叶板左右两侧各 450 mm；洞口高度为

1 400 mm，洞口下边距离内叶板底边 930 mm。外叶板上下端各做成高度 35 mm 的企口缝，企口的节点做法见详图②、③，如图 3.90 所示；**窗洞上、下缘均在外叶板层做向下倾斜 10 mm 的斜坡，**节点做法见详图④、⑤，如图 3.91 所示。窗洞左右侧在内叶板、保温板、外叶板中，三层平齐。

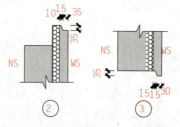

图 3.90　外叶板上下企口节点详图

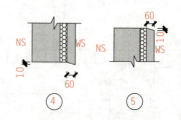

图 3.91　窗洞上下缘节点详图

（3）**保温板轮廓尺寸。**其包括保温板外形轮廓（矩形板带槽口）、保温板尺寸（宽度、高度、厚度、槽口尺寸、窗洞尺寸）等信息。

如图 3.89 所示，保温层为矩形板开窗洞，厚度为 60 mm，宽度为 3 240 mm，高度为 2 780 mm；窗洞与外叶板所开洞口对齐。

（4）**内叶板轮廓尺寸及节点构造。**其包括内叶板轮廓（矩形板还是带槽口）、内叶板尺寸（宽度、高度、厚度、窗洞尺寸及定位），内叶板细节构造（板侧是否设凹槽，凹槽尺寸等）信息。

如图 3.89 所示，内叶板为矩形板开窗洞，厚度为 200 mm，宽度为 2 700 mm，高度为 2 640 mm，墙板底面相对本层结构板面标高高出 20 mm（20 mm 为套筒灌浆的墙底接缝高度），墙板顶面相对上层结构板面标高低了 140 mm（考虑到叠合板厚度 130 mm＋预留的 10 mm 误差调节），墙板的实际高度 $2\,800-20-140=2\,640$（mm）。窗洞宽度为 1 800 mm，居中布置，洞口左右两边距离内叶板左右两侧各 450 mm；洞口高度为 1 400 mm，洞口下边距

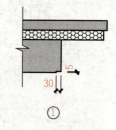

图 3.92　凹槽详图

离内叶板底边 930 mm。该墙板左右两侧的内侧面均设置凹槽。如图 3.92 所示，凹槽的尺寸为 30 mm×5 mm。

（5）**外叶板、内叶板、保温板的相对位置关系。**如图 3.93 所示（见彩插图 3.93），预制混凝土外墙板由外叶板（图中红色线条所示）、保温板（图中蓝色线条所示）、内叶板（图中紫色线条所示）组成。外叶板位于外侧，保温板位于中间，内叶板位于内侧。

1）宽度方向：外叶板宽度为 3 280 mm，保温板宽度为 3 240 mm，内叶板宽度为 2 700 mm。宽度上，保温板比外叶板小 40 mm，每侧各少 20 mm；内叶板比保温板小 540 mm，每侧各少 270 mm。

2）高度方向：外叶板高度为 2 815 mm，保温板高度为 2 780 mm，内叶板高度为 2 640 mm。高度上，保温板与外叶板顶部对齐，下端比外叶墙板少 35 mm；内叶板与保温板下端平齐，顶部比保温板低 140 mm。

（6）**内叶板钢筋外伸情况。**内叶板钢筋外伸包括墙板水平、竖直方向的钢筋外伸情况（如有无外伸、外伸形式、外伸尺寸等），如图 3.93 所示。

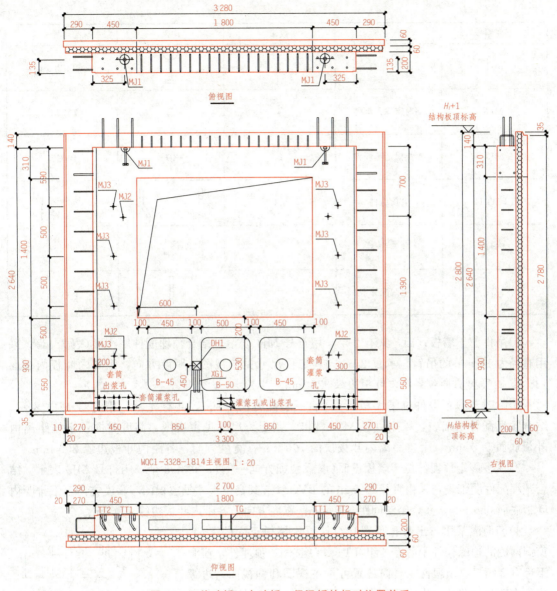

图 3.93　外叶板、内叶板、保温板的相对位置关系

1)水平方向:边缘构件区域墙体水平筋左右两侧均外伸,外伸形式为 U 形;窗洞上方的连梁纵筋外伸,外伸形式为直线形。

2)竖直方向:边缘构件纵筋在墙板顶面外伸,双排布置,外伸形式为直线形;窗洞上方连梁箍筋外伸,箍筋为封闭箍筋。

(7)预埋件及预留孔洞管线布置情况。预埋件及预留孔洞管线布置情况包括查看预埋件的布置(如类型、数量、位置)、预留孔洞管线的布置(如孔洞管线的规格、数量、位置)等。结合预埋配件明细表,核对模板图预埋类型、数量与明细表中信息是否一致。

如图 3.93 及表 3.14 所示,模板图上表达了吊件(MJ1 表示)、临时支撑预埋件(MJ2 表示)、模板固定预埋件(MJ3 表示)、套筒灌浆孔与出浆孔预埋组件(TT1/TT2 表示)、模塑聚苯板、预埋线盒(DH1 表示)、电线配管(XG1 表示)、预留接线槽的布置情况。

表 3.14 预埋配件明细表

配件编号	配件名称	数量	图例	配件规格
MJ1	吊件(吊钉)	2		D14-2.5 t
MJ2	临时支撑预埋件	4		螺母 M24
MJ3	模板固定预埋件	8		PVC25
TT1/TT2	套筒组件	6/6		GT16
DH1	预埋线盒	1		PVC86×86×70
XG1	电线配管	2		PVC25

1)吊件位于墙板顶面,共有 2 个,用符号 MJ1 表示。结合预埋配件明细表(表 3.14),采用直径为 14 mm 的吊钉,承重 2.5 t。其定位尺寸见俯视图,厚度方向:距离内叶板内表面 135 mm;宽度方向:各距内叶板边缘 325 mm。

2)临时支撑预埋件位于墙板正面(墙板装配方向一侧),共有 4 个,用符号 MJ2 表示。结合预埋配件明细表,采用直径 M24 螺母。其定位尺寸见主视图,高度方向:下排距离内叶板底面 550 mm,上排距离内叶板顶面 700 mm;宽度方向:各距内叶板边缘 300 mm。

3)模板固定预埋件位于墙板正面(墙板装配方向一侧),共有 8 个,用符号 MJ3 表示。结合预埋配件明细表,采用直径 25 mm 的 PVC 管。其定位尺寸见主视图,高度方向:下排距内叶板底面 550 mm,其余竖向间距 500 mm;宽度方向:各距内叶板边缘 200 mm。

4)套筒灌浆孔与出浆孔预埋管组件位于墙板正面的下部,窗洞两侧的边缘构件中各有 3 组 TT1、3 组 TT2 预埋件,窗洞下部有 2 组 TG 预埋件,套筒位置可见主视图和仰视图,边缘构件中套筒灌浆孔、出浆孔的水平、竖向定位尺寸见套筒预埋件示意图⑥,如图 3.94 所示;结合预埋配件明细表,套筒灌浆孔与出浆孔预埋管件有 TT1/TT2 两种规格,一短一长。

5)模塑聚苯板(EPS),也称为减重块,位于窗洞下部,用于减轻窗下墙重量,包括两块 B-45 板和一块 B-50 板,其形状及尺寸见节点详图⑧,如图 3.95 所示。聚酯板定位尺寸见主视图,宽度方向:板左右边缘距离窗洞边缘 100 mm,板间距为 100 mm;高度方向:板上缘距离窗洞下缘 200 mm;B-45 板宽度为 450 mm、高度为 530 mm、厚度为 100 mm,四周做半径为 25 mm 的圆角,中间设半径为 50 mm 的孔洞;

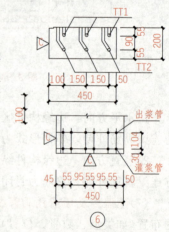

图 3.94 套筒预埋件示意

B-50 板宽度为 500 mm、高度为 530 mm、厚度为 100 mm,四周做半径为 25 mm 的圆角,中间设半径为 50 mm 的孔洞。

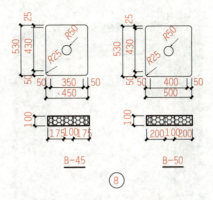

图 3.95　模塑聚苯板示意

6）在墙板正面低区预埋接线盒一个，用符号 DH1 示意。结合预埋配件明细表（表 3.14），采用 $86 \times 86 \times 70$ 的 PVC 线盒。接线盒的定位尺寸为：距离内叶板下端 450 mm，距窗离洞左侧边缘 600 mm。

7）在墙板正面底部，正对线盒下方预留接线槽一个，具体做法见节点⑦，如图 3.96 所示。

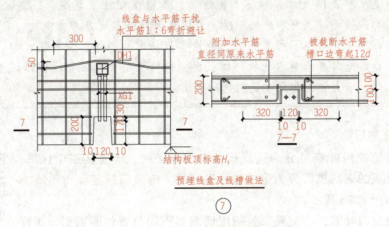

图 3.96　预埋线盒及线槽做法

8）在接线盒与接线槽之间预埋线管两根，用符号 XG1 示意。结合预埋配件明细表（表 3.14），采用直径为 25 mm 的 PVC 管。

结合预埋配件明细表，核对模板图预埋类型、数量与明细表中信息是否一致，本图前后一致。

▶▶ 注意事项

　　如窗下墙预埋电线盒时，应调整聚苯板尺寸或微调聚苯板位置，保证电线盒与填充聚苯板净距应大于 20 mm。

（8）表面处理。根据图中文字说明可知：墙体内叶板四个侧面应做成凹凸不小于 6 mm 的粗糙面。

带窗洞预制外墙板三维模型如图 3.97 所示。

图 3.97　带窗洞预制外墙板三维模型图

总　结

　　识读模板图时，通过主视图，了解墙板类型，墙板各层的外形轮廓、宽度和高度尺寸，洞口宽度和高度尺寸，钢筋外伸情况，预留预埋件沿宽度、高度方向的定位；通过俯视图和仰视图，了解墙板的厚度、预留预埋件沿厚度方向的定位；通过右视图，了解墙板在高度方向的空间位置关系。识读模板图时主视图、俯视图、仰视图、右视图要配合识读，尤其要清楚内叶板、保温板、外叶板的相对位置，同时，还需结合预埋配件明细表、节点详图和文字说明辅助识读。

2. 钢筋图的识读

　　带窗洞外墙的内叶板可分为边缘构件区、连梁区、墙身区三个区域。相对应，内叶板的钢筋也可分为**边缘构件区钢筋、连梁区钢筋和窗下墙墙身区钢筋**，如图 3.98 所示。

　　钢筋图表达内叶墙板的配筋，包括配筋图和不同位置的断面图，识读时需结合钢筋表。下面以"WQC1-3328-1814"为例，介绍钢筋图的图示内容和识读方法，如图 3.99 所示(完整图纸详见附录，编号06)。

动画 3.9　带窗洞外墙钢筋组成

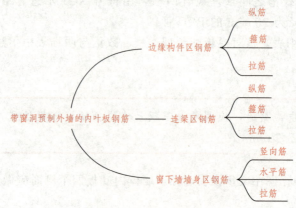

图 3.98　带窗洞预制外墙的内板钢筋组成

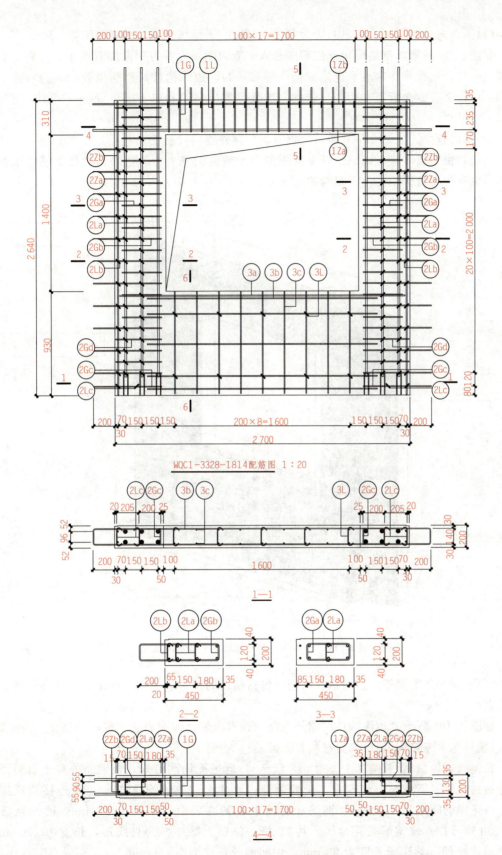

图 3.99 WQC1-3328-1814 钢筋图

(1)**图名与绘图比例。**图名一般为"××配筋图",绘图比例与模板图保持一致。

如图 3.99 所示,钢筋图包含配筋图和六个断面图,水平方向断面有四个,分别为套筒位置(1—1)、边缘构件区水平连接钢筋位置(2—2)、边缘构件区箍筋位置(3—3)和连梁位置(4—4);竖直方向断面有两个,分别为连梁位置(5—5)和窗下墙位置(6—6)。绘图比例为 1:20。

(2)**钢筋组成。**如图 3.100 所示,带窗洞预制外墙内叶板钢筋包括连梁区钢筋、边缘构件区钢筋和窗下墙墙身区钢筋。连梁区钢筋位于窗洞的正上方,边缘构件区钢筋位于窗洞两侧,窗下墙墙身区钢筋位于窗洞的正下方。

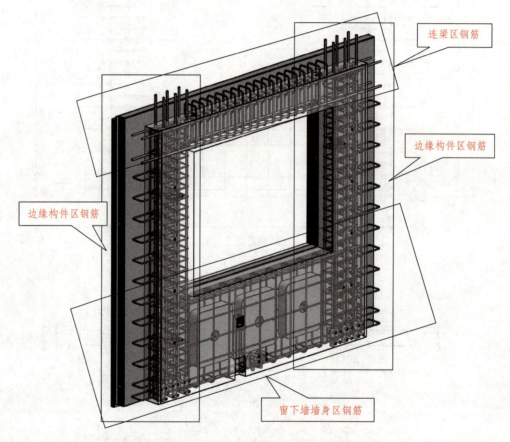

图 3.100 带窗洞预制外墙的内叶板钢筋组成

(3)**边缘构件区钢筋。**边缘构件区钢筋包括钢筋的编号、定位、规格、尺寸及外伸长度等信息。

如图 3.101 所示,边缘构件区钢筋有**竖向连接纵筋、侧面封边钢筋、箍筋(一级抗震时有)、墙身水平连接钢筋(兼作边缘构件区箍筋)、拉筋。**

1)**竖向连接纵筋②ₐ(图3.102 中红色所示):通过配筋图可知,该钢筋分布于窗洞两侧的边缘构件区,下端与套筒连接,上端外伸;**通过 1—1 断面图可知,竖向连接筋双排布置,每排钢筋间距为 150 mm,钢筋和套筒中心到墙表面的距离为 52 mm;通过钢筋表(表 3.15)可知,该钢筋采用 ⊈16,共 12 根,每根上端外伸为直线形,长度为 290 mm,与套筒连接的一端车丝长度为 23 mm,中间部分长度为 2 466 mm。

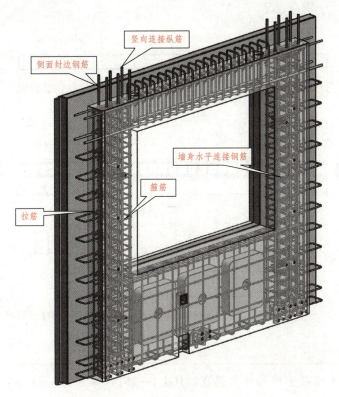

竖向连接纵筋

侧面封边钢筋

墙身水平连接钢筋

箍筋

拉筋

图 3.101　带窗洞预制外墙边缘构件区钢筋

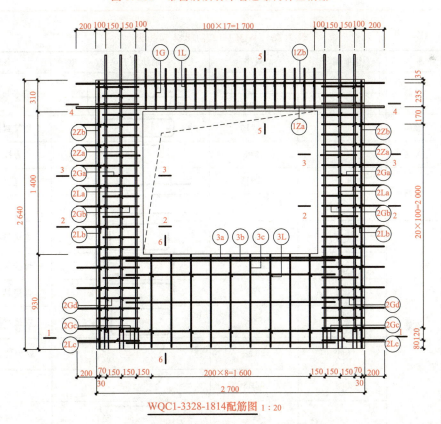

WQC1-3328-1814配筋图 1 : 20

图 3.102　WQC1-3328-1814 边缘构件区纵筋示意

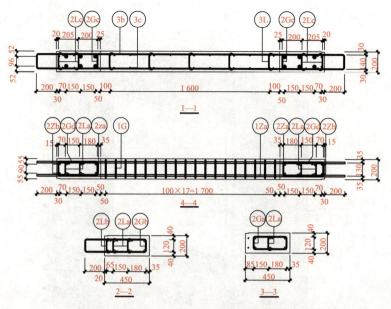

图 3.102　WQC1-3328-1814 边缘构件区纵筋示意(续)

>> 走进规范

　　注：《装配式混凝土结构技术规程》(JGJ 1—2014)第 8.3.5—1 条：边缘构件竖向钢筋应逐根连接。

表 3.15　WQC1-3328-1814 钢筋表

钢筋类型		钢筋编号	规格	钢筋加工尺寸	备注
连梁	纵筋	①Za	2Φ16	200　2 700　200	外露长度 200 mm
		①Zb	2Φ10		
	箍筋	①G	19Φ10	110　290　160	焊接封闭箍筋
	拉筋	①L	19Φ8	10d　170　10d	d 为拉筋直径
边缘构件	纵筋	②Za	12Φ16	23　2 466　290	一端车丝长度 23 mm
		②Zb	4Φ10	2 610	
	箍筋	②Ga	20Φ8	330　120	焊接封闭箍筋
		②Gb	22Φ8	200　415　120	焊接封闭箍筋
		②Gc	2Φ8	200　425　140	焊接封闭箍筋
		②Gd	8Φ8	400　120	焊接封闭箍筋
		②La	80Φ8	10d　130　10d	d 为拉筋直径
		②Lb	22Φ6	30　130　30	
		②Lc	4Φ8	10d　150　10d	d 为拉筋直径

钢筋类型		钢筋编号	规格	钢筋加工尺寸	备注
窗下墙	水平筋	③a	2Φ10	400 | 1 800 | 400	
		③b	10Φ8	150 | 1 800 | 150	
	竖向筋	③c	18Φ8	900 / 80 ⌐¬ 80	
	拉筋	③L	Φ6@400	30 | 160 | 30	

2）**封边纵筋**②ZH**（图 3.102 中紫色所示）：** 通过配筋图可知，该钢筋设在墙板左右两侧，分别距离墙板左右两侧边 30 mm；通过钢筋表（表 3.15）可知，该钢筋采用 Φ10，共 4 根，每根长度为 2 610 mm；单根钢筋②ZH 的总长＝2 640－15－15＝2 610(mm)（钢筋保护层厚度为 15 mm）。

3）**箍筋。** 如图 3.103 所示（见彩插图 3.103），箍筋有四种：②G 为仅在抗震等级为一级时设置的加密箍筋；②G 为边缘构件区的水平外伸连接钢筋（兼起箍筋作用）；②G 为套筒位置的水平外伸连接钢筋（兼起箍筋作用）；②Gd 为套筒附近加密区和连梁区的加密箍筋。

① **箍筋**②G**（图 3.103 中绿色所示）：** 通过配筋图和 3—3 断面图可知，该箍筋仅在抗震等级为一级时设置，采用焊接封闭箍，起到箍筋加密作用，箍筋间距为 200 mm；通过钢筋表（表 3.15）可知，该钢筋采用 Φ8，共 20 根，箍筋不外伸，在墙板内的单边长度为 330 mm，宽度为 120 mm。

② **箍筋**②G**（图 3.103 中红色所示）：** 通过配筋图和 2—2 断面图可知，该钢筋为边缘构件区的水平外伸连接钢筋，采用焊接封闭箍。最下部的箍筋距离内叶板下缘 200 mm，间距为 200 mm；通过钢筋表（表 3.15）可知，该钢筋采用 Φ8，共 22 根。箍筋在墙板内的单边长度为 415 mm，宽度为 120 mm，箍筋外伸长度为 200 mm。

③ **箍筋**②G**（图 3.103 中蓝色所示）：** 通过配筋图和 1—1 断面图可知，该钢筋为套筒位置的水平外伸连接钢筋，采用焊接封闭箍；通过钢筋表（表 3.15）可知，该钢筋采用 Φ8，共 2 根。箍筋在墙板内的单边长度为 425 mm，宽度为 140 mm，箍筋外伸长度 200 mm。

④ **箍筋**②Gd**（图 3.103 中紫色所示）：** 通过配筋图和 4—4 断面图可知，该钢筋为设在连梁及套筒附近加密区内的加强箍筋，采用焊接封闭箍；通过钢筋表（表 3.15）可知，该钢筋采用 Φ8，共 8 根。箍筋不外伸，在墙板内的单边长度为 400 mm，宽度为 120 mm。

4）**拉筋。** 如图 3.104 所示（见彩插图 3.104），拉筋有三种，②La 为连接纵筋②Z 之间的拉筋；②Lb 为封边纵筋②ZH 之间的拉筋；②Lg 为套筒位置的拉筋。

① **拉筋**②La**（图 3.104 中红色所示）：** 通过配筋图和 2—2、3—3 断面图可知，该钢筋拉结纵筋②Z；通过钢筋表（表 3.15）可知，该钢筋采用 Φ8，共 80 根，直线段长度为 130 mm，弯钩平直段长度为 80 mm。

② **拉筋**②Lb**（图 3.104 中蓝色所示）：** 通过配筋图和 2—2 断面图可知，该钢筋拉结封边纵筋②ZH，间距为 200 mm；通过钢筋表（表 3.15）可知，该钢筋采用 Φ6，共 22 根，直线段长度为 130 mm，弯钩平直段长度为 30 mm。

③ **拉筋**②Lg**（图 3.104 中紫色所示）：** 通过配筋图和 1—1 断面图可知，该钢筋拉结套筒位置；通过钢筋表（表 3.15）可知，该钢筋采用 Φ8，共 4 根，直线段长度为 150 mm，弯钩平直段长度为 80 mm。

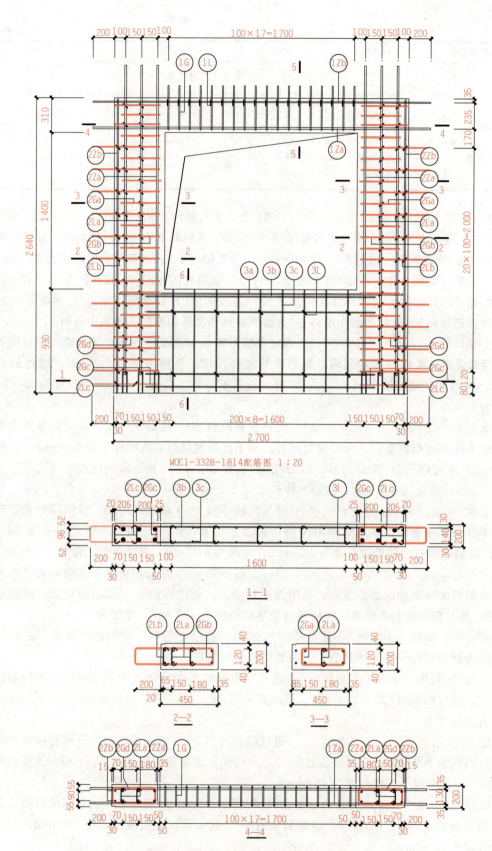

图 3.103　WQC1-3328-1814 边缘构件区箍筋示意

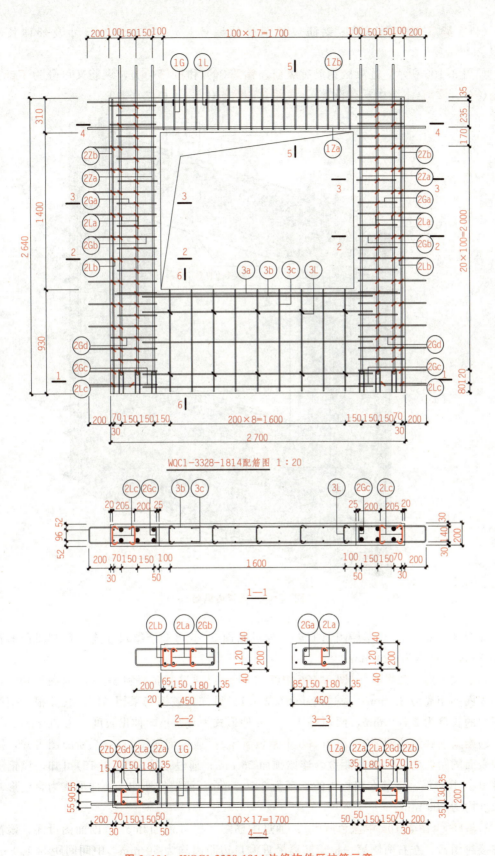

图 3.104　WQC1-3328-1814 边缘构件区拉筋示意

（4）**连梁区钢筋。**连梁区钢筋包括钢筋的编号、定位、规格、尺寸及外伸长度等信息。

如图 3.105 所示，连梁区钢筋有**纵筋、箍筋**（⑩）和**拉筋**（⑪），纵筋又可分为**下部受力纵筋**（⑫ₐ）、**腰筋**（本图中没有设置）、**顶部封边钢筋**（⑫ᵦ，可由腰筋兼）。

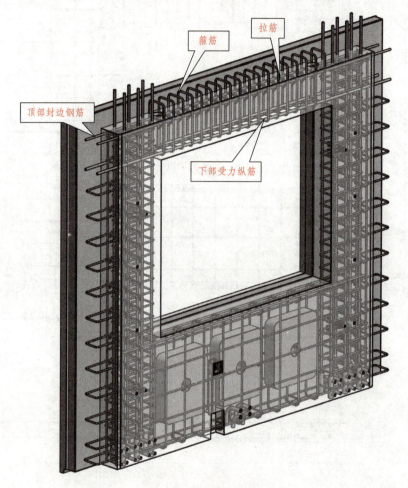

图 3.105　连梁区钢筋

如图 3.106 所示（见彩插图 3.106），通过断面 5—5 可知连梁尺寸连梁预制段截面宽度为 200 mm，高度为 420 mm。

1）**连梁下部受力纵筋**⑫ₐ（**图 3.106 中红色所示**）：通过配筋图和 5—5 断面图可知，钢筋到墙表面的距离为 35 mm；通过钢筋表（表 3.15）可知，该钢筋采用 ⊈16，共 2 根，钢筋在墙板内的长度为 2 700 mm，两端均外伸，外伸形式为直线形，伸出长度均为 200 mm。

2）**连梁顶部封边钢筋**⑫ᵦ（**图 3.106 中紫色所示**）：通过配筋图和 5—5 断面图可知，钢筋到墙表面的距离为 30 mm，距叠合连梁顶面 25 mm；通过钢筋表（表 3.15）可知，该钢筋采用 ⊈10，共 2 根，钢筋在墙板内的长度为 2 700 mm，两端均外伸，外伸形式为直线形，伸出长度均为 200 mm。

3）**箍筋**⑩（**图 3.106 中蓝色所示**）：通过配筋图、4—4 断面和 5—5 断面图可知，该箍筋为焊接封闭箍，左右两侧第一根箍筋离最近洞口边距离均为 50 mm，中间间距为 100 mm，箍筋竖向外伸长度为 110 mm；通过钢筋表（表 3.15）可知，该箍筋采用 ⊈10，共 19 根。

　　4）拉筋 Ⓛ（图 3.106 中绿色所示）：通过配筋图和 5—5 断面图可知，拉筋将叠合连梁顶部封边筋和箍筋拉结起来，间距为 100 mm；通过钢筋表（表 3.15）可知，该拉筋采用 ⊈8，共 19 根。

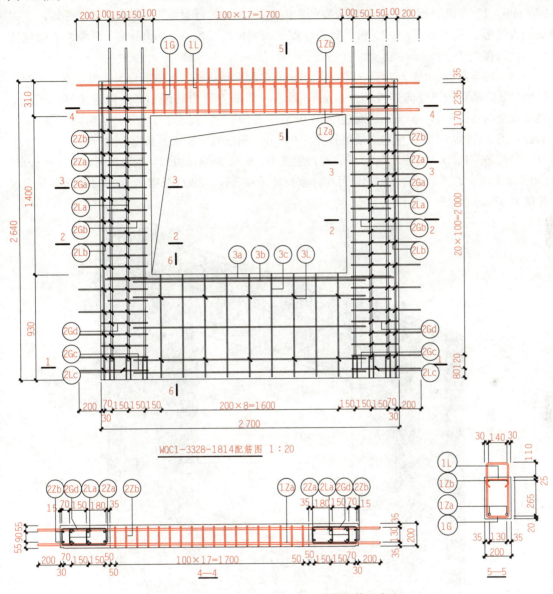

WQC1-3328-1814配筋图 1:20

图 3.106　WQC1-3328-1814 连梁钢筋示意

　　（5）窗下墙墙身区钢筋。窗下墙墙身区钢筋包括钢筋的编号、定位、规格、尺寸及外伸长度等信息。

　　如图 3.107 所示，窗下墙墙身区钢筋有水平分布筋、竖向分布筋（₃c）和拉筋（₃L）。水平筋有 ₃a 和 ₃b 两种，₃a 为洞口封边钢筋，₃b 为水平分布筋。

　　1）洞口封边钢筋 ₃a（图 3.108 中红色所示）：通过配筋图及 6—6 断面图可知，钢筋距离窗洞下缘 40 mm，钢筋中心到墙表面的距离为 25 mm；通过钢筋表（表 3.15）可知，该钢筋为直线形,采用 ⏀10 ,共 2 根。钢筋在窗下墙墙内的长度为 1 800 mm,两端伸入边缘构件的长度均为 400 mm。

2)**水平分布筋**③b(**图 3.108 中紫色所示**):通过配筋图及 6—6 断面图可知,该钢筋分为 5 排布置,第 1 排分布筋距内叶板底部 60 mm,其余竖向间距依次为 125 mm、275 mm、275 mm、125 mm,钢筋中心到墙表面的距离为 35 mm;通过钢筋表(表 3.15)可知,该钢筋为直线形,采用 ⏀8 ,共 10 根,钢筋在窗下墙墙内的长度为 1 800 mm,两端伸入边缘构件区的长度均为 150 mm。

3)**竖向分布筋**③c(**图 3.108 中蓝色所示**):通过配筋图可知,该钢筋分为 9 组布置,最左一组墙身竖向筋距相邻竖向连接筋 150 mm,最右一组墙身竖向筋距相邻竖向连接筋 150 mm,其余每组钢筋间距为 200 mm。通过 6—6 断面图和钢筋表(表 3.15)可知,钢筋两端带 90°弯钩,采用 ⏀8,共 18 根。钢筋直线段长度为 900 m,钢筋弯钩段平直长度为 80 mm。

4)**拉筋**③L(**图 3.108 中绿色所示**):通过钢筋图、6—6 断面图可知,钢筋按间距为 400 mm×550 mm 布置;通过钢筋表(表 3.15)可知,该拉筋采用 ⏀6,直线段长度为 160 mm,弯钩平直段长度为 30 mm。

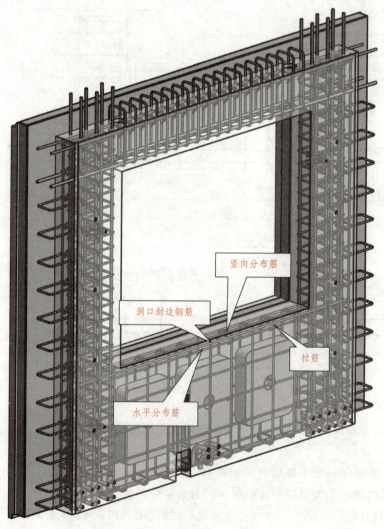

图 3.107　窗下墙墙身区钢筋

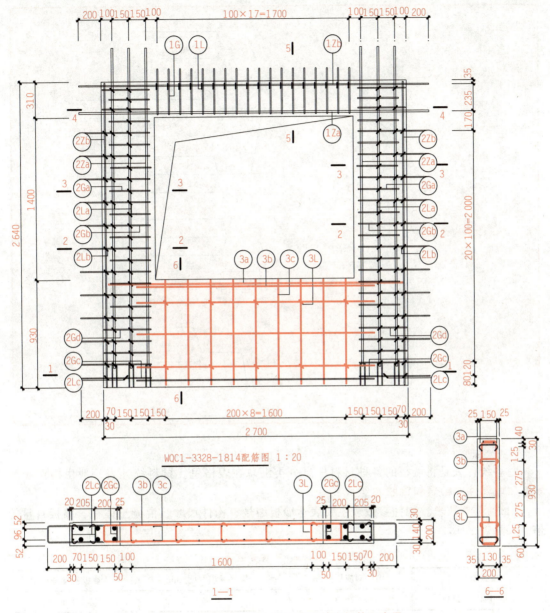

图 3.108　WQC1-3328-1814 窗下墙身钢筋示意图

识读钢筋图时，通过配筋图，了解钢筋的种类、编号及其沿宽度方向和高度方向的定位；配合断面图，了解钢筋沿厚度方向的定位、钢筋形状等。同时还需配合钢筋表，了解钢筋的规格型号、形状、加工尺寸等信息。

带窗洞预制外墙板的钢筋类型通常可细分为以下种类：

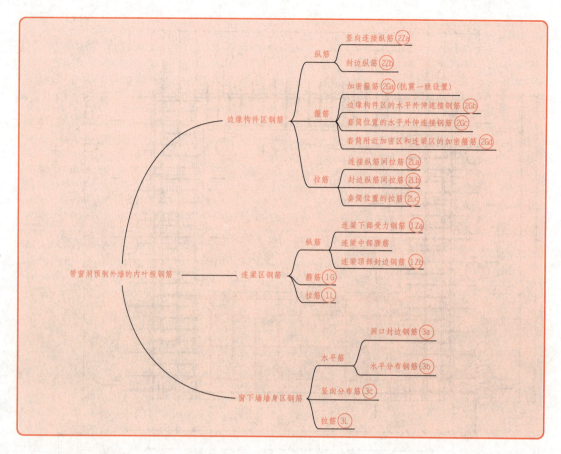

3. 材料统计表

材料统计表是将墙板的各种材料信息分类汇总在表格里。材料统计表一般由**构件参数表、预埋配件明细表和钢筋表**组成。

(1)**构件参数表**。构件参数表主要表达墙板编号、构件尺寸、混凝土体积、墙板自重等信息，见表3.16。

表 3.16　构件参数表

墙板编号	构件对应层高/mm	构件标志宽度/mm	墙板质量/kg
WQC1-3328-1814	2 800	3 300	3 294

该预制墙板编号为 WQC1-3328-1814，构件对应层高为 2 800 mm，构件标志宽度为 3 300 mm，构件自重为 3 294 kg。

(2)**预埋配件明细表**。预埋配件明细表主要表达预埋配件的类型、型号、数量等信息，见表3.14。此表与前面的模板图识读配套使用。

(3)**钢筋表**。钢筋表主要表达钢筋编号、加工尺寸、钢筋质量等信息，见表3.15。此表与前面的钢筋图识读配套使用。

4. 文字说明

图中文字说明有以下要求：

(1)墙体内叶板四个侧面应做成凹凸不小于 6 mm 的粗糙面。

(2)墙体内叶板两侧凹槽做法见节点详图①。

(3)外叶板顶部底部防水做法详节点②、③。

(4)外叶板窗洞上下口防水做法详节点④、⑤。

(5)灌浆孔出浆孔距布置做法详节点⑥。

(6)线盒对应墙顶位置设线路连接槽口，槽口大小及开槽后墙体钢筋截断处理见节点详图。

(7)窗洞下轻质填充材料做法详节点⑧。

(8)保温拉结件布置图由厂商设计。

(9)混凝土强度等级为 C30，钢筋保护层厚度为 15 mm。

5. 外叶墙板配筋图

外叶板一般为**构造配筋**，由水平筋和竖向筋组成钢筋网片，常通过一个通用图来集中表达。

如图 3.109 所示，外叶板的钢筋有**水平筋、竖向筋和窗洞口加强筋**三类。根据长度和位置的不同，竖向筋可分为三种，水平筋分为两种。

①号竖向筋：通过配筋图可知，该钢筋位于窗洞左右两侧，第一根竖向筋中心距墙板边缘 30 mm，上下两端保护层厚度为 20 mm，间距为 150 mm。通过钢筋表可知，该钢筋采用 ϕ^R5，钢筋加工尺寸为 2 470 mm。

②号竖向筋：通过配筋图可知，该钢筋位于窗洞上部，上、下两端保护层厚度为 20 mm，间距为 150 mm。通过钢筋表可知，该钢筋采用 ϕ^R5，钢筋加工尺寸为 375 mm。

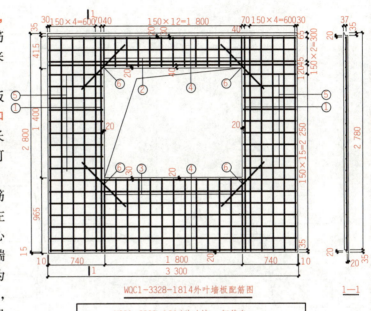

WQC1-3328-1814外叶墙板配筋图 1—1

WQC1-3328-1814外叶墙 钢筋表				
钢筋类型	钢筋编号	规格	钢筋加工尺寸	备注
竖向筋	①	ϕ^R5	2 740	焊接钢筋网片
	②	ϕ^R5	375	
	③	ϕ^R5	925	
水平筋	④	ϕ^R5	3 240	
	⑤	ϕ^R5	700	
加固筋	⑥	$\Phi8$	800	角部各放2根

图 3.109　带窗洞口外叶墙板配筋图

③号竖向筋：通过配筋图可知，该钢筋位于窗洞上部，上、下两端保护层厚度为 20 mm，间距为 150 mm。通过钢筋表可知，该钢筋采用 ϕ^R5，钢筋加工尺寸为 925 mm。

④号水平筋：通过配筋图可知，该钢筋位于窗洞上部和下部，窗洞下部第一根水平筋的中心距墙板底面 35 mm，窗洞上部第一根水平筋的中心距离窗洞上缘 40 mm，左右两端保护层厚度为 20 mm，间距为 150 mm；通过钢筋表可知，该钢筋采用 ϕ^R5，钢筋加工尺寸为 3 240 mm。

⑤号水平筋：通过配筋图可知，该钢筋位于窗洞左右两侧，左右两端保护层厚度为 20 mm，间距为 150 mm；通过钢筋表可知，该钢筋采用 ϕ^R5，钢筋加工尺寸为 700 mm，

若窗洞左右两侧该钢筋的加工尺寸不一样，可采用不同的钢筋编号。

⑥号加固筋：通过配筋图可知，该钢筋位于窗洞四角，与水平方向呈 45°斜向放置，每个角部各放两根。通过钢筋表可知，该钢筋采用 $\Phi 8$，钢筋加工尺寸为 800 mm。

课后总结思维导图

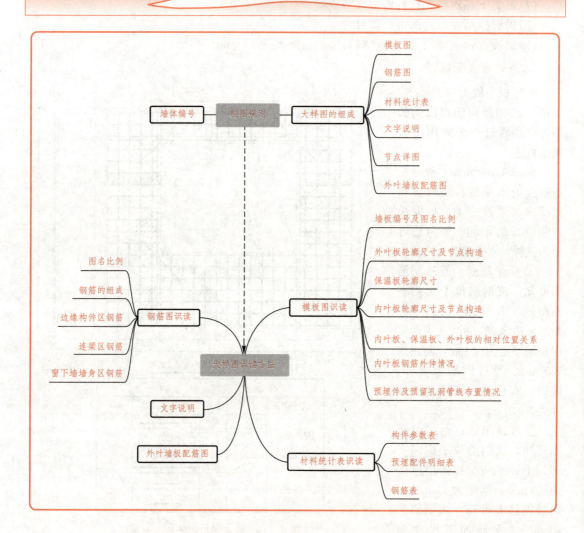

职业能力测验

职业能力测验与答案

任务3.3   构件吊装——预制混凝土剪力墙平面布置图识读

任务导入

某省某市某高层住宅项目，地上12层、地下1层，结构体系为装配整体式混凝土剪力墙结构，上人屋面。该项目采用EPC总承包模式，合同工期400日历天。

本项目主体结构部分：竖向构件主要采用预制剪力墙，水平构件主要采用桁架钢筋混凝土叠合板底板、预制楼梯、预制阳台板、预制空调板。某施工单位承接了该项目的预制混凝土剪力墙吊装任务。其中，三～七层预制墙平面布置图见附录（编号07）。

请结合以上任务介绍和图纸内容，学习平面布置图的图示内容和识读方法，获取预制混凝土剪力墙吊装的相关信息。

3.3.1   制图规则

在装配式剪力墙结构中，墙体结构平面图一般采用剪力墙平面布置图和墙梁配筋图两部分来表达。剪力墙平面布置图表达构件的平面分布及定位，包括预制剪力墙、现浇剪力墙、后浇段（连接节点）等构件的平面布置情况，用于指导预制墙板安装及定位；墙梁配筋图表达现浇墙、梁的配筋，表达内容和方法与《混凝土结构施工图平面整体表示方法制图规则和构造详图（现浇混凝土框架、剪力墙、梁、板）》（22G101-1）一致，用于指导现浇部分的钢筋绑扎和施工。当平面布置比较简单时，也可将以上两部分内容合到一张图上表达，即墙体结构平面图。

剪力墙平面布置图内容包括预制剪力墙、现浇剪力墙、后浇段（连接节点）等构件的平面布置情况，同时须标注预制剪力墙和后浇段（连接节点）的编号、尺寸及定位。当预制墙板直接选用标准图集时，可在剪力墙平面布置图中补充预制墙板表，并在表格中将墙板对应的标准图集号和相应页码标注清楚。剪力墙平面布置图的常见图例见表3.17。

表 3.17   剪力墙平面布置图的常见图例

名称	图例	名称	图例
预制钢筋混凝土（包括内墙、内叶墙、外叶墙）		后浇段、边缘构件	
保温层		夹心保温外墙	
现浇钢筋混凝土墙体		预制外墙模板	

剪力墙平面布置图应注明结构楼层标高表，表中须标明各层结构层楼（地）面标高、结构层高及相应的结构层号。

同时，需在剪力墙平面布置图中注明预制剪力墙的装配方向，外墙板以内侧为装配方向，不需特殊标注，内墙须标注板装配方向，其符号为▲。

3.3.2 预制混凝土剪力墙平面布置图识读(1+X)

1. 剪力墙平面布置图识读

下面以某"三～七层预制墙平面布置图"为例，介绍其图示内容和识读方法，如图3.110所示。

（1）**图名绘图比例及文字说明。**平面布置图绘图比例一般较小，常用的有1∶100、1∶150、1∶200。

如图3.110所示，该平面布置图的图名为"三～七层预制墙平面布置图"，比例为1∶100。图中的说明有以下八点。

1）预制构件混凝土等级详见结构层高表及结构图。

2）未注明的剪力墙墙顶标高详层高表。

3）未注明的剪力墙连梁顶标高均同板顶。

4）未定位剪力墙均沿轴线均分。

5）施工单位可根据现场情况自行确定安装顺序。

6）符号▲所指方向，为预制剪力墙内墙安装参考对正方向。

7）施工预埋相关预留定位详见施工预留平面图。

8）图中所示□□为预制外叶板。

图中所示▨▨为预制保温层。

图中所示■■为预制内叶板。

图中所示▨▨为后浇节点。

（2）**层高表。**层高表标注出剪力墙平面布置图表示楼层及对应的结构标高。如图3.110所示，本剪力墙平面布置图表示的是三～七层的墙体平面布置，对应的结构标高为5.900～17.900。

（3）**预制外墙分布及定位。**预制外墙分布及定位显示预制外墙的**分布、编号、尺寸、定位**等信息。

如图3.110所示，图中②、⑤轴线交Ⓐ轴线之间为编号WQM-3429-1923的预制外墙板，内叶板左侧距②轴350 mm，内叶板右侧距⑤轴350 mm，内叶板厚度方向相对Ⓐ轴居中布置；①、②交Ⓐ轴线之间为编号WQCA-2829-2014的预制外墙板，内叶板左侧距①轴350 mm，内叶板右侧距②轴350 mm，内叶板厚度方向相对Ⓐ轴居中布置；①轴线从下往上分别布置有WQ-2529、WQ-2329、WQ-1129、WQ-2329、WQ-1429五种编号的预制外墙板；Ⓔ轴线从左往右分别布置有编号为WQCA-2829-2014、WQCA-2029-1214的预制外墙板和编号为YWG2、YWG1的预制外挂板，尺寸及定位见图中标注。

（4）**预制内墙分布及定位。**预制内墙分布及定位显示预制内墙的**分布、编号、尺寸、定位、装配方向**等信息。

如图3.110所示，图中预制内墙板仅有NQ-1229一种规格，位于②轴线上，装配方向为②轴线右侧，内叶板上侧距Ⓔ轴300 mm，内叶板厚度方向相对②轴居中布置。

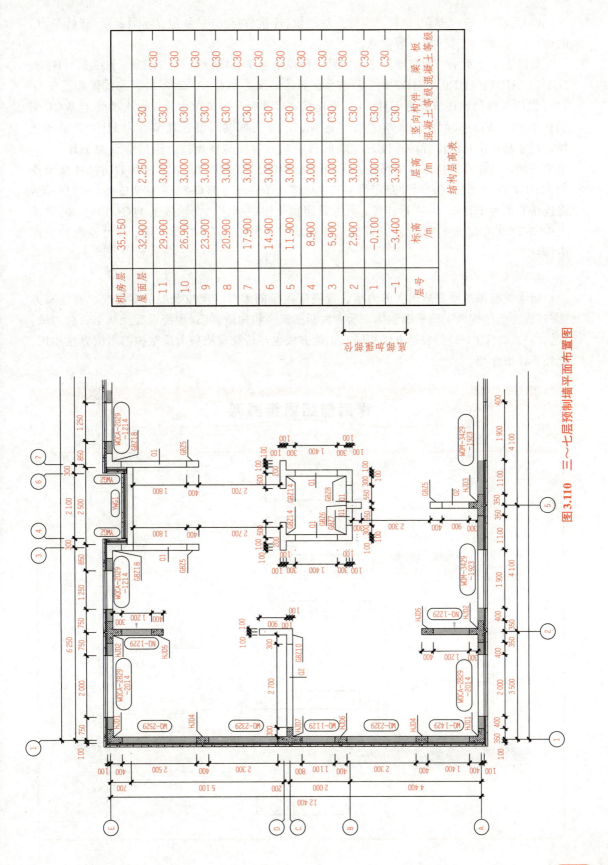

结构层高表

层号	标高 /m	层高 /m	竖向构件混凝土等级	梁、板混凝土等级
机房层	35.150			
屋面层	32.900	2.250	C30	C30
11	29.900	3.000	C30	C30
10	26.900	3.000	C30	C30
9	23.900	3.000	C30	C30
8	20.900	3.000	C30	C30
7	17.900	3.000	C30	C30
6	14.900	3.000	C30	C30
5	11.900	3.000	C30	C30
4	8.900	3.000	C30	C30
3	5.900	3.000	C30	C30
2	2.900	3.000	C30	C30
1	-0.100	3.300	C30	C30
-1	-3.400			

图3.110 三~七层预制墙平面布置图

147

（5）**后浇段（连接节点）分布及定位。** 后浇段（连接节点）分布及定显示后浇段（连接节点）的**形式、编号、尺寸、定位**等信息。

如图 3.110 所示，预制墙板之间的后浇段以编号 HJD 表示，有 HJD1、HJD2、HJD3、HJD4、HJD5、HJD6、HJD7 共 7 种编号。如Ⓐ轴线上 WQCA-2829-2014 与①轴线上 WQ-1429 之间的后浇连接节点为 HJD1，L 形连接，尺寸及定位见图中标注；Ⓐ轴线上 WQCA-2829-2014、WQM-3429-1923 与②轴线上 NQ-1229 之间的后浇连接节点为 HJD2，T 形连接，尺寸及定位见图中标注；NQ-1229 的另一端与后浇暗柱连接，连接节点为 HJD5，一字形连接，尺寸及定位见图中标注；①轴线上 WQ-2529 与 WQ-2329 之间的后浇连接节点为 HJD4，一字形连接，尺寸及定位见图中标注；①轴线上 WQ-2329 与 WQ-1129 之间的后浇连接节点为 HJD6，一字形连接，尺寸及定位见图中标注；①轴线上 WQ-1129 、Ⓒ轴线上 WQ-2329 与现浇剪力墙 Q2 之间的后浇连接节点为 HJD7，T 形连接。尺寸及定位见图中标注。

2. 墙梁配筋图识读

墙梁配筋图主要表达现浇剪力墙、现浇楼面梁的编号、定位及配筋等情况，其注写方法与《混凝土结构施工图平面整体表示方法制图规则和构造详图（现浇混凝土框架、剪力墙、梁、板）》(22G101-1)的表示方法相同，识读方法也与传统现浇剪力墙结构的识读方法相同，此处不详细介绍。

课后总结思维导图

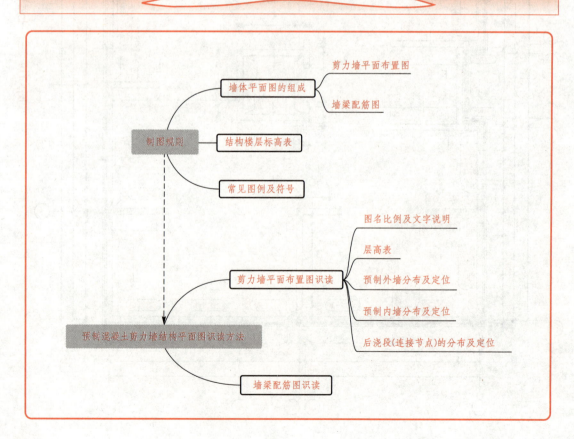

任务 3.4 构件连接——预制剪力墙连接节点大样图识读

>> **任务导入**

　　某省某市某高层住宅项目，地上12层、地下1层，结构体系为装配整体式混凝土剪力墙结构，上人屋面。该项目采用EPC总承包模式，合同工期400日历天。本项目主体结构部分：竖向构件主要采用预制剪力墙，水平构件主要采用桁架钢筋混凝土叠合板底板、预制楼梯、预制阳台板、预制空调板。某施工单位承接了该项目的预制混凝土剪力墙安装任务。其中，标准层的连接节点大样图见附录(编号07)。

　　请结合以上任务介绍和图纸内容，学习节点大样图的图示内容和识读方法，获取预制剪力墙后浇节点施工的相关信息。

3.4.1 典型连接节点分类

　　装配式混凝土结构是由预制混凝土构件通过可靠的连接方式在现场装配而成。预制构件之间的连接，是装配式结构成败的关键，节点连接的可靠性，直接决定结构的安全性。

动画 3.10 预制混凝土剪
力墙典型连接节点

　　《装配式混凝土建筑技术标准》(GB/T 51231—2016)第5.7.6条明确规定了楼层内相邻预制剪力墙之间的连接节点位置应或者宜采用整体式接缝，即形成钢筋混凝土后浇段。

　　根据连接对象及所处位置的不同，《装配式混凝土结构连接节点构造(剪力墙结构)》(15G310-2)介绍了多种节点类型及构造。其中典型节点有：一字形后浇节点(两侧连墙体)、一字形后浇节点(一侧连暗柱)、L形(转角墙)后浇节点、T形(翼墙)后浇节点，如图3.111所示。

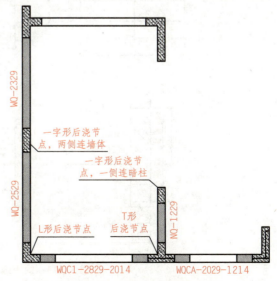

图 3.111 预制混凝土剪力墙典型连接节点示意

3.4.2 节点连接基础知识

1. 后浇节点位置

后浇连接节点可能位于剪力墙的边缘构件区域，也可能位于非边缘构件区域。

边缘构件设置在剪力墙竖向边缘，有边缘暗柱、边缘端柱、边缘转角墙、边缘翼墙，起改善剪力墙受力性能、提高墙体延性的作用。边缘构件可分为约束边缘构件和构造边缘构件，对于抗震等级一、二级的剪力墙底部加强区及其上一层的剪力墙肢，应设置约束边缘构件，其余应设置构造边缘构件，如图 3.112 和图 3.113 所示。两种边缘构件的截面尺寸、配筋率、配箍率要求不同。简单来说，约束边缘构件比构造边缘构件的"作用"更强。

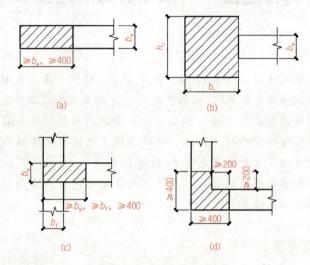

图 3.112 构造边缘构件

(a)构造边缘暗柱；(b)构造边缘端柱；(c)构造边缘翼墙；(d)构造边缘转角墙

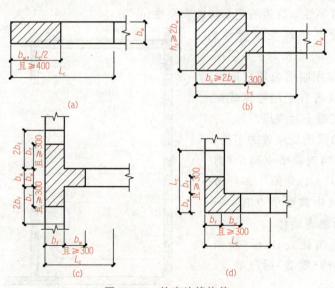

图 3.113 约束边缘构件

(a)约束边缘暗柱；(b)约束边缘端柱；(c)约束边缘翼墙；(d)约束边缘转角墙

L_c—约束边缘构件沿墙肢的长度

《装配式混凝土建筑技术标准》(GB/T 51231—2016)第 5.7.6 条对后浇节点位于边缘构件区或非边缘构件区的构造要求，作了如下规定：

1. 当接缝位于纵横墙交接处的约束边缘构件区域时，约束边缘构件的阴影区域（图 5.7.6-1）宜全部采用后浇混凝土，并应在后浇段内设置封闭箍筋。

2. 当接缝位于纵横墙交接处的构造边缘构件区域时，构造边缘构件宜全部采用后浇混凝土（图 5.7.6-2），当仅有一面墙上设置后浇段时，后浇段的长度不宜小于 300 mm（图 5.7.6-3）。

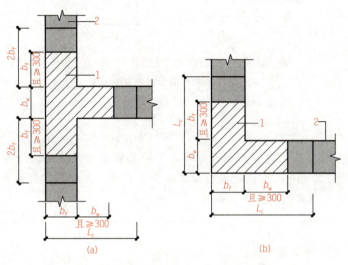

图 5.7.6-1 约束边缘构件阴影区域全部
后浇构造示意(阴影区域为斜线填充范围)

(a)有翼墙；(b)转角墙

1—后浇段；2—预制剪力墙

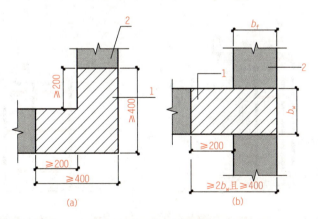

图 5.7.6-2 构造边缘构件全部后浇构造示意
(阴影区域为构造边缘构件范围)

(a)转角墙；(b)有翼墙

1—后浇段；2—预制剪力墙

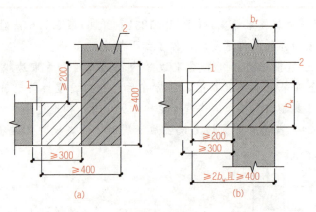

图 5.7.6-3　构造边缘构件部分后浇构造示意

(阴影区域为构造边缘构件范围)

(a)转角墙；(b)有翼墙

1—后浇段；2—预制剪力墙

3. 非边缘构件位置，相邻预制剪力墙之间应设置后浇段，后浇段的宽度不应小于墙厚且不宜小于 200 mm；后浇段内应设置不少于 4 根竖向钢筋，钢筋直径不应小于墙体竖向分布钢筋直径且不应小于 8 mm。

2. 后浇段附加连接钢筋的作用

当后浇段位于剪力墙非边缘构件区域时，附加连接钢筋的作用是保证两侧预制剪力墙体水平筋的连续，如图 3.114 所示。

当后浇段位于剪力墙边缘构件区域时，附加连接钢筋的作用是保证预制剪力墙水平筋伸入边缘构件端部。此时，边缘构件内的附加连接钢筋与边缘构件箍筋可间隔布置，如图 3.115 所示。

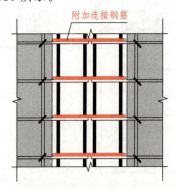

图 3.114　非边缘构件后浇段内附加连接钢筋示意

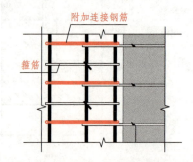

图 3.115　边缘构件后浇段内的附加连接钢筋

3. 墙体水平外伸钢筋和后浇段附加连接钢筋的形式

(1)墙体水平外伸钢筋的出筋形式有封闭型——U 形和半圆形；开口型——直线形和 135°弯钩形。其中，U 形和带 135°弯钩形在工程中最为常见，如图 3.116 所示。

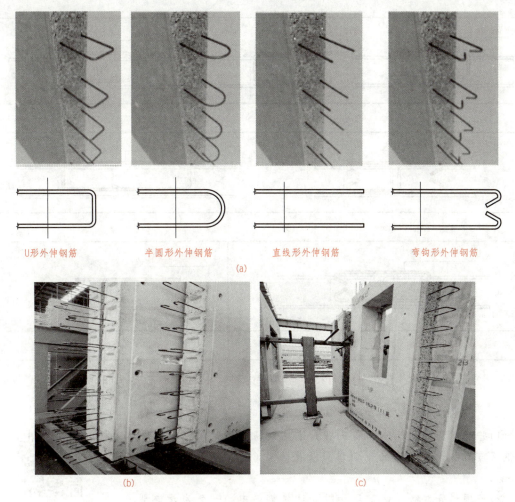

U形外伸钢筋　　　　半圆形外伸钢筋　　　　直线形外伸钢筋　　　　弯钩形外伸钢筋

(a)

(b)　　　　　　　　　　　　(c)

图 3.116　墙体水平外伸钢筋出筋形式

(a)墙体水平外伸钢筋形式；(b)墙体水平外伸钢筋——弯钩形；(c)墙体水平外伸钢筋——U形

　　(2)后浇段中附加连接钢筋形式有封闭型——U形、开口型——135°弯钩形，如图 3.117 所示。

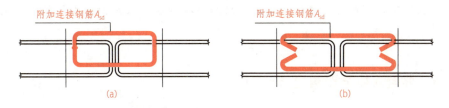

附加连接钢筋 A_{sd}　　　　　　　　　附加连接钢筋 A_{sd}

(a)　　　　　　　　　　　　(b)

图 3.117　后浇段附加连接钢筋形式

(a)U形附加连接钢筋；(b)135°弯钩形附加连接钢筋

　　根据墙体出筋形式与附加连接钢筋形式的不同组合，墙体外伸钢筋与附加连接钢筋常见搭接形式及搭接长度如图 3.118 所示。

　　案例：某预制混凝土剪力墙的强度等级为 C30，墙体水平外伸钢筋直径为 8 mm，附加连接钢筋直径为 8 mm，钢筋采用 HRB400 级，抗震等级为二级。

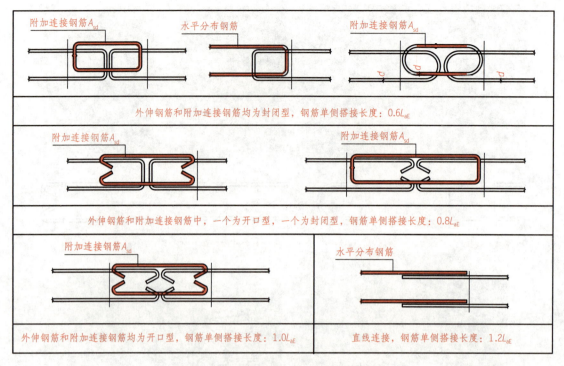

外伸钢筋和附加连接钢筋均为封闭型，钢筋单侧搭接长度：0.6L_{aE}

外伸钢筋和附加连接钢筋中，一个为开口型，一个为封闭型，钢筋单侧搭接长度：0.8L_{aE}

外伸钢筋和附加连接钢筋均为开口型，钢筋单侧搭接长度：1.0L_{aE}

直线连接，钢筋单侧搭接长度：1.2L_{aE}

图 3.118　钢筋搭接形式及搭接长度计算

　　1)若预制剪力墙外伸钢筋及附加连接钢筋均为封闭型，则墙体外伸钢筋与附加连接钢筋的单侧搭接长度为 $0.6L_{aE}=0.6\times40\times8=192$（mm）。

　　2)若预制剪力墙外伸钢筋和附加连接钢筋中，一个为开口型，一个为封闭型，则墙体外伸钢筋与附加连接钢筋的单侧搭接长度为 $0.8L_{aE}=0.8\times40\times8=256$（mm）。

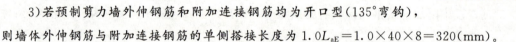

动画 3.11　墙体外伸钢筋与附加连接钢筋常见搭接形式及搭接长度

　　3)若预制剪力墙外伸钢筋和附加连接钢筋均为开口型(135°弯钩)，则墙体外伸钢筋与附加连接钢筋的单侧搭接长度为 $1.0L_{aE}=1.0\times40\times8=320$（mm）。

　　相同的情况下，预制剪力墙外伸钢筋及附加连接钢筋均采用封闭型，钢筋单侧搭接长度最短。

3.4.3　典型连接节点构造(1+X)

1. 一字形后浇节点(两侧连接墙体)

　　一字形后浇节点(两侧连接墙体)的构造，《装配式混凝土结构连接节点构造(剪力墙结构)》(15G310-2)中介绍了 Q1-1 到 Q1-9 共 9 种做法，考虑工程实际运用，本书介绍 Q1-5、Q1-7 和 Q1-8 三种典型构造。

　　(1)下面以 Q1-5 为例，通过观察节点连接平面图和立面图，如图 3.119 所示，可得到以下信息：

1)两侧墙体外伸钢筋均采用 U 形封闭筋，墙体附加连接钢筋采用 U 形封闭筋。

2)由前面的基础知识可知，单侧墙体外伸钢筋与附加连接钢筋的搭接长度不小于 $0.6L_{aE}$(L_{aE} 为受拉钢筋抗震锚固长度)。

3)该后浇节点位于剪力墙非边缘构件位置，因此，后浇段的宽度不应小于墙厚且不宜小于 200 mm；后浇段的长度≥2×$0.6L_{aE}$＋20 mm＋20 mm，具体尺寸由设计计算确定。

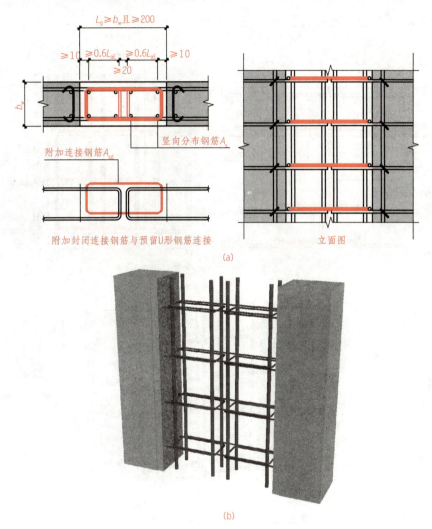

图 3.119　一字形节点大样图(Q1-5)

(a)大样图；(b)三维模型图

案例：某预制混凝土剪力墙的强度等级为 C30，墙体水平外伸钢筋和附加连接钢筋均为 U 形封闭筋，直径为 8 mm 的 HRB400 级钢筋，抗震等级为二级，后浇段最小长度为多少？(按 M/10 取整)

后浇段长度：$2×0.6L_{aE}+20+20=2×0.6×40×8+40=424$(mm)，取整数，为 430 mm。

(2)下面以 Q1-7 为例，通过观察节点连接平面图和立面图，如图 3.120 所示，可得到以下信息：

1)两侧墙体外伸钢筋均采用U形封闭筋，墙体附加连接钢筋采用弯钩形开口筋。

2)由前面的基础知识可知，单侧墙体外伸钢筋与附加连接钢筋的搭接长度不小于 $0.8L_{aE}$（L_{aE} 为受拉钢筋抗震锚固长度）。

3)该后浇节点位于剪力墙非边缘构件位置，因此，后浇段的宽度不应小于墙厚且不宜小于 200 mm；后浇段的长度 $\geq 2\times0.8L_{aE}+20+20$，具体长度由设计计算确定。

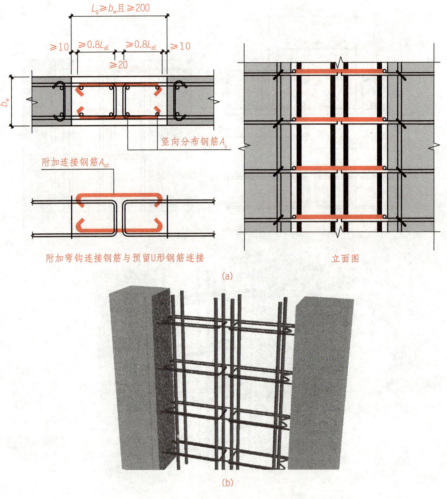

附加弯钩连接钢筋与预留U形钢筋连接 立面图

(a)

(b)

图 3.120　一字形节点大样图（Q1-7）
(a)大样图；(b)三维模型图

案例： 某预制混凝土剪力墙的强度等级为 C30，墙体水平外伸钢筋采用 U 形封闭筋，附加连接钢筋采用 135°弯钩形开口筋，直径均为 8 mm 的 HRB400 级钢筋，抗震等级为二级，后浇段最小长度为多少？（按 M/10 取整）

后浇段长度：$2\times0.8L_{aE}+20+20=2\times0.8\times40\times8+40=552$(mm)，取整数，为 560 mm。

（3）下面以 Q1-8 为例，通过观察节点连接平面图和立面图，如图 3.121 所示，可得到以下信息：

1)两侧墙体外伸钢筋均采用 135°弯钩形外伸筋，墙体附加连接钢筋采用弯钩形开口筋。

2)由前面的基础知识可知，单侧墙体外伸钢筋与附加连接钢筋的搭接长度不小于

$1.0L_{aE}$（L_{aE}为受拉钢筋抗震锚固长度）。

3）该后浇节点位于剪力墙非边缘构件位置，因此，后浇段的宽度不应小于墙厚且不宜小于200 mm；后浇段的长度≥2×$1.0L_{aE}$+20+20，具体尺寸由设计计算确定。

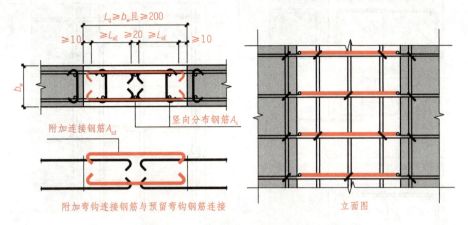

图3.121　一字形节点大样图(Q1-8)

案例： 某预制混凝土剪力墙的强度等级为C30，墙体水平外伸钢筋和附加连接钢筋均采用带135°弯钩开口筋，直径均为8 mm的HRB400级钢筋，抗震等级为二级，后浇段最小长度是多少？（按M/10取整）

后浇段长度：2×$1.0L_{aE}$+20+20=2×1.0×40×8+40=680（mm）。与Q1-5、Q1-7计算长度比较，后浇段长度较长。

2. 一字形后浇节点(一侧连暗柱)

一字形后浇节点（一侧连暗柱）的构造，《装配式混凝土结构连接节点构造（剪力墙结构）》(15G310-2)中介绍了Q3-1到Q3-3共3种做法，考虑工程实际运用，本教材介绍一种典型构造：Q3-2。

下面以Q3-2为例，通过观察节点连接平面图、立面图和断面图，如图3.122所示，可得到以下信息：

(1)墙体外伸钢筋采用U形外伸筋，墙体附加连接钢筋采用为U形封闭筋。

(2)由前面的基础知识可知，单侧墙体外伸钢筋与附加连接钢筋的搭接长度不小于$0.6L_{aE}$（L_{aE}为受拉钢筋的抗震锚固长度）。

(3)后浇节点的附加连接钢筋和暗柱箍筋间隔设置，附加连接钢筋的作用是帮助预制墙体水平筋伸入边缘构件端部，暗柱箍筋的作用是提高边缘构件延性。

(4)该后浇节点位于剪力墙边缘构件，因此，后浇暗柱的宽度不应小于墙厚且不宜小于200 mm；如为构造边缘构件，后浇暗柱的长度不应小于墙厚且不宜小于400 mm；如为约束边缘构件，后浇暗柱长度尚应不小于L_c/2，具体长度由设计计算确定。

本节点中，预制剪力墙的外伸钢筋也可采用135°弯钩形外伸筋，此时墙体外伸钢筋与附加连接钢筋的搭接长度不小于$0.8L_{aE}$（L_{aE}为受拉钢筋的抗震锚固长度），如图3.123所示。

3. L形(转角墙)后浇节点

L形后浇节点构造，《装配式混凝土结构连接节点构造（剪力墙结构）》(15G310-2)中介绍了Q5-1到Q5-13共13种做法，考虑工程实际运用，本书介绍Q5-1和Q5-2两种典型构造。

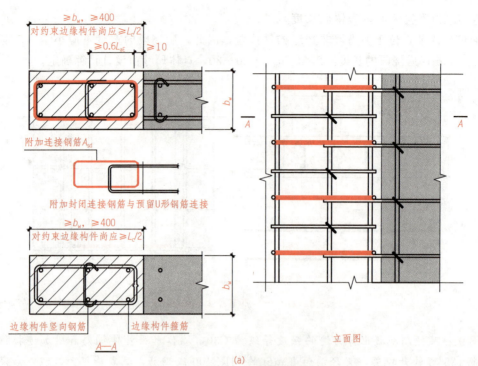

≥b_w，≥400
对约束边缘构件尚应 ≥L_c/2
≥0.6L_{aE}　≥10
b_w

附加连接钢筋A_{sd}

附加封闭连接钢筋与预留U形钢筋连接

≥b_w，≥400
对约束边缘构件尚应 ≥L_c/2
b_w

边缘构件竖向钢筋　　边缘构件箍筋

A—A

立面图

(a)

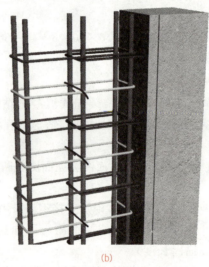

(b)

图 3.122　构造边缘端柱节点大样图(Q3-2)

(a)大样图；(b)三维模型图

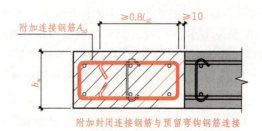

附加连接钢筋A_{sd}
≥0.8L_{aE}　≥10
b_w

附加封闭连接钢筋与预留弯钩钢筋连接

图 3.123　外伸钢筋为 135°弯钩节点大样

（1）下面以 Q5-1 为例，通过观察节点连接平面图、立面图和断面图，如图 3.124 所示，可得到以下信息：

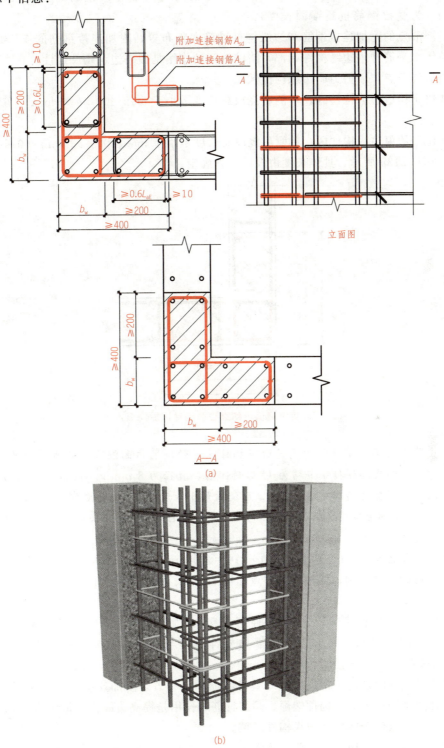

图 3.124　构造边缘转角墙节点大样图(Q5-1)

(a)大样图；(b)三维模型图

1)墙体外伸钢筋采用 U 形外伸筋，墙体附加连接钢筋采用 U 形封闭筋。

2)由前面的基础知识可知，单侧墙体外伸钢筋与附加连接钢筋的搭接长度不小于 $0.6L_{aE}$（L_{aE} 为受拉钢筋抗震锚固长度）。

3)后浇节点的附加连接钢筋和边缘构件箍筋间隔布置，附加连接钢筋的作用是帮助两侧预制墙体水平筋伸入边缘构件端部，暗柱箍筋的作用是提高边缘构件延性。

4)该后浇节点位于剪力墙边缘构件区域。

①如位于构造边缘构件区，单侧后浇段总长度不小于 $\max\{400, b_w + \max[0.6L_{aE} + 10, 200]\}$。

②如位于约束边缘构件区，单侧后浇段总长度不小于 $\max\{400, b_w + \max[0.6L_{aE} + 10, 300]\}$，如图 3.125 所示。具体长度由设计计算确定。

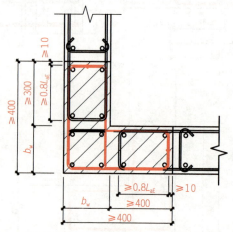

图 3.125　转角墙位于约束边缘构件区后浇节点示意

案例： 某 L 形后浇节点位于构造边缘构件区，预制墙体的混凝土强度等级为 C30，墙体水平外伸钢筋和附加连接钢筋均为 U 形封闭筋，直径为 8 mm 的 HRB400 级钢筋，抗震等级为二级，预制剪力墙厚为 200 mm，后浇段最小长度为多少？（按 M/10 取整）

预制墙体与附加连接钢筋在搭接处后浇段长度：$0.6L_{aE} + 10 = 0.6 \times 40 \times 8 + 10 = 202$（mm）> 200 mm，取整为 210 mm。

单侧后浇段总长度：$B_w + 210 = 200 + 210 = 410$（mm）> 400 mm，取整为 410 mm。

(2)下面以 Q5-2 为例，通过观察节点连接平面图、立面图和断面图，如图 3.126 所示，可得到以下信息：

1)墙体外伸钢筋采用 135°弯钩形外伸筋，墙体附加连接钢筋采用为 U 形封闭筋。

2)由前面的基础知识可知，单侧墙体外伸钢筋与附加连接钢筋的搭接长度不小于 $0.8L_{aE}$（L_{aE} 受拉钢筋抗震锚固长度）。

3)后浇节点的附加连接钢筋和边缘构件箍筋间隔布置，附加连接钢筋的作用是帮助两侧预制墙体水平筋伸入边缘构件端部，暗柱箍筋的作用是提高边缘构件延性。

4)该后浇节点位于剪力墙边缘构件区域。

①如位于构造边缘构件区，单侧后浇段总长度不小于 $\max\{400, b_w + \max[0.8L_{aE} + 10, 200]\}$。

②如位于约束边缘构件区，单侧后浇段总长度不小于 $\max\{400, b_w + \max[0.8L_{aE} + 10,$

300]｝，如图 3.127 所示。具体长度由设计计算确定。

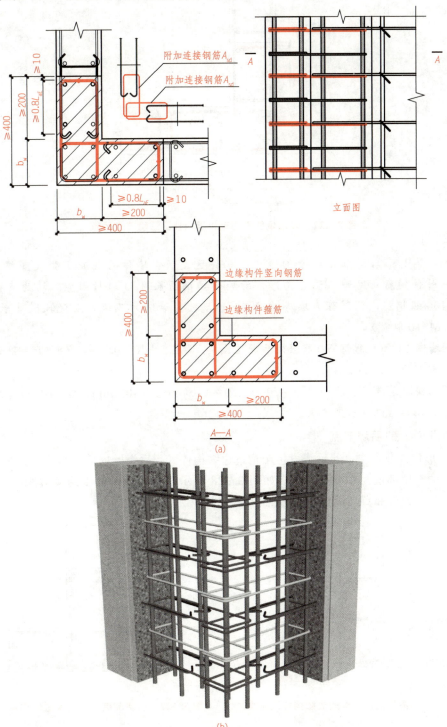

附加连接钢筋A_{sd}

附加连接钢筋A_{sd}

立面图

边缘构件竖向钢筋

边缘构件箍筋

A—A

(a)

(b)

图 3.126　构造边缘转角墙节点大样图(Q5-2)

(a)大样图；(b)三维模型图

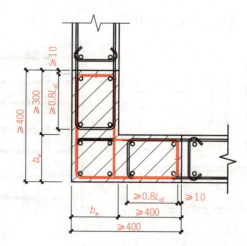

图 3.127　转角墙位于约束边缘构件区后浇节点示意

　　案例：某 L 形后浇节点位于构造边缘构件区，预制墙体的混凝土强度等级为 C30，墙体水平外伸钢筋采用到 135°弯钩形，附加连接钢筋采用 U 形封闭型，均为直径 8 mm 的 HRB400 级钢筋，预制剪力墙厚为 200 mm，抗震等级为二级，后浇段最小长度为多少？（按 M/10 取整）

　　预制墙体与附加连接钢筋在搭接处后浇段长度：$0.8L_{aE}+10=0.8\times40\times8+10=266$（mm）＞200 mm，取整为 270 mm。

　　单侧后浇段总长度：$B_w+270=200+270=470$（mm）＞400 mm，取 470 mm。与 Q5-1 计算结果相比，后浇段长度略大。

4. T 形(翼墙)后浇节点

　　在 T 形后浇节点中，若后浇段位于构造边缘构件区，后浇段内的腹墙部位为边缘构件，后浇段内的翼墙部位为非边缘构件，如图 3.128 所示；若后浇段处于约束边缘构件区，后浇段内的腹墙部位和翼墙部位均为边缘构件，如图 3.129 所示。

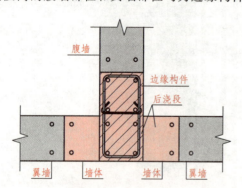

图 3.128　后浇节点位于构造边缘构件区示意

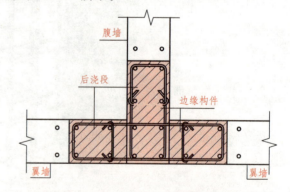

图 3.129　后浇节点位于约束边缘构件区示意

　　T 形后浇节点构造，《装配式混凝土结构连接节点构造（剪力墙结构）》(15G310-2)中介绍了 Q6-1 到 Q6-21 共 21 种做法，根据工程实际运用，本书讲解其中四种典型构造，即构造边缘翼墙 Q6-5、Q6-7 和约束边缘翼墙 Q6-20、Q6-21。

　　(1)下面以 Q6-5 为例，通过观察节点连接平面图、立面图和断面图，如图 3.130 所示，可得到以下信息：

1）腹墙、翼墙的墙体外伸钢筋均采用 U 形外伸筋，后浇段的附加连接钢筋采用 U 形封闭筋。

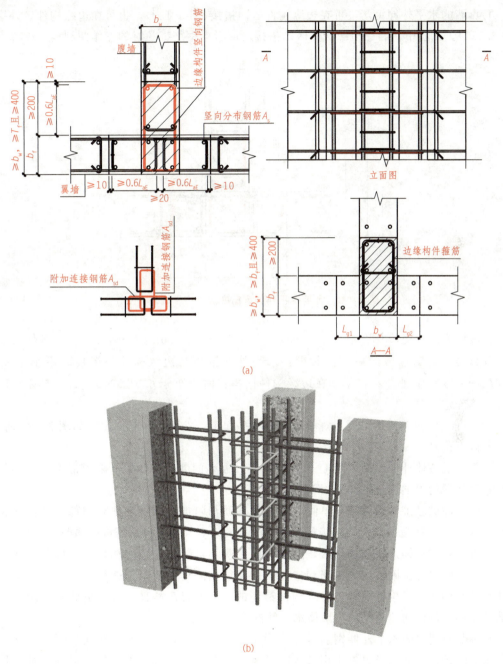

图 3.130　构造边缘翼墙节点大样图（Q6-5）

（a）大样图；（b）三维模型图

2）由前面的基础知识可知，单侧墙体外伸钢筋与附加连接钢筋的搭接长度不小于 $0.6L_{aE}$（L_{aE} 为受拉钢筋抗震锚固长度）。

3）本节点位于构造边缘构件区，后浇段内的腹墙部位为边缘构件，翼墙部位为非边缘构件。腹墙部位附加连接钢筋和边缘构件箍筋间隔设置，附加连接钢筋的作用是帮助墙体水平筋伸入边缘构件端部，边缘构件箍筋的作用是提高构件延性；翼墙部位附加连接钢筋的作用是保证两侧预制剪力墙体水平筋的连续。

4）翼墙的水平外伸钢筋，可在边缘构件区内搭接（图 3.133），也可在边缘构件区外搭接（图 3.131）。工程中，若在边缘构件区内搭接，应考虑钢筋绑扎时的操作便利。

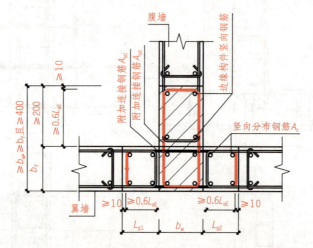

图 3.131 翼墙水平外伸钢筋在边缘构件区外搭接

5）腹墙方向后浇段长度不小于：$\max\{400, b_f + \max[0.6L_{aE} + 10, 200]\}$。具体长度由设计计算确定。翼墙方向后浇段长度：水平外伸钢筋在边缘构件外搭接时不小于 $b_w + (0.6L_{aE} + 10) \times 2$；水平外伸钢筋在边缘构件内搭接时不小于 $0.6L_{aE} \times 2 + 40$，具体长度由设计计算确定。

（2）下面以 Q6-7 为例，通过观察节点连接平面图、立面图和断面图，如图 3.132 所示，可得到以下信息：

1）腹墙的墙体外伸钢筋采用 U 形外伸钢筋，翼墙的墙体外伸钢筋采用带 135°弯钩的外伸筋，后浇段的附加连接钢筋采用 U 形封闭筋。

2）由前面的基础知识可知，单侧墙体外伸钢筋与附加连接钢筋在翼墙部位的搭接长度不小于 $0.8L_{aE}$，在腹墙部位的搭接长度不小于 $0.6L_{aE}$（L_{aE} 为受拉钢筋抗震锚固长度）。

3）本节点位于构造边缘构件区，后浇段内的腹墙部位属于边缘构件，翼墙部位属于墙体连接区。腹墙部位附加连接钢筋和边缘构件箍筋间隔设置，附加连接钢筋的作用是帮助墙体水平筋伸入边缘构件端部，边缘构件箍筋的作用是提高构件延性；翼墙部位附加连接钢筋的作用是保证两侧预制剪力墙体水平筋的连续。

4）本节点翼墙的水平外伸钢筋可在边缘构件区内搭接，也可在边缘构件区外搭接。本节点腹墙的预留外伸钢筋也可采用带 135°弯钩，此时在腹墙部位的外伸钢筋与附加连接钢筋搭接长度不小于 $0.8L_{aE}$，如图 3.133 所示。

5）腹墙方向后浇段长度：腹墙采用 U 形外伸筋时不小于 $\max\{400, b_f + \max[0.6L_{aE} + 10, 200]\}$；腹墙采用带 135°弯钩的外伸筋时不小于 $\max\{400, b_f + \max[0.8L_{aE} + 10, 200]\}$。具体长度由设计计算确定。翼墙方向后浇段长度：水平外伸钢筋在边缘构件内搭接时不小于 $0.8L_{aE} \times 2 + 40$，具体长度由设计计算确定。

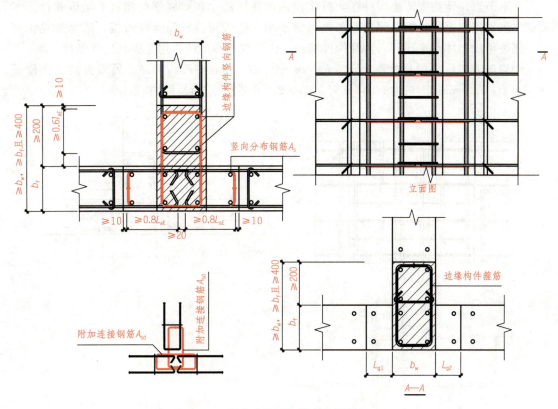

图 3.132　构造边缘翼墙节点大样图(Q6-7)

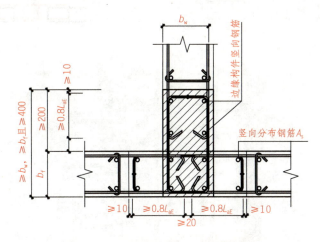

图 3.133　腹墙采用带 135°弯钩外伸筋

（3）下面以 Q6-20 为例，通过观察节点连接平面图、立面图和断面图，如图 3.134 所示，可得到以下信息：

1）腹墙、翼墙的墙体外伸钢筋均采用 U 形外伸钢筋，后浇段的附加连接钢筋采用 U 形封闭筋。

2）由前面的基础知识可知，单侧墙体外伸钢筋与附加连接钢筋的搭接长度不小于 $0.6L_{aE}$（L_{aE} 为受拉钢筋抗震锚固长度）。

3)本节点位于约束边缘构件区，后浇段内的腹墙部位和翼墙部位均属于边缘构件。翼墙部位附加连接钢筋、腹墙部位附加连接钢筋均与边缘构件箍筋间隔布置，附加连接钢筋的作用是帮助墙体水平筋伸入边缘构件端部，边缘构件箍筋的作用是提高构件延性。

4)腹墙方向后浇段长度不小于：$b_f + \max(0.6L_{aE} + 10, b_w, 300)$；翼墙方向后浇段长度不小于：$b_w + \max(0.6L_{aE} + 10, b_f, 300) \times 2$，具体尺寸由设计计算确定。

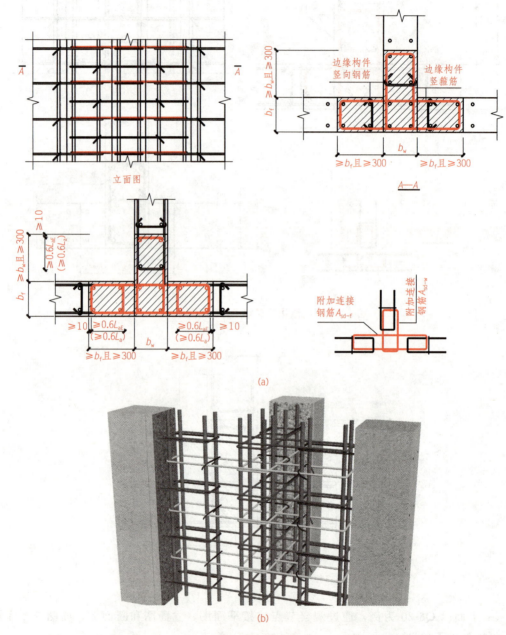

图 3.134 约束边缘翼墙节点大样图(Q6-20)
(a)大样图；(b)三维模型图

（4）下面以 Q6-21 为例，通过观察节点连接平面图、立面图和断面图，如图 3.135 所示，可得到以下信息：

166

1) 腹墙、翼墙的墙体外伸钢筋均采用带135°弯钩的外伸筋，后浇段的附加连接钢筋采用U形封闭筋。

2) 由前面的基础知识可知，单侧墙体外伸钢筋与附加连接钢筋的搭接长度不小于 $0.8L_{aE}$（L_{aE} 为受拉钢筋抗震锚固长度）。

3) 本节点位于约束边缘构件区，后浇段内的腹墙部位和翼墙部位均属于边缘构件。翼墙部位附加连接钢筋、腹墙部位附加连接钢筋均与边缘构件箍筋间隔设置，附加连接钢筋的作用是帮助墙体水平筋伸入边缘构件端部，边缘构件箍筋的作用是提高构件延性。

4) 腹墙方向后浇段长度不小于：$b_f + \max(0.8L_{aE}+10, b_w, 300)$；翼墙方向后浇段长度不小于：$b_w + \max(0.8L_{aE}+10, b_f, 300) \times 2$，具体尺寸由设计计算确定。

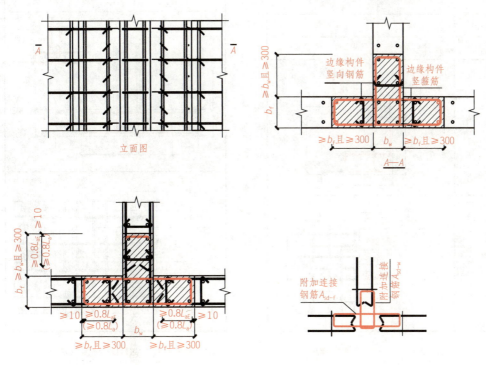

图 3.135　约束边缘翼墙节点大样图（Q6-21）

3.4.4　项目案例识读

查看本教材的附录图纸中的"三～七层制作墙平面布置图"，编号07。结合本节所讲知识，选取图中四个典型节点识图。

1. HJD1 节点

结合剪力墙平面布置图及节点大样图（图 3.136）可知：HJD1 为转角墙之间的 L 形连接节点；节点尺寸为 450 mm×500 mm×200 mm；墙体外伸钢筋均为带135°弯钩的外伸筋，附加连接钢筋为 U 形封闭筋；附加连接钢筋为直径 8 mm 的 HRB400 级钢筋，间距为 200 mm；节点竖向纵筋为 12 根直径为 12 mm 的 HRB400 级钢筋。

2. HJD2 节点

结合剪力墙平面布置图及节点大样图（图 3.137）可知：HJD2 为翼墙之间的 T 形连接

节点；节点尺寸为 700 mm×500 mm×200 mm；墙体外伸钢筋均为带 135°弯钩的外伸筋，附加连接钢筋为 U 形封闭筋；附加连接钢筋为直径 8 mm 的 HRB400 级钢筋，间距为 200 mm；边缘构件箍筋为直径 8 mm 的 HRB400 级钢筋，间距为 200 mm；节点竖向纵筋为 16 根直径为 12 mm 的 HRB400 级钢筋。

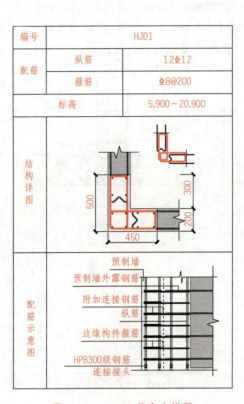

图 3.136　HJD1 节点大样图

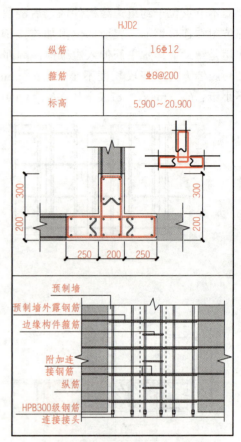

图 3.137　HJD2 节点大样图

3. HJD3 节点

结合剪力墙平面布置图及节点大样图(图 3.138)可知：HJD3 为翼墙之间的 T 形连接节点；节点尺寸为 700 mm×500 mm×200 mm；墙体外伸钢筋均为带 135°弯钩的外伸筋，附加连接钢筋为 U 形封闭筋；附加连接钢筋为直径 8 mm 的 HRB400 级钢筋，间距为 200 mm；边缘构件箍筋为直径 8 mm 的 HRB400 级钢筋，间距为 200 mm；节点竖向纵筋为 16 根直径 14 mm 的 HRB400 级钢筋。

4. HJD4 节点

结合剪力墙平面布置图及节点大样图(图 3.139)可知：HJD4 为墙与墙之间的一字形连接节点；节点尺寸为 400 mm×200 mm；墙体外伸钢筋均为 U 形封闭筋，附加连接钢筋为 U 形封闭筋；附加连接钢筋为直径 8 mm 的 HRB400 级钢筋，间距为 200 mm；边缘构件箍筋为直径 8 mm 的 HRB400 级钢筋，间距为 200 mm；节点竖向纵筋为 8 根直径 12 mm 的 HRB400 级钢筋。

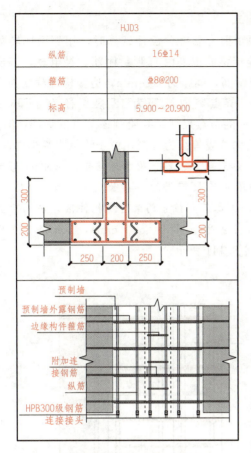

HJD3	
纵筋	16Φ14
箍筋	Φ8@200
标高	5.900~20.900

预制墙
预制墙外露钢筋
边缘构件箍筋
附加连接钢筋
纵筋
HPB300级钢筋连接接头

图 3.138　HJD3 节点大样图

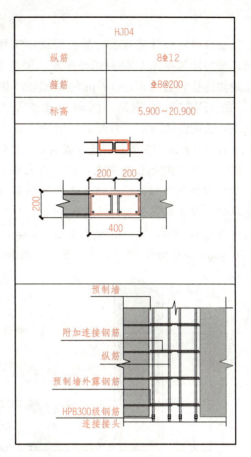

HJD4	
纵筋	8Φ12
箍筋	Φ8@200
标高	5.900~20.900

预制墙
附加连接钢筋
纵筋
预制墙外露钢筋
HPB300级钢筋连接接头

图 3.139　HJD4 节点大样图

3.4.5　预制剪力墙节点连接设计训练

案例一

工程背景： 设计院在进行某装配式建筑预制剪力墙拆分设计试算时，相邻墙体在同一轴线上连接，剪力墙拟采用 U 形封闭外伸筋，附加连接钢筋拟采用带 135°弯钩形开口筋。经电算，该连接节点附加连接钢筋为直径 8 mm 的 HRB400 级钢筋，间距为 200 mm，节点竖向纵筋为 8 根直径 12 mm 的三级钢筋，能满足受力要求。请设计最经济的节点尺寸，并绘制该节点的详图（墙厚 200 mm，后浇节点混凝土强度等级为 C30，结构抗震等级为二级）。

解析： 本节点为一字形节点，剪力墙采用 U 形封闭外伸筋，附加连接钢筋采用带 135°弯钩形开口筋，结合前面所学知识，单侧墙体外伸钢筋与附加连接钢筋的搭接长度不小于 $0.8L_{aE}$（L_{aE} 为受拉钢筋抗震锚固长度，此案例中 $L_{aE}=40d$），因此，后浇段长度 $\geqslant 2\times0.8L_{aE}+20+20=2\times0.8\times40\times8+40=552(mm)$，取整为 560 mm，最经济节点尺寸为 560 mm×200 mm。节点详图如图 3.140 所示。

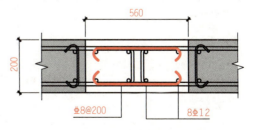

图 3.140　案例一的节点详图

案例二

工程背景： 设计院在进行某装配式建筑预制剪力墙拆分设计试算时，相邻墙体转角处连接，剪力墙拟采用 U 形封闭外伸筋，附加连接钢筋拟采用 U 形封闭筋。经电算，该连接节点附加连接钢筋为直径 8 mm 的 HRB400 级钢筋，间距为 200 mm，边缘构件箍筋为直径 8 mm 的 HRB400 级钢筋，间距为 200 mm，节点竖向纵筋为 12 根直径为 14 mm 的 HRB400 级钢筋能满足受力要求。请设计最经济的节点尺寸，并绘制该节点的详图（墙厚为 200 mm，后浇节点混凝土强度等级为 C30，结构抗震等级为二级，位于约束边缘构件区）。

解析： 本节点为 L 形节点，剪力墙采用 U 形封闭外伸筋，附加连接钢筋采用 U 形封闭筋，结合前面所学知识，单侧墙体外伸钢筋与附加连接钢筋的搭接长度不小于 $0.6L_{aE}$（L_{aE} 为受拉钢筋抗震锚固长度，此案例中 $L_{aE} = 40d$）。本节点位于约束边缘构件区，每侧后浇段总长度为 $\max\{400, b_w + \max[0.6L_{aE} + 10, 300]\} = 200 + 300 = 500$(mm)，最经济节点尺寸为 500 mm×500 mm×200 mm。节点详图如图 3.141 所示。

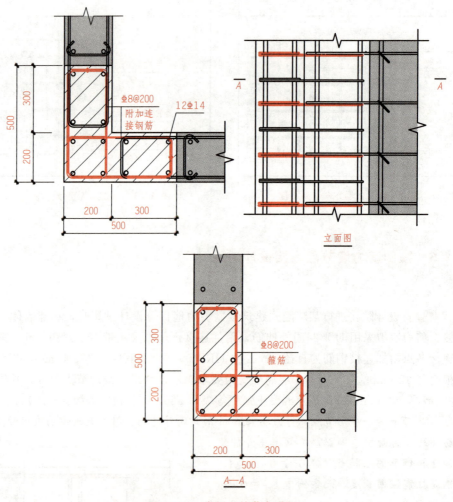

图 3.141　案例二的节点详图

案例三

工程背景： 设计院在进行某装配式建筑预制剪力墙拆分设计试算时，相邻墙体翼墙处连接，剪力墙拟采用 U 形封闭外伸筋，腹墙处附加连接钢筋拟采用 U 形封闭筋，翼墙处附加连接钢筋拟采用带 135°弯钩形开口筋。经电算，该连接节点附加连接钢筋为直径 8 mm 的 HRB400 级钢筋，间距为 200 mm，边缘构件箍筋为直径 8 mm 的 HRB400 级钢筋，间距为 200 mm，节点竖向纵筋为 12 根直径 14 mm 的 HRB400 级钢筋，能满足受力要求。请设计最经济的节点尺寸，并绘制该节点的详图（墙厚为 200 mm，后浇节点混凝土强度等级为 C30，结构抗震等级为二级，位于构造边缘构件区）。

解析： 本节点为 T 形节点，剪力墙采用 U 形封闭外伸筋，腹墙处附加连接钢筋采用 U 形封闭筋，翼墙处附加连接钢筋采用带 135°弯钩形开口筋。结合前面所学知识，翼墙外伸钢筋与附加连接钢筋的搭接长度不小于 $0.8L_{aE}$，腹墙外伸钢筋与附加连接钢筋的搭接长度不小于 $0.6L_{aE}$（L_{aE} 为受拉钢筋抗震锚固长度，此案例中 $L_{aE}=40d$）。本节点位于构造边缘构件区，翼墙后浇段总长度为：$0.8L_{aE}×2+40=(0.8×40×8)×2+40=512+40=552(\text{mm})$，取整为 560 mm；腹墙方向后浇段长度为：$b_f+\max(0.6L_{aE}+10,200)=200+202=402(\text{mm})$，取整为 400 mm；最经济节点尺寸为 560 mm×400 mm×200 mm。节点详图如图 3.142 所示。

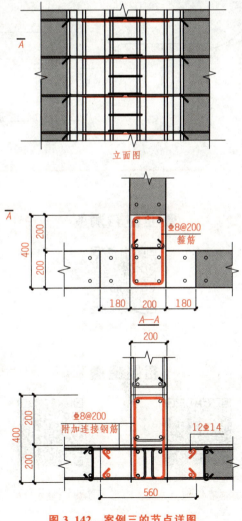

图 3.142　案例三的节点详图

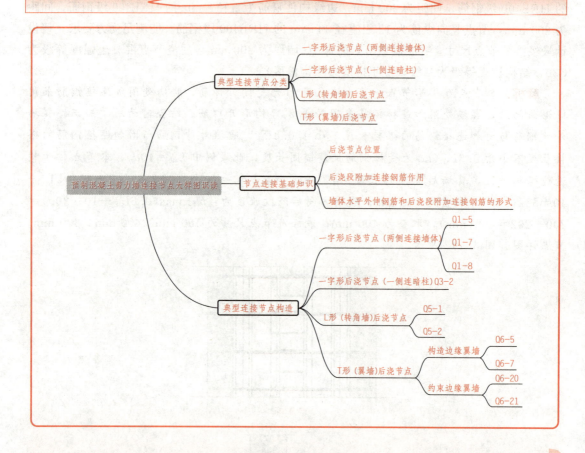

预制混凝土剪力墙连接节点大样图识读

典型连接节点分类
- 一字形后浇节点（两侧连接墙体）
- 一字形后浇节点（一侧连暗柱）
- L形（转角墙）后浇节点
- T形（翼墙）后浇节点

节点连接基础知识
- 后浇节点位置
- 后浇段附加连接钢筋作用
- 墙体水平外伸钢筋和后浇段附加连接钢筋的形式

典型连接节点构造
- 一字形后浇节点（两侧连接墙体）
  - Q1-5
  - Q1-7
  - Q1-8
- 一字形后浇节点（一侧连暗柱）Q3-2
- L形（转角墙）后浇节点
  - Q5-1
  - Q5-2
- T形（翼墙）后浇节点
  - 构造边缘翼墙
    - Q6-5
    - Q6-7
  - 约束边缘翼墙
    - Q6-20
    - Q6-21

职业能力测验

职业能力测验与答案

拓展资源

装配式建筑的中国样板——
雄安新区市民中心工程项目

剪力墙竖向分布
钢筋不连接技术

项目 4　预制钢筋混凝土柱

内容提要

预制钢筋混凝土柱(以下简称预制柱)是装配式混凝土框架结构中的重要竖向构件。本项目基于构件认知——预制柱构造、构件生产——预制柱大样图识读、构件吊装——预制柱平面布置图识读、构件连接——预制柱节点大样图识读四个学习任务,旨在培养大家掌握预制柱构造、正确识读预制柱图纸、获取构件生产与施工所需的图纸信息。

学习目标

知识目标

(1)了解预制柱的概念和分类;

(2)掌握预制柱的构造组成和构造要求;

(3)掌握预制柱大样图的图示内容和识读方法;

(4)掌握预制柱平面布置图的图示内容和识读方法;

(5)掌握预制柱连接节点构造要求。

能力目标

(1)能够熟练识读预制柱大样图和平面布置图;

(2)能够根据图纸内容,准确获取预制柱生产、吊装施工所需的信息。

素养目标

培养一丝不苟、精益求精的工匠精神。

任务 4.1　构件认知——预制柱构造

任务导入

某省某市某养老院项目,地上 6 层,局部地下室,建筑高度 22.250 m,结构形式为装配整体式混凝土框架结构,采用 EPC 总承包模式,合同工期 300 日历天。

本项目主体结构部分:竖向构件主要采用预制柱,水平构件主要采用预制梁、预制叠合板、预制楼梯、预制阳台板。本项目围护墙和内隔墙部分:非承重围护墙非砌筑采用预制外墙板(非承重),内隔墙非砌筑采用 ALC 板。

请结合以上介绍,完成对预制柱概念、分类和构造组成的学习与认知。

4.1.1　认识预制柱

动画 4.1　预制柱的构造

1. 预制柱的概念

预制柱是指在工厂预先制作而成，在现场进行安装的柱子。预制柱是装配整体式框架结构中重要的竖向承重构件。

2. 预制柱的分类

预制柱常见的有矩形柱和圆形柱。矩形柱截面边长不宜小于 400 mm，圆形柱截面直径不宜小于 450 mm，且不宜小于同方向梁宽的 1.5 倍。矩形柱和圆形柱如图 4.1 所示。

(a)　　　　　　　　　　　　(b)

图 4.1　预制矩形柱和圆形柱

(a)预制矩形柱；(b)预制圆形柱

> **走进规范**
>
> 《装配式混凝土建筑技术标准》(GB/T 51231—2016)第 5.6.3 条－1：矩形柱截面边长不宜小于 400 mm，圆形截面柱直径不宜小于 450 mm，且不宜小于同方向梁宽的 1.5 倍。

4.1.2　剖析预制柱(1＋X)(GZ008)

预制柱的构造通常有外伸钢筋、粗糙面及键槽、预留预埋等。

1. 外伸钢筋

为方便上下层柱的套筒灌浆连接，预制柱内的竖向钢筋需在柱顶外伸。外伸形式多采用直线形，如图 4.2 所示。

(a)　　　　　　　　　　　　(b)

图 4.2　预制柱的外伸钢筋

(a)中间层预制柱外伸钢筋；(b)顶层预制柱外伸钢筋

2. 粗糙面及键槽

为保证预制柱与周围后浇混凝土的紧密结合，预制柱底应设置键槽且宜设置粗糙面，柱顶应设置粗糙面。键槽应均匀布置，键槽深度不宜小于 30 mm，键槽端部斜面倾角不宜大于 30°。粗糙面的凹凸深度不小于 6 mm，粗糙面的面积不小于结合面的 80%。预制柱粗糙面及键槽如图 4.3 所示。

(a)　　　　　　　　　　　　　　　(b)

图 4.3　预制柱的粗糙面和键槽

(a)柱顶粗糙面；(b)柱底粗糙面及键槽

> **走进规范**
>
> 《装配式混凝土结构技术规程》(JGJ 1—2014)第 6.5.5 条：
>
> 4. 预制柱的底部应设置键槽且宜设置粗糙面，键槽应均匀布置，键槽深度不宜小于 30 mm，键槽端部斜面倾角不宜大于 30°。柱顶应设置粗糙面。
>
> 5. 粗糙面的面积不宜小于结合面的 80%，预制板的粗糙面凹凸深度不应小于 4 mm，预制梁端、预制柱端、预制墙端的粗糙面凹凸深度不应小于 6 mm。

3. 预留预埋

预制柱的预留预埋件较多，包括吊点预埋件、临时支撑预埋件、套筒灌浆孔与出浆孔预埋件、预埋排气管、预埋线盒线管、模板固定预埋件、钢牛腿固定预埋件、防雷连接钢筋或扁钢等。

(1)吊点预埋件。预制柱生产完成后，为方便构件脱模、转运，应在柱侧面设置脱模吊点预埋件，如图 4.4 所示。预制柱运输到施工现场进行安装时，一般采用垂直吊装。方便构件固定安装，此时，须在柱顶面另设安装吊点预埋件，如图 4.5 所示。

预制柱吊点预埋件有预埋螺母、吊钉、钢筋吊环等，其数量、形式由设计确定，一般按照构件重心对称原则布置，如图 4.6 所示。

(2)临时支撑预埋件。预制柱安装就位临时固定时，需依靠临时斜支撑保证其稳定性。若斜支撑按压杆设计，至少在相互垂直的两个非临空面设置，如图 4.7 所示。若斜支撑按拉杆设计，四个柱面均应设置斜支撑。斜支撑两端节点形式应符合支撑受力要求，宜采用固定铰支座形式。

临时斜支撑一般设置一排，设置高度 $H_1 > H_0$ 且 $\geqslant 2/3H_2$，如图 4.8 所示。其中，H_0 为预制柱重心，H_1 为斜支撑上支点到结构完成面的距离，H_2 为预制柱柱顶到结构完成面的距离。临时斜支撑与结构完成面的水平夹角大于等于 45°，小于等于 65°。斜支撑上面有调节装置，可调节预制柱的垂直度。

临时支撑预埋件一般采用内螺纹套筒，构件生产时可采用工装架或螺纹吸盘两种方法固定在模具上，如图 4.9 所示。

图 4.4　脱模吊点预埋件

图 4.5　安装吊点预埋件

(a)

(b)

图 4.6　吊点预埋件
(a)预埋吊钉；(b)预埋吊钉固定

图 4.7　预制柱临时支撑

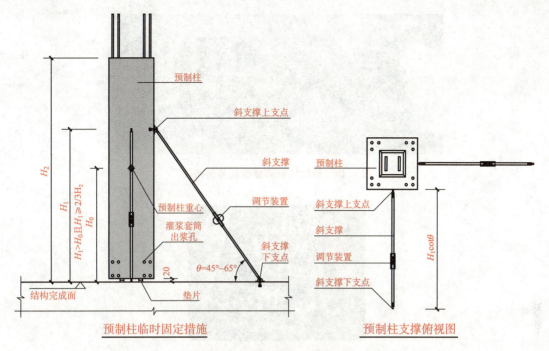

图 4.8　预制柱临时支撑杆位置

图 4.9　预制柱临时支承预埋件

（3）套筒灌浆孔与出浆孔预埋件．预制柱的竖向钢筋采用套筒灌浆连接时，在预制柱下端预留套筒灌浆孔和出浆孔。灌浆孔是用于加注灌浆料的入料口，出浆孔是用于加注灌浆料时通气并将注满后的多余灌浆料溢出的排料口。根据套筒的压力灌浆原理，套筒出浆孔在上，套筒灌浆孔在下。具体工程中，应结合竖向钢筋的配置情况，确定灌浆孔与出浆孔的数量及位置。预制柱套筒灌浆孔与出浆孔如图 4.10 所示。

套筒灌浆孔与出浆孔预埋件，可采用硬质 PVC 管。硬质 PVC 管，只需一端通过扎丝与套筒预留孔固定，另一端伸出模具一定长度，如图 4.11 所示。

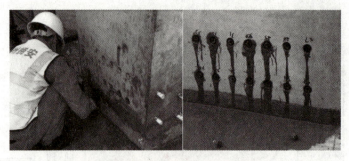

图 4.10　预制柱套筒灌浆孔与出浆孔

图 4.11　套筒灌浆孔与出浆孔预埋件

(4)预埋排气管。当预制柱采用套筒灌浆时，预制柱底部应设置倒流槽和排气孔，排气孔与排气管相连，如图 4.12 所示。排气管在柱侧面的位置应高于最高位出浆孔，高度差不宜小于 100 mm，且距柱底不小于 600 mm。

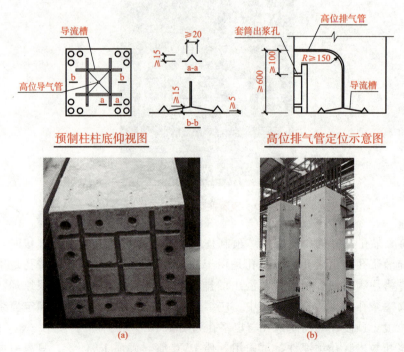

图 4.12　预制柱导流槽和排气管示意

(a)柱底导流槽和排气孔；(b)柱侧面排气管位置

（5）预埋线盒线管。预制柱生产时，需将线盒、线管暗埋于柱内。线盒按其材质不同，分为 PVC 线盒和金属线盒。预埋线盒时，要根据图纸区分线盒是预留在柱的哪一面，并确保线盒的定位准确。

（6）模板固定预埋件。为方便梁柱节点核心区的模板固定，在预制柱上相应位置预留孔洞，施工时，将对拉螺杆穿入预留孔，拧紧螺栓，即可固定模板。

（7）钢牛腿固定预埋件。当预制叠合梁临时固定采用钢牛腿支撑时，可在预制柱上部设置牛腿固定预埋件，如图 4.13 所示。预埋件常采用内螺纹套筒，钢牛腿与内螺纹套筒依靠高强度螺栓连接。

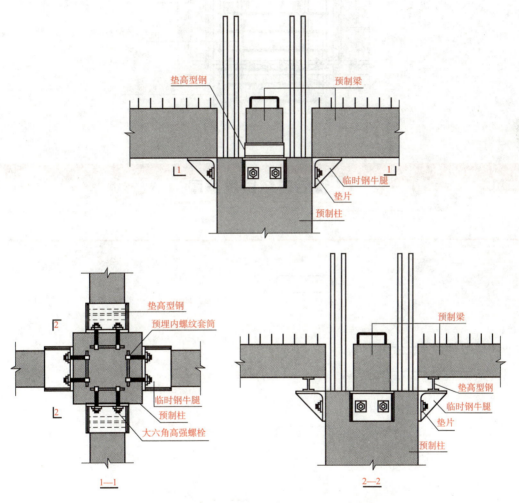

图 4.13　梁不等高时柱顶牛腿固定预埋件示意

（8）防雷连接钢筋或扁钢。由于预制柱纵筋采用套筒灌浆连接，钢筋之间不连续，不能满足电气贯通的要求，因此，当柱内钢筋作为防雷引下线，且采用套筒连接时，连接处需设置连接钢筋或扁钢，如图 4.14 所示。防雷连接钢筋或扁钢的具体形式由设计确定。

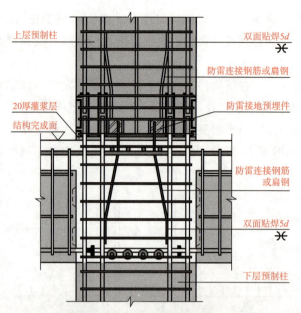

图 4.14　预制柱的连接钢筋或扁钢

课后总结思维导图

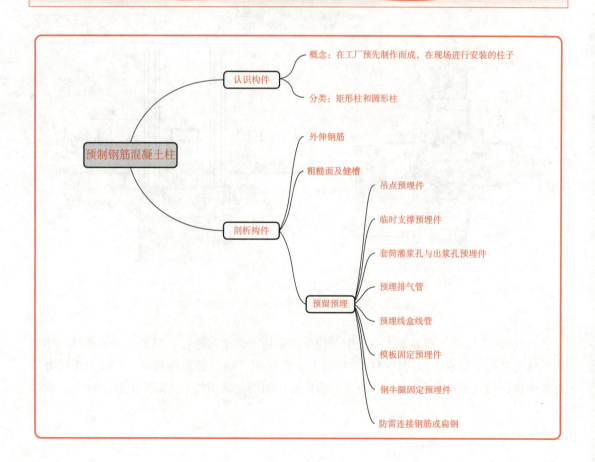

职业能力测验与答案

任务 4.2　　构件生产——预制柱大样图识读

任务导入

　　某省某市某养老院项目，地上 6 层，局部地下室，建筑高度 22.250 m，结构形式为装配整体式混凝土框架结构，采用 EPC 总承包模式，合同工期 300 日历天。

　　本项目主体结构部分：竖向构件主要采用预制柱，水平构件主要采用预制梁、预制叠合板、预制楼梯、预制阳台板。本项目围护墙和内隔墙部分：非承重围护墙非砌筑采用预制外墙板（非承重），内隔墙非砌筑采用 ALC 板。某构件厂承接了该项目的预制柱生产任务，其中预制柱 PCZ1 的大样图见附录（编号 08）。

　　请结合任务介绍和图纸内容，学习预制柱大样图的图示内容和识读方法，获取预制柱 PCZ1 生产相关的图纸信息。

4.2.1　预制柱大样图组成

　　预制柱大样图由模板图、钢筋图、材料统计表、文字说明和节点详图组成。

　　模板图包括主视图、后视图、左视图、右视图、俯视图和仰视图。模板图主要表达预制柱的轮廓形状、钢筋外伸、预留预埋、装配方向等信息。模板图是模具制作和模具组装的依据。

　　钢筋图包括配筋图和断面图，主要表达预制柱钢筋的编号、规格、定位、尺寸等，钢筋图是钢筋下料、绑扎、安装的依据。

　　材料统计表一般包括构件参数表、预埋配件明细表和钢筋表，主要表达构件尺寸、预埋配件的类型、数量，钢筋的编号、规格、加工示意图及尺寸、重量等信息。

　　文字说明是指在图样中没有表达完整，用文字进行补充说明的内容。主要包括构件在生产、施工过程中的要求和注意事项（如混凝土强度等级、钢筋保护层厚度、粗糙面设置要求等）。

　　模板图、配筋图中未表示清楚的细节做法用节点详图补充。

4.2.2 预制柱大样图识读(1+X)(GZ008)

1. 模板图识读

为全面反映预制柱在各视角下的轮廓尺寸，柱模板图通常由主视图、后视图、左视图、右视图、俯视图和仰视图六个视图组成。

下面以"PCZ1"为例，通过将二维图纸(图 4.15)和三维模型(图 4.16)对照，介绍模板图的图示内容和识读方法(完整图纸详见附录，编号 08)。

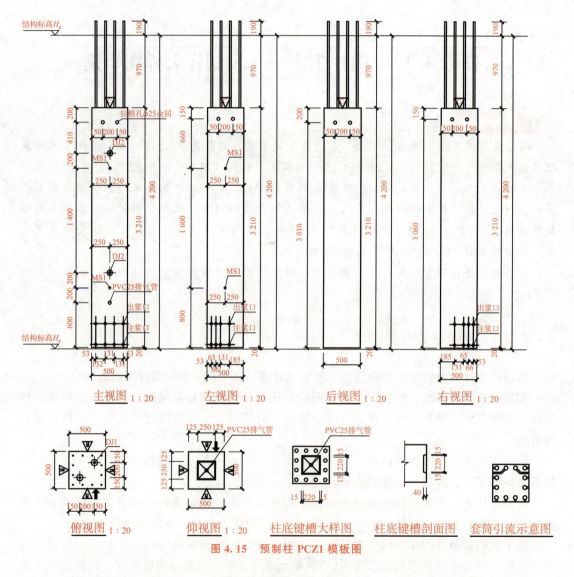

图 4.15 预制柱 PCZ1 模板图

(1)预制柱编号。如图 4.15 所示，该预制柱编号为"PCZ1"，模板图包含主视图、后视图、左视图、右视图、俯视图和仰视图。

(2)轮廓尺寸。预制柱的外形轮廓、截面高度、截面宽度、柱高、与上下层梁的空间位置关系及细部尺寸。

如图 4.15 所示，该预制柱的截面为矩形，截面尺寸为 500 mm×500 mm，预制柱净高为 3 210 mm。预制柱底面相对本层结构板面标高高出 20 mm(20 mm 为柱底接缝灌浆层厚度)。

(3)钢筋外伸。预制柱竖向钢筋外伸情况，如有无外伸、外伸形式、外伸尺寸等。

如图 4.15 所示，该预制柱的所有竖向钢筋均外伸，外伸形式为直线形，外伸长度为 1 160 mm。

(4)预留预埋件布置。结合预埋配件明细表(表 4.1)可知，模板图上表达了安装吊点预埋件(DJ1)、脱模吊点预埋件(DJ2)、临时支撑预埋件(MS1)、套筒灌浆孔与出浆孔预埋组件(TT1)、预埋排气管、拉模孔的布置情况。

图 4.16 预制柱 PCZ1 三维模型

表 4.1 预埋配件明细表

编号	类型	图例	材质	规格	数量	备注
DJ1	圆头吊钉			单个吊钉为 5T	2	
DJ2	圆头吊钉			单个吊钉为 5T	2	
MS1	预埋锚栓			$\phi 20, L=80$ mm	4	
拉模孔 $\phi 25$ 余同	预埋 PVC 管		PVC	$\phi 25$	4	
TT1	全灌浆套筒			$\phi 52, L=370$ mm	12	

1)安装吊点预埋件：安装吊点预埋件共有两个，用符号 DJ1 示意。结合预埋配件明细表可知，采用圆头吊钉，单个吊钉承重 5 t。埋件位于柱顶面，供预制柱安装吊装使用，其定位尺寸见俯视图。

2)脱模吊点预埋件：脱模吊点预埋件共有两个，用符号 DJ2 示意。结合预埋配件明细表可知，采用圆头吊钉，单个吊钉承重 5 t。埋件位于柱正面(柱装配方向一侧)，供预制柱脱模转运使用，其定位尺寸见主视图。

3)临时支撑预埋件：临时支撑预埋件位于柱正面(柱装配方向一侧)和柱左侧立面，共有四个，用符号 MS1 示意。结合预埋配件明细表可知，采用直径 20 mm 的锚栓。其定位尺寸见柱主视图和左视图，柱高度方向，下排距柱底面 800 mm，上排距柱顶面 810 mm；柱截面宽度和截面高度方向，均距构件截面边缘 250 mm。

4)套筒灌浆孔与出浆孔预埋组件：套筒灌浆孔与出浆孔预埋组件位于柱正面、柱左侧立面和柱右侧立面的下部，每个面四组，共十二组，用 TT1 表示，对应套筒为全灌浆套筒。其定位尺寸见主视图、左视图和右视图。

5) 预埋排气管：柱底面设置排气孔，排气孔与预埋排气管相连。图中排气管采用直径为 25 mm 的 PVC 管，在柱正面（柱装配方向一侧）的位置应高于出浆孔。根据图中标注，排气管距离柱底 600 mm。

6) 拉模孔：在预制柱的正面、背面及左右两个侧面的上方，每个面各设两个拉模孔，拉模孔的直径为 25 mm。其定位尺寸见主视图、后视图、左视图和右视图，柱高度方向：柱正面、背面上的拉模孔中心距柱顶面 200 mm，柱左右侧面拉模孔中心距柱顶面 150 mm；截面宽度方向、高度方向：各孔中心距离柱最近边缘 150 mm。

（5）符号标注。装配方向标注、表面处理符号标注等。

为确保预制柱现场安装方向的准确，模板图的俯视图和仰视图中以箭头标注柱装配方向。结合粗糙面图例和图中文字说明可知：柱顶面做凹凸不小于 6 mm 粗糙面，柱底设置键槽，做法见键槽大样图（图 4.17），键槽尺寸为 250 mm×250 mm，键槽深度为 40 mm。

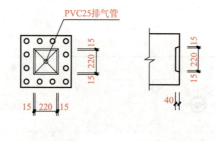
柱底键槽大样图　　　柱底键槽剖面图

图 4.17　预制柱 PCZ1 键槽大样图

动画 4.2　预制柱
的钢筋组成

> **总　结**
>
> 　　识读模板图时，首先了解预制柱的轮廓形状，截面尺寸和高度，然后查看钢筋外伸情况、预留预埋件设置情况，最后查看图中的符号标注。识读模板图时，主视图、后视图、左视图、右视图、俯视图和仰视图要配合识读，同时还需结合构件参数表、预埋配件明细表、节点详图和文字说明辅助识读。

2. 钢筋图识读

预制柱的钢筋包括纵向钢筋和箍筋，图 4.18 展示了预制柱钢筋组成。

（1）纵向钢筋：柱纵向钢筋包括纵向受力钢筋和纵向辅助钢筋。纵向受力钢筋的直径不宜小于 20 mm，间距不宜大于 200 mm 且不应大于 400 mm。纵向受力钢筋的下端与套筒连接，上端外伸。套筒之间的净距不应小于 25 mm。图 4.19 表达了预制柱的纵向受力钢筋要求。

图 4.18　预制柱钢筋组成

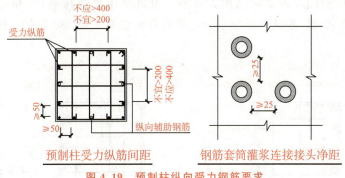

不应>400
不宜>200

受力纵筋

≥50

≥50

不宜>200
不应>400

纵向辅助钢筋

≥25

≥25

预制柱受力纵筋间距   钢筋套筒灌浆连接接头净距

图 4.19　预制柱纵向受力钢筋要求

　　纵向辅助钢筋是为保证箍筋肢距满足构造要求而设置的，一般位于柱的四边中部，纵向辅助钢筋的直径不宜小于 12 mm，且不宜小于箍筋直径。当正截面承载力计算不计入纵向辅助钢筋时，纵向辅助钢筋可不伸入框架节点。图 4.20 中红色钢筋即为纵向辅助钢筋。

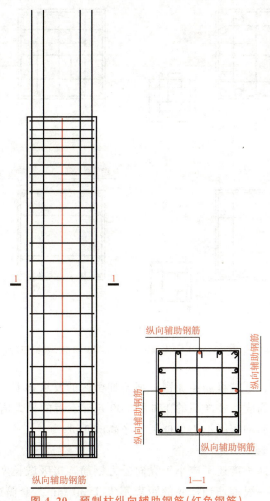

1　　　　1

纵向辅助钢筋

纵向辅助钢筋

纵向辅助钢筋

纵向辅助钢筋

纵向辅助钢筋

纵向辅助钢筋

1—1

图 4.20　预制柱纵向辅助钢筋(红色钢筋)

　　(2)箍筋：预制柱的箍筋可采用复合箍筋、连续复合箍筋等形式，采用复合箍筋时，预制柱的外围箍筋应封闭，内部可采用封闭箍，也可采用单肢箍筋（拉筋）。箍筋末端多为135°弯钩，若套筒区域，箍筋间距较小时，箍筋弯钩也可采用180°弯钩。图 4.21 表达了预制柱的箍筋形式。

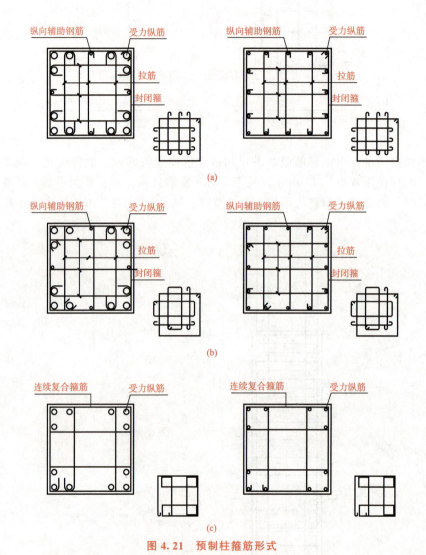

图 4.21　预制柱箍筋形式

(a)复合箍筋(内部均采用拉筋)；(b)复合箍筋(内部采用封闭箍筋和拉筋)；(c)连续复合箍筋

通常预制柱的上端、下端箍筋需加密，箍筋加密区的要求如下：

1)取柱长边的截面高度、柱净高的 1/6 和 500 mm 三者的最大值；

2)底层柱的下端箍筋加密区不小于框架柱净高的 1/3；

3)刚性地面上下各 500 mm；

4)柱下端箍筋加密区长度还不应小于纵向受力钢筋连接区域长度 L_g 与 500 mm 之和。

套筒连接区域，第一根箍筋到柱底的距离不大于 30 mm。套筒或搭接段上端第一道箍筋距离套筒或搭接段顶部不应大于 50 mm。柱身区域，最上面的一根箍筋到柱顶的距离为 50 mm。图 4.22 为预制柱的箍筋间距要求。

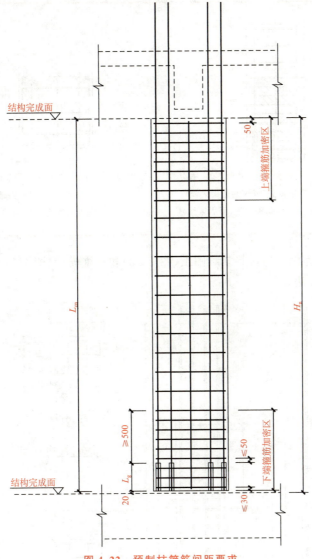

图 4.22 预制柱箍筋间距要求

>> 走进规范

《装配式混凝土建筑技术标准》(GB/T 51231—2016)第5.6.3条：

2. 柱纵向受力钢筋在柱底连接时，柱箍筋加密区长度不应小于纵向受力钢筋连接区域长度与500 mm之和；当采用套筒灌浆连接或浆锚搭接连接等方式时，套筒或搭接段上端第一道箍筋距离套筒或搭接段顶部不应大于50 mm。

3. 柱纵向受力钢筋直径不宜小于20 mm，纵向受力钢筋的间距不宜大于200 mm且不应大于400 mm。柱的纵向受力钢筋可集中于四角配置且宜对称布置。柱中可设置纵向辅助钢筋且直径不宜小于12 mm和箍筋直径；当正截面承载力计算不计入纵向辅助钢筋时，纵向辅助钢筋可不伸入框架节点。

4. 预制柱箍筋可采用连续复合箍筋。

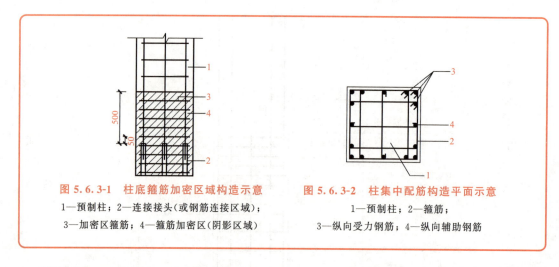

图 5.6.3-1　柱底箍筋加密区域构造示意
1—预制柱；2—连接接头（或钢筋连接区域）；
3—加密区箍筋；4—箍筋加密区（阴影区域）

图 5.6.3-2　柱集中配筋构造平面示意
1—预制柱；2—箍筋；
3—纵向受力钢筋；4—纵向辅助钢筋

下面以"PCZ1"为例，通过将二维图纸（图 4.23）和三维模型（图 4.24）对照，介绍钢筋图的图示内容和识读方法。

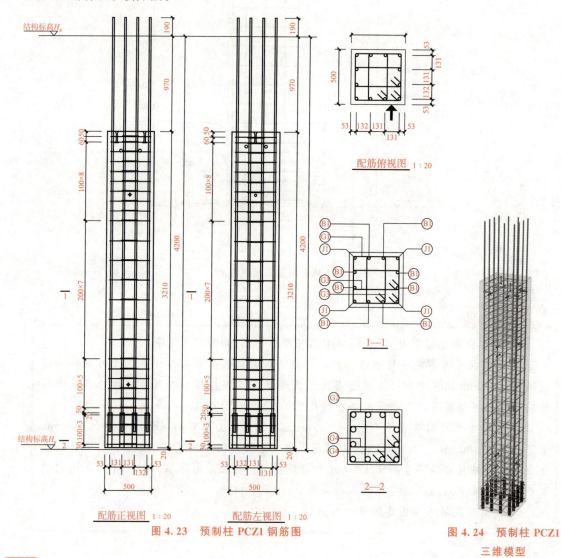

配筋俯视图 1:20

1—1

2—2

配筋正视图 1:20　　配筋左视图 1:20

图 4.23　预制柱 PCZ1 钢筋图

图 4.24　预制柱 PCZ1
三维模型

(1)图名比例。绘图比例一般为1∶20。

钢筋图包含三个配筋图和两个断面图。配筋图分别是配筋正视图、配筋左视图和配筋俯视图。1—1断面图是在柱身剖切得到的配筋截面,2—2断面图是在套筒位置剖切得到的配筋截面。

(2)纵筋。其内容包括钢筋编号、规格、数量、定位、形状及长度等。

如图4.23所示,编号J1表示角部纵筋,编号B1表示边部纵筋。

角部纵筋J1:通过配筋图可知,该钢筋下端与套筒连接,上端外伸。通过配筋表(表4.2)可知,该钢筋采用Φ20,共4根,每根上端外伸长度为1 160 mm,位于柱内的长度为3 030 mm。角部纵筋中心到柱边缘的距离均为53 mm。

边部纵筋B1:通过配筋图可知,该钢筋下端与套筒连接,上端外伸。通过钢筋表(表4.2)可知,该钢筋采用Φ20,共8根,每根上端外伸长度为1 160 mm,位于柱内的长度为3 030 mm。边部纵筋在柱内均匀布置。

该预制柱中未设置纵向辅助钢筋。

表4.2 预制柱配筋表

使用部位	钢筋类型	编号	钢筋规格	数量	钢筋加工尺寸	单根长度/mm	总重/kg
柱	角筋	J1	Φ20	4	3 030 | 1 160	4 190	41.330
	边筋	B1	Φ20	8	3 030 | 1 160	4 190	82.660
柱身	箍筋	G1	Φ8	22	80 420 / 420	1 868	16.220
		G2	Φ8	4	80 452 / 452	2 065	3.260
		G3	Φ8	44	80 171 / 420	1 370	23.794
		G4	Φ8	8	80 189 / 452	1 539	4.859
					合计		172.123

(3)箍筋:钢筋编号、规格、数量、定位、形状及长度等。

如图4.23所示,该预制柱采用复合箍筋,编号G1、G3表示柱非套筒区域的箍筋,编号G2、G4表示套筒区域的箍筋。柱身箍筋G1+G3:通过配筋图可知,箍筋加密区间距为100 mm,非加密区间距为200 mm,最上面的一根箍筋到柱顶的距离为50 mm,最上面的第二根箍筋到第一根箍筋的距离为60 mm。套筒上端第一道箍筋距离套筒50 mm;通过1—1断面图可知,箍筋形式为4×4;通过钢筋表可知,G1为外围封闭箍,采用Φ8,共22根,G3为内部封闭箍,采用Φ8,共44根。

套筒箍筋 G2+G4：通过配筋图可知，箍筋间距为 100 mm，最下面第一根箍筋到柱底的距离 30 mm；通过 2-2 断面图可知，箍筋形式为 4×4；通过钢筋表可知，G2 为外围封闭箍，采用 Φ8，共 4 根，G4 为内部封闭箍，采用 Φ8，共 8 根。

总　结

> 识读钢筋图时，通过配筋图和断面图，了解钢筋的种类、编号及其定位、间距等信息；通过钢筋表，了解钢筋的规格型号、形状、加工尺寸等信息。

3. 材料统计表

材料统计表是将板的各种材料信息分类汇总在表格里。材料统计表一般由构件参数表、预埋配件明细表、配筋表等组成。

（1）构件参数表。构件参数表主要反映预制柱编号、预制柱尺寸、混凝土体积、预制柱重量、混凝土强度等级等信息，见表 4.3。该预制柱编号为 PCZ1，构件截面 500 mm×500 mm，柱高 3 210 mm，预制柱混凝土体积 0.802 m³，预制柱混凝土重量 2.006 t，混凝土强度等级 C45。

表 4.3　预制柱构件参数表

构件编号	混凝土等级	构件尺寸 （mm×mm×mm）	混凝土体积/m³	混凝土质量/t
PCZ1	C45	500×500×3 210	0.802	2.006

（2）预埋配件明细表。预埋配件明细表主要表达预埋件的类型、规格、数量等信息，见表 4.1。此表与前面的模板图识读配套使用。

（3）配筋表。配筋表主要表示钢筋编号、规格、数量、加工尺寸、钢筋重量等信息，见表 4.2。此表与前面的钢筋图识读配套使用。

4. 节点详图

节点详图包括键槽大样图和套筒引流示意图，前面已在预制柱模板图中做了介绍，此处不再赘述。

5. 文字说明

文字说明是对图纸内容的进一步补充和完善。主要包括构件在生产、施工过程中的要求和注意事项（如混凝土强度等级、钢筋保护层厚度、粗糙面处理要求等）。

本图文字说明有如下要求：

（1）预制柱钢筋保护层厚度为 20 mm。

（2）△C 所指方向做粗糙面，△M 所指方向做模板面。

（3）柱顶粗糙面凹凸深度不小于 6 mm，柱底键槽做法见大样图。

（4）↑代表安装方向。

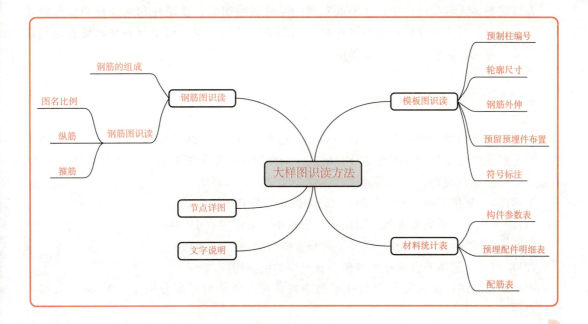

职业能力测验与答案

任务 4.3　构件吊装——预制柱平面布置图识读

>> 任务导入

　　某省某市某养老院项目，地上 6 层，局部地下室，建筑高度 22.250 m，结构形式为装配整体式混凝土框架结构，采用 EPC 总承包模式，合同工期 300 日历天。

　　本项目主体结构部分：竖向构件主要采用预制柱，水平构件主要采用预制梁、预制叠合板、预制楼梯、预制阳台板。本项目围护墙和内隔墙部分：非承重围护墙非砌筑采用预制外墙板（非承重），内隔墙非砌筑采用 ALC 板。某施工单位承接了该项目的预制柱吊装任务，其中一层柱平面布置图见附录（编号 09）。

　　请结合任务介绍和图纸内容，学习预制柱平面布置图的图示内容和识读方法，获取预制柱吊装的相关信息。

4.3.1　柱平面布置图图示内容

在装配整体式框架结构中,柱平面布置图是分层绘制的,预制柱和现浇柱的信息表达在一张图纸上。对于现浇柱,按照平面整体制图规则进行注写。对于预制柱,需表达其编号、尺寸、重量、定位、安装方向等信息。

4.3.2　柱平面布置图识读方法(1+X)

装配整体式框架结构柱平面布置图识读,遵循先整体识读后局部识读的原则。整体识读,需了解预制柱和现浇柱的整体分布情况。局部识读,需分别查看预制柱的编号、尺寸、重量、定位信息及安装方向,现浇柱的编号、尺寸、定位信息。

下面以"一层柱平面布置图"(图 4.25)为例,介绍其识读方法。

(1)图名比例。平面布置图绘图比例一般较小,常用的有 1:100、1:150、1:200。

如图 4.25 所示,图名为"一层柱平面布置图",比例为 1:150。

(2)层高表。层高表表示柱所在楼层及对应的结构标高。

本平面布置图反映的是一层的柱平面布置,对应的结构标高分别是 -0.050~4.150,楼层层高为 4.2 m。

(3)预制柱和现浇柱的分布区域。本工程一层中,有些柱是现浇柱,有些柱是预制柱。图中以"▨"图例示意的是预制柱,柱代号以 PCZ 表示,以"▨"图例示意为现浇柱,柱代号以 KZ 表示。

(4)预制柱信息。预制柱编号用 PCZ 表示,共有 PCZ1、PCZ2、PCZ3、PCZ4 四种。PCZ1 的截面尺寸为 500×500,柱重量为 2.01 t,共有 3 根。PCZ2 的截面尺寸为 600×600,柱重量为 2.89 t,共有 6 根。PCZ3 的截面尺寸为 500×600,柱重量为 2.41 t,共有 2 根。PCZ4 的截面尺寸为 500×500,柱重量为 2.01 t,共有 2 根。

为保证预制柱安装正确,图中用箭头表示安装方向,箭头所指方向为柱装配方向面,也就是柱正面。为保证预制柱定位正确,柱与轴线关系在平面图中也做了清晰标注。

(5)现浇柱信息。现浇柱编号用 KZ 表示,共有 KZ1、KZ2 两种。KZ1 的截面尺寸为 500×500,共有 4 根,位于建筑四角。KZ2 的截面尺寸为 500×500,共有 7 根。现浇柱与轴线关系具体见平面布置图。

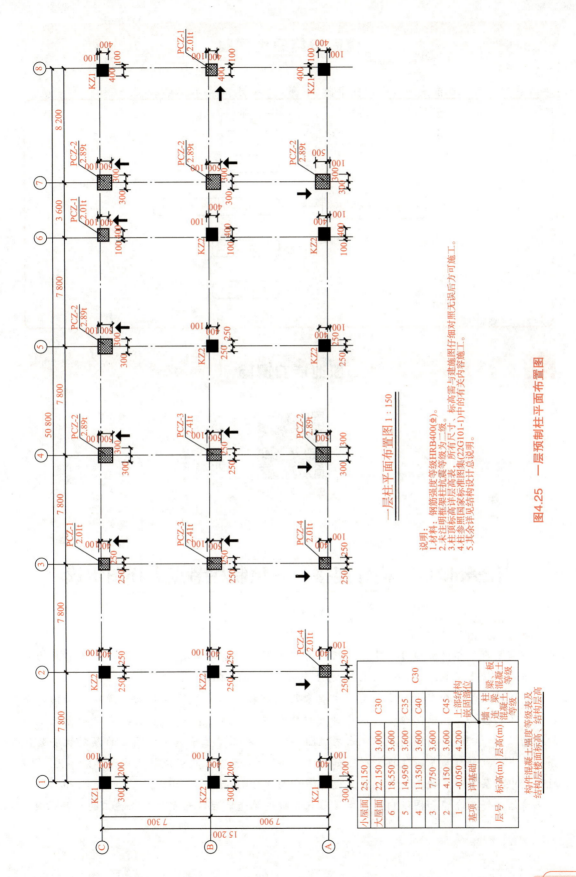

一层柱平面布置图 1:150

图4.25 一层预制柱平面布置图

说明：
1.材料：钢筋强度等级HRB400(⊕)。
2.未注明框架柱抗震等级为一级。
3.柱顶标高详层高表，标高需与建施图仔细对照无误后方可施工，所有尺寸、标高与有关内容施工。
4.柱参照国家标准图集(22G101-1)中的有关设计总说明。
5.其余详见结构设计说明。

层号	标高(m)	层高(m)	上部结构嵌固部位	墙、柱、连梁混凝土等级	梁、板混凝土等级
小屋面	25.150				
大屋面	22.150	3.000		C30	C30
6	18.550	3.600			
5	14.950	3.600		C35	
4	11.350	3.600		C40	
3	7.750	3.600		C45	
2	4.150	3.600			
1	-0.050	4.200			
基顶	详基础				

构件混凝土强度等级表及
结构楼层面标高、结构层层高

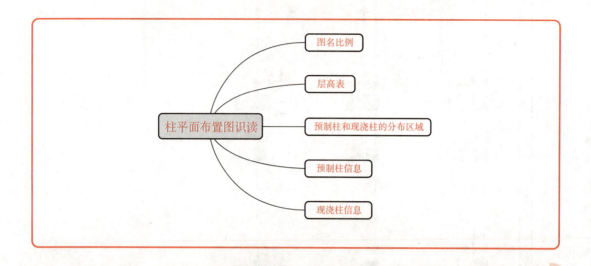

图名比例

层高表

柱平面布置图识读 —— 预制柱和现浇柱的分布区域

预制柱信息

现浇柱信息

职业能力测验

职业能力测验与答案

任务 4.4　构件连接——预制柱节点大样图识读

任务导入

　　某省某市某养老院项目，地上 6 层，局部地下室，建筑高度 22.250 m，结构形式为装配整体式混凝土框架结构，采用 EPC 总承包模式，合同工期 300 日历天。

　　本项目主体结构部分：竖向构件主要采用预制柱，水平构件主要采用预制梁、预制叠合板、预制楼梯、预制阳台板。本项目围护墙和内隔墙部分：非承重围护墙非砌筑采用预制外墙板（非承重），内隔墙非砌筑采用 ALC 板。某施工单位承接了该项目的预制柱安装任务。其中，预制柱与基础连接大样图如图 4.26 所示，预制柱与现浇柱连接大样图如图 4.27 所示，中间层中柱变截面处连接节点大样图如图 4.28 所示。

　　请结合任务介绍和图纸内容，学习节点大样图构造，获取预制柱节点施工的相关信息。

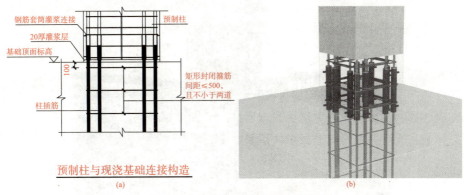

预制柱与现浇基础连接构造

(a)

图 4.26　预制柱与现浇基础连接节点

(a)构造图；(b)三维模型图

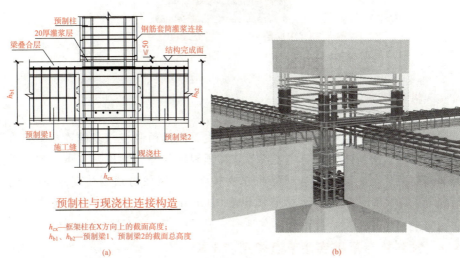

预制柱与现浇柱连接构造

h_{cx}—框架柱在X方向上的截面高度；
h_{b1}、h_{b2}—预制梁1、预制梁2的截面总高度

(a)

图 4.27　预制柱与现浇柱连接节点

(a)构造图；(b)三维模型图

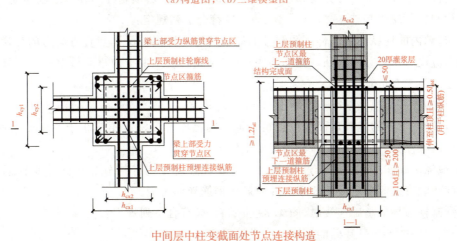

中间层中柱变截面处节点连接构造

h_{cx1}、h_{cy1}—下层框架柱在x、y方向上的截面高度；h_{cx2}、h_{cy2}—上层框架柱在x、y方向上的截面高度

(a)

图 4.28　中间层中柱变截面处连接节点

(a)构造图

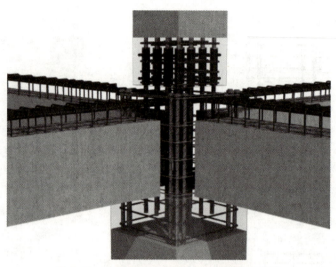

图 4.28　中间层中柱变截面处连接节点(续)

(b)三维模型图

4.4.1　柱连接节点分类

在装配整体式框架结构中,预制柱连接节点主要包括预制柱与基础连接节点、预制柱与现浇柱连接节点、预制柱与预制柱连接节点、预制柱与叠合梁连接节点。本节重点介绍预制柱与基础连接节点、预制柱与现浇柱连接节点、预制柱与预制柱变截面处连接节点。预制柱与叠合梁连接节点在"梁节点大样图识读"中介绍。

4.4.2　预制柱与基础连接节点构造(1+X)

预制柱与基础连接,可分为预制柱与现浇基础连接以及预制柱与杯口基础连接。

当预制柱与现浇基础连接时(图 4.26),应符合下列规定:

(1)基础内的柱纵向插筋伸入预制柱的灌浆套筒内连接,保证竖直方向力的传递。柱插筋范围内应设置矩形封闭箍筋,箍筋间距≤500 mm,且不少于两道。最上一道箍筋到基础顶面的距离为 100 mm。

(2)预制柱底与现浇基础表面留 20 mm 厚灌浆层。

(3)预制柱下方的基础顶面应设置粗糙面,粗糙面凹凸深度不应小于 6 mm。预制柱安装前,应清除浮浆、松动石子、软弱混凝土层等。

(4)现浇基础连接部位施工过程中,应采取设置定位架等措施,保证外露柱插筋的位置、长度和顺直度等满足设计要求,并应避免钢筋受到污染。

当预制柱与杯口基础连接时(图 4.29 所示),应符合下列规定:

(1)预制柱插入杯口基础的深度,由设计确定。

(2)杯口基础可预制,也可现浇,具体形式由设计确定。预制柱插入杯口部分的表面及杯口基础的侧面设置粗糙面或键槽,粗糙面凹凸深度不小于 6 mm,键槽尺寸由设计确定。

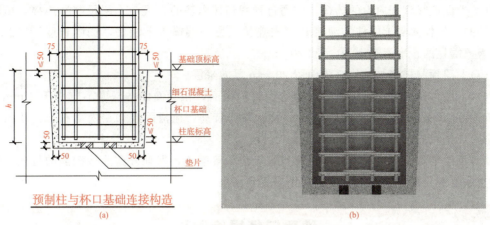

图 4.29　预制柱与杯口基础连接节点

(a)构造图；(b)三维模型图

（3）预制柱底部和杯口基础之间可通过设置钢质垫片来调整预制柱的底部标高。垫片尺寸根据混凝土局部受压承载力的要求计算确定。

（4）预制柱与杯口的空隙采用细石混凝土填实，其混凝土强度等级应比预制柱混凝土强度等级高。空隙底部尺寸 50 mm 厚，空隙侧面尺寸下口 50 mm 厚，上口 75 mm 厚。

4.4.3　预制柱与现浇柱节点构造(1+X)

当预制柱与现浇柱连接，且下层现浇柱和上层预制柱等截面时(图 4.27)，应符合下列规定：

（1）下层现浇柱的纵向钢筋应伸入上层预制柱的灌浆套筒内连接，保证竖直方向力的传递。

（2）预制柱底与结构完成面留 20 mm 厚灌浆层。

（3）预制柱下方的结构完成面应设置粗糙面，粗糙面凹凸深度不应小于 6 mm，且粗糙面的面积不应小于结合面的 80%。预制柱安装前，应清除浮浆、松动石子、软弱混凝土层等。

（4）下层现浇柱施工过程中，应采取设置定位架等措施，保证外露连接钢筋的位置、长度和顺直度等满足设计要求，并应避免钢筋受到污染。

4.4.4　预制柱与预制柱变截面节点构造(1+X)

预制柱与预制柱连接时，截面改变可出现在中间层边柱位置、中间层角柱位置、中间层中柱位置。本节重点学习中间层中柱变截面处节点连接构造，如图 4.28 所示，其构造要求如下：

动画 4.3　中间层中柱变截面处节点连接构造

（1）因为柱截面改变，下层预制柱的竖向连接钢筋无法直接伸入到上层预制柱灌浆套筒内，下层柱的连接纵筋应在梁柱节点核心区锚固，若钢筋端部加锚固板，钢筋伸至柱顶且锚固长度不小于 $0.5\,l_{abE}$（l_{abE} 为下层柱竖向连接钢筋的抗震基本锚固长度）。

197

（2）为保证竖直方向力的传递，应通过预埋连接纵筋的方式与上层预制柱连接，预埋连接纵筋的一端伸入到上层柱的灌浆套筒内连接，另一端锚入下层柱，锚固长度≥$1.2\,l_{aE}$同时伸入下端柱的长度不小于 $10\,d$ 和 200 mm。

（3）上层预制柱底与结构完成面留 20 mm 厚灌浆层。

（4）上层预制柱下方的结构完成面应设置粗糙面，粗糙面凹凸深度不应小于 6 mm，且粗糙面的面积不应小于结合面的 80%。预制柱安装前，应清除浮浆、松动石子、软弱混凝土层等。

（5）下层节点施工过程中，应采取设置定位架等措施，保证外露连接钢筋的位置、长度和顺直度等满足设计要求，并应避免钢筋受到污染。

课后总结思维导图

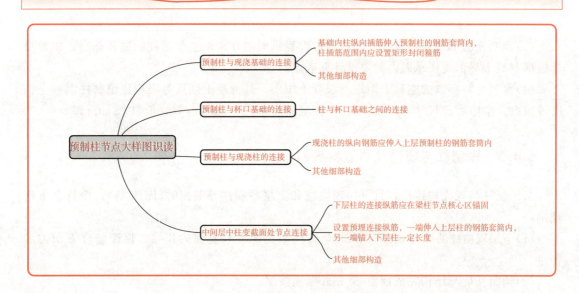

预制柱节点大样图识读
- 预制柱与现浇基础的连接
  - 基础内柱纵向插筋伸入预制柱的钢筋套筒内，柱插筋范围内应设置矩形封闭箍筋
  - 其他细部构造
- 预制柱与杯口基础的连接
  - 柱与杯口基础之间的连接
- 预制柱与现浇柱的连接
  - 现浇柱的纵向钢筋应伸入上层预制柱的钢筋套筒内
  - 其他细部构造
- 中间层中柱变截面处节点连接
  - 下层柱的连接纵筋应在梁柱节点核心区锚固
  - 设置预埋连接纵筋，一端伸入上层柱的钢筋套筒内，另一端锚入下层柱一定长度
  - 其他细部构造

职业能力测验

职业能力测验与答案

拓展资源

对话建工人——李浩：以建工筑梦　做时代先锋

项目 5　预制钢筋混凝土梁

内容提要

　　预制钢筋混凝土梁（以下简称预制梁）是装配式混凝土框架结构中的重要水平构件。本项目基于构件认知——预制梁构造、构件生产——预制梁大样图识读、构件吊装——预制梁平面布置图识读、构件连接——预制梁节点大样图识读四个学习任务，旨在培养大家掌握预制梁构造、正确识读预制梁图纸、获取构件生产与施工所需的图纸信息。

学习目标

知识目标

（1）了解预制梁的概念和分类；

（2）掌握预制梁的构造组成和构造要求；

（3）掌握预制梁大样图的图示内容和识读方法；

（4）掌握预制梁平面布置图的图示内容和识读方法；

（5）掌握预制梁连接节点构造要求。

能力目标

（1）能够熟练识读预制梁大样图和平面布置图；

（2）能够根据图纸内容，准确获取预制梁生产、吊装施工所需的信息。

素养目标

培养爱岗敬业、无私奉献、劳动光荣的职业品格。

任务 5.1　构件认知——预制梁构造

任务导入

　　某省某市某养老院项目，地上 6 层，局部地下室，建筑高度 22.250 m，结构形式为装配整体式混凝土框架结构，采用 EPC 总承包模式，合同工期 300 日历天。

　　本项目主体结构部分：竖向构件主要采用预制柱，水平构件主要采用预制梁、预制叠合板、预制楼梯、预制阳台板。本项目围护墙和内隔墙部分：非承重围护墙非砌筑采用预制外墙板（非承重），内隔墙非砌筑采用 ALC 板。

　　请结合以上任务介绍，完成对预制梁概念、分类和构造组成的学习和认知。

5.1.1 认识预制梁

1. 预制梁的概念

在装配式混凝土框架结构中，全部或者部分梁采用混凝土叠合框架梁，简称叠合梁。叠合梁是由预制梁和后浇混凝土两部分叠合而成，其中，预制梁是在构件厂预先加工完成的部分，如图 5.1 所示。

2. 预制梁的分类

预制梁根据截面形状不同可分为矩形截面预制梁和凹口截面预制梁，

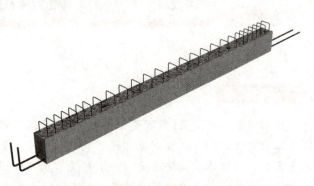

图 5.1 预制梁

当采用矩形截面预制梁后浇混凝土叠合层厚度不满足要求时，可采用凹口截面预制梁，如图 5.2 所示。特殊情况下，预制梁还有端部带槽口或中间带槽口的情况。

图 5.2 凹口截面预制梁

>> **走进规范**

《装配式混凝土结构技术规程》(JGJ 1—2014)第 7.3.1 条：装配整体式框架结构中，当采用叠合梁时，框架梁的后浇混凝土叠合层厚度不宜小于 150 mm(图 7.3.1)，次梁的后浇混凝土叠合层厚度不宜小于 120 mm；当采用凹口截面预制梁时[图 7.3.1(b)]，凹口深度不宜小于 50 mm，凹口边厚度不宜小于 60 mm。

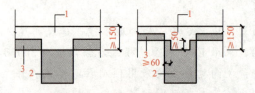

图 7.3.1 叠合框架梁截面示意

(a)矩形截面预制梁；(b)凹口截面预制梁

1—后浇混凝土叠合层；2—预制梁；3—预制板

5.1.2 剖析预制梁(1+X)(GZ008)

动画 5.1 预制梁构造

预制梁的构造通常有外伸钢筋、表面处理、预留预埋等。

1. 外伸钢筋

预制梁的外伸钢筋包括水平方向和竖直方向外伸钢筋，如图 5.3 所示。水平方向外伸的钢筋为下部受力纵筋。当梁腹钢筋为受扭钢筋时，也会在左右两侧外伸。竖直方向外伸的钢筋为箍筋。

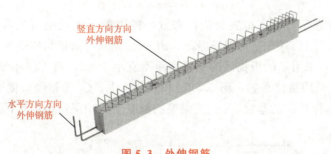

图 5.3 外伸钢筋

(1)下部受力纵筋。预制梁纵向受力钢筋应伸入后浇节点区内锚固或连接，因此预制梁的纵向受力钢筋应在左右两侧外伸。

》》 走进规范

《装配式混凝土建筑技术标准》(GB/T 51231—2016)第 5.6.5 条：采用预制柱及叠合梁的装配整体式框架节点，梁纵向受力钢筋应伸入后浇节点区内锚固或连接，并应符合下列规定：

1. 框架梁预制部分的腰筋不承受扭矩时，可不伸入梁柱节点核心区。

2. 对框架中间层中节点，节点两侧的梁下部纵向受力钢筋宜锚固在后浇节点核心区内[图 5.6.5-1(a)]，也可采用机械连接或焊接的方式连接[图 5.6.5-1(b)]；梁的上部纵向受力钢筋应贯穿后浇节点核心区。

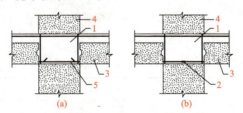

图 5.6.5-1 预制柱及叠合梁框架中间层中节点构造示意
(a)梁下部纵向受力钢筋锚固；(b)梁下部纵向受力钢筋连接
1—后浇区；2—梁下部纵向受力钢筋连接；
3—预制梁；4—预制柱；5—梁下部纵向受力钢筋锚固

预制梁纵筋锚固方式可采用直锚、弯钩锚固和锚固板锚固，如图 5.4 所示。对框架中间层端节点，当柱截面尺寸不满足梁纵向受力钢筋的直线锚固要求时，宜采用锚固板锚固，也可采用90°弯折锚固。

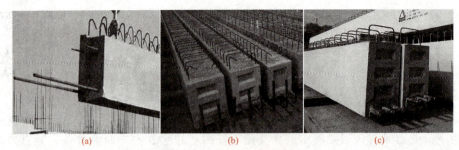

图 5.4　预制梁纵筋锚固形式

(a)直锚；(b)弯锚；(c)锚固板

　　锚固板布置构造分为平齐布置和错位布置，锚固板可正放也可反放，如图 5.5 所示。构造要点如下：图 5.5(a)中 S_a 为钢筋净距，d_1，d_2 分别为两根相邻锚固钢筋的直径，d 为 d_1 和 d_2 的较大值；采用锚固板锚固的钢筋净距不宜小于 $4d$，且不应小于 $1.5d$；钢筋净距不满足要求时，可采用错位布置；图 5.5(b)和表 5.1 中，C_1 为锚固板侧面保护层的最小厚度，C_2 为钢筋端面保护层的厚度，C_{min} 为钢筋的混凝土保护层最小厚度(见表 5.2)。

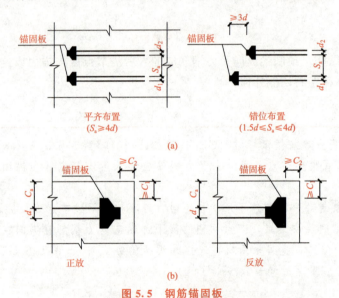

图 5.5　钢筋锚固板

(a)钢筋锚固板布置构造；(b)钢筋锚固板混凝土保护层厚度

表 5.1　采用锚固板时混凝土保护层最小厚度

	环境类别				
C_1	一	二 a	二 b	三 a	三 b
	15	20	25	30	40
C_2	$\geqslant C_{min}$				

表 5.2　钢筋的混凝土保护层最小厚度

环境类别	叠合梁、预制梁	预制柱
一	20	20

环境类别	叠合梁、预制梁	预制柱
二 a	25	25
二 b	35	35
三 a	40	40
三 b	50	50

（2）梁腹纵筋。当梁腹纵筋为构造钢筋时，可不伸入梁柱节点锚固；当梁腹纵筋为抗扭钢筋或梁端接缝抗剪纵筋时，需伸入梁柱节点锚固。

（3）箍筋。预制梁箍筋的形式有封闭箍或开口箍，如图 5.6 所示。

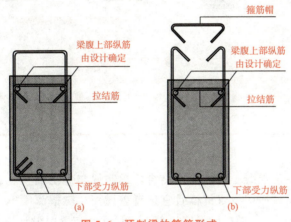

图 5.6 预制梁的箍筋形式
(a)整体封闭箍；(b)组合封闭箍

>> 走进规范

《装配式混凝土建筑技术标准》(GB/T 51231—2016)第 5.6.2 条：叠合梁的箍筋配置应符合下列规定：

1. 抗震等级为一、二级的叠合框架梁的梁端箍筋加密区宜采用整体封闭箍筋；当叠合梁受扭时宜采用整体封闭箍筋，且整体封闭箍筋的搭接部分宜设置在预制部分[图 5.6.2(a)]。

2. 当采用组合封闭箍筋[图 5.6.2(b)]时，开口箍筋上方两端应做成 135°弯钩，对框架梁弯钩平直段长度不应小于 $10d$（d 为箍筋直径），次梁弯钩平直段长度不应小于 $5d$。现场应采用箍筋帽封闭开口箍，箍筋帽宜两端做成 135°弯钩，也可做成一端 135°另一端 90°弯钩，但 135°弯钩和 90°弯钩应沿纵向受力钢筋方向交错设置，框架梁弯钩平直段长度不应小于 $10d$（d 为箍筋直径），次梁 135°弯钩平直段长度不应小于 $5d$，90°弯钩平直段长度不应小于 $10d$。

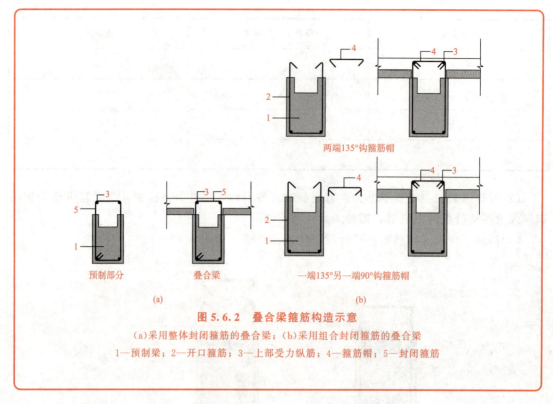

两端135°钩箍筋帽

预制部分　　　　　叠合梁　　　　　一端135°另一端90°钩箍筋帽

(a)　　　　　　　　　　　　　　　　(b)

图 5.6.2　叠合梁箍筋构造示意

(a)采用整体封闭箍筋的叠合梁；(b)采用组合封闭箍筋的叠合梁

1—预制梁；2—开口箍筋；3—上部受力纵筋；4—箍筋帽；5—封闭箍筋

2. 表面处理

为保证预制梁与后浇混凝土层的紧密结合，预制梁与后浇混凝土叠合层之间的结合面应设置粗糙面；预制梁端面应设置键槽且宜设置粗糙面。键槽深度不宜小于 30 mm，键槽端部斜面倾角不宜大于 30°。键槽的形式、数量、尺寸及布置由设计确定。粗糙面的凹凸深度不小于 6 mm，粗糙面的面积不小于结合面的 80%。

预制梁与后浇混凝土叠合层之间的粗糙面可通过人工拉毛形成。梁端面的粗糙面可通过花纹钢板模具形成压花粗糙面。梁端面的键槽采用键槽模具成型。预制梁粗糙面、键槽如图 5.7 所示。

(a)　　　　　　　　　　　　　　　　　(b)

图 5.7　预制梁粗糙面和键槽

(a)粗糙面；(b)键槽

《装配式混凝土结构技术规程》(JGJ 1—2014)第 6.5.5 条:

2. 预制梁与后浇混凝土叠合层之间应设置粗糙面;预制梁端面应设置键槽(图 6.5.5)且宜设置粗糙面。键槽的尺寸和数量应按本规程第 7.2.2 条的规定计算确定;键槽的深度 t 不宜小于 30 mm,宽度 w 不宜小于深度的 3 倍且不宜大于深度的 10 倍;键槽可贯通截面,当不贯通时槽口距离截面边缘不宜小于 50 mm;键槽间距宜等于键槽宽度;键槽端部斜面倾角不宜大于 30°。

5. 粗糙面的面积不宜小于结合面的 80%,预制板的粗糙面凹凸深度不应小于 4 mm,预制梁端、预制柱端、预制墙端的粗糙面凹凸深度不应小于 6 mm。

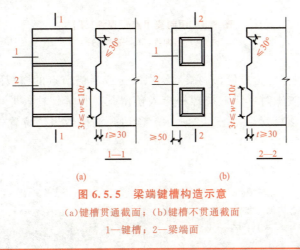

图 6.5.5 梁端键槽构造示意

(a)键槽贯通截面;(b)键槽不贯通截面

1—键槽;2—梁端面

3. 预留预埋

预制梁中的预留预埋包括吊点预埋件、模板固定预埋件和预留线管。

(1)吊点预埋件。为方便预制梁起吊,在预制梁顶面预埋吊点,如图 5.8 所示。吊点按照在构件重心两侧(长度和宽度两个方向)对称布置的原则设计,其数量、形式由设计确定。常见的吊点预埋件为吊环和吊钉两类。

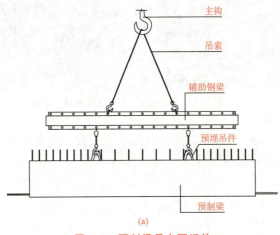

图 5.8 预制梁吊点预埋件

(a)预制梁吊运

(b)   (c)

图 5.8   预制梁吊点预埋件(续)

(b)吊点预埋件；(c)预埋吊环

（2）模板固定预埋件。为方便预制梁后浇混凝土或后浇节点的模板固定，在预制梁上的相应位置预留孔洞，施工时，将对拉螺杆穿入预留孔，拧紧螺栓，即可固定模板。模板固定预埋件可采用预埋塑料管，如图 5.9 所示。预留孔洞的数量、位置，由设计和施工单位共同确定。

图 5.9   预制梁模板固定预埋件

（3）预留线管。预制梁生产时需要将线管预埋于梁内。预埋线管常用 PVC 线管。预埋时，要根据图纸确保线管的定位准确。

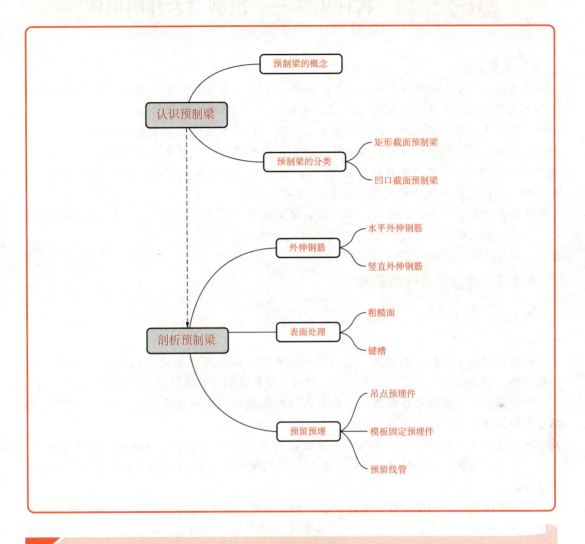

认识预制梁
- 预制梁的概念
- 预制梁的分类
  - 矩形截面预制梁
  - 凹口截面预制梁

剖析预制梁
- 外伸钢筋
  - 水平外伸钢筋
  - 竖直外伸钢筋
- 表面处理
  - 粗糙面
  - 键槽
- 预留预埋
  - 吊点预埋件
  - 模板固定预埋件
  - 预留线管

职业能力测验

职业能力测验与答案

任务导入

　　某省某市某养老院项目，地上6层，局部地下室，建筑高度22.250 m，结构形式为装配整体式混凝土框架结构，采用EPC总承包模式，合同工期300日历天。

　　本项目主体结构部分：竖向构件主要采用预制柱，水平构件主要采用预制梁、预制叠合板、预制楼梯、预制阳台板。本项目围护墙和内隔墙部分：非承重围护墙非砌筑采用预制外墙板（非承重），内隔墙非砌筑采用ALC板。某构件厂承接了该项目的预制梁生产任务。其中，预制梁PCL-1的大样图见附录（编号10）。

　　请结合任务介绍和图纸内容，学习预制梁大样图的图示内容和识读方法，获取预制梁PCL-1生产相关的图纸信息。

5.2.1　预制梁大样图组成

　　预制梁大样图主要包括模板图、钢筋图、材料统计表、文字说明和节点详图（完整图纸详见附录，编号10）。

　　模板图包括主视图、俯视图、左视图和右视图。模板图主要表达预制梁的轮廓形状、钢筋外伸、预留预埋、装配方向等信息。模板图是模具制作和模具组装的依据。

　　钢筋图包括配筋图和断面图，主要表达预制梁钢筋的编号、规格、定位、尺寸等，钢筋图是钢筋下料、绑扎、安装的依据。

　　材料统计表一般包括构件参数表、预埋配件明细表和钢筋表，主要表达构件的编号、尺寸、重量、体积，预埋配件的类型、数量，钢筋的编号、规格、加工示意图及尺寸、重量等信息。

　　文字说明是指在图样中没有表达完整，用文字进行补充说明的内容。主要包括构件在生产、施工过程中的要求和注意事项（如混凝土强度等级、钢筋保护层厚度、粗糙面设置要求等）。

　　模板图、配筋图中未表示清楚的细节做法用节点详图补充。

5.2.2　预制梁大样图识读(1+X)(GZ008)

1. 模板图识读

　　为全面反映预制梁的外形轮廓，梁模板图由主视图、俯视图、左视图和右视图四个视图组成。

　　下面以"PCL-1"为例，通过将二维图纸（图5.10）和三维模型（图5.11）对照，介绍模板图的图示内容和识读方法。识读时，需结合构件参数表。

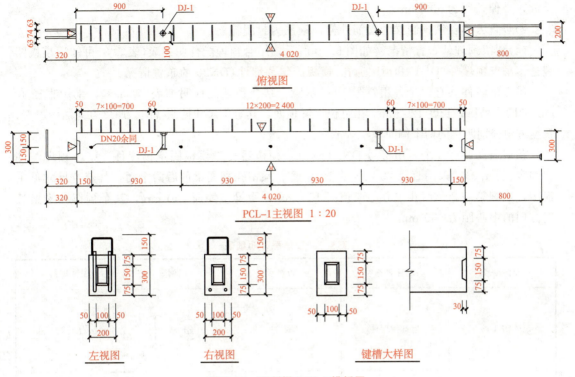

俯视图

PCL-1主视图 1:20

左视图　　　　右视图　　　　键槽大样图

图 5.10　预制梁 PCL-1 模板图

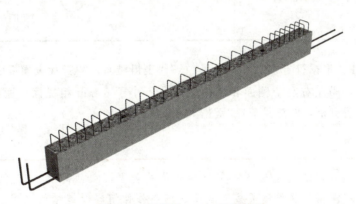

图 5.11　预制梁 PCL-1 三维模型

（1）预制梁编号。如图 5.10 所示，该预制梁编号为"PCL-1"，模板图包含主视图、俯视图、左视图和右视图。

（2）轮廓尺寸。预制梁的截面形状（是矩形还是带凹口）、截面宽度、截面高度、长度及细部尺寸。

如图 5.10 所示，该预制梁的截面形状为矩形，截面宽度为 200 mm、高度为 300 mm，预制梁净长为 4 020 mm。

（3）钢筋外伸情况。预制梁钢筋外伸情况（如有无外伸、外伸形式、外伸尺寸等）。

1）水平方向：该预制梁左右两侧底部纵筋均外伸。左侧外伸形式为 90°弯锚，水平段外伸长度为 320 mm，弯折段长度为 300 mm。右侧外伸形式为直线形端部带锚固板，锚固板反放，外伸长度为 800 mm。

2)竖直方向：该预制梁的箍筋外伸，箍筋为封闭箍筋。

(4)预留预埋件布置情况。如图 5.10 所示，结合预埋配件明细表(表 5.3)可知，模板图表达了 吊点预埋件(DJ-1)和预留通孔(模板固定预埋件)DN20 的布置情况。

吊点预埋件共有两个，用符号 DJ-1 示意。结合预埋配件明细表(表 5.3)，采用直径 10 mm 的圆头吊钉，长度 120 mm。吊钉位于梁顶面，其定位尺寸见俯视图，厚度方向居中设置，长度方向分别距梁的两个侧面 900 mm。

预留通孔共有 5 个，用符号 DN20 示意，预留通孔为模板固定预埋件。结合预埋配件明细表(表 5.3)，采用直径 20 mm 的 PVC 管。预留孔贯通梁前后两个面，其定位尺寸见主视图，左侧第一个预留孔中心距梁顶面 150 mm，距梁左侧面 150 mm，其余预留孔沿梁长度方向的中心距为 930 mm。

表 5.3　预埋配件明细表

配件编号	配件名称	数量	图例	配件规格
DJ-1	吊点预埋件	2	⊕ ▯	Φ10，L=120 mm
DN20	预留通孔	5	◯	PVC20

(5)符号标注。根据符号说明可知，以"△C"代表粗糙面，"△M"代表模板面。结合模板图及文字说明可知，梁左右两个侧面和顶面做凹凸不小于 6 mm 粗糙面。通过模板图可知，梁左右两侧面设置键槽，做法见节点"键槽大样图"。

★ 总　结

> 识读模板图时，通过主视图，了解预制梁的类型，截面高度、长度及细部尺寸；通过左视图和右视图了解预制梁截面宽度、钢筋外伸情况及键槽的设置。识读模板图时，主视图、俯视图、左视图和右视图要配合识读，同时还需结合构件参数表、节点详图和文字说明辅助识读。

2. 钢筋图识读

预制梁的钢筋包括纵向钢筋、箍筋和拉结筋，如图 5.12 所示。

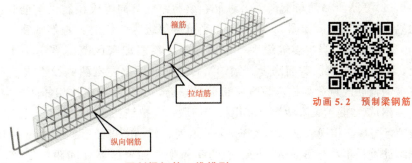

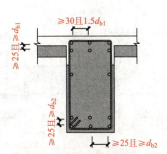

动画 5.2 预制梁钢筋

图 5.12 预制梁钢筋三维模型

(1)**纵向钢筋**：包括下部受力纵筋、梁腹纵筋、附加构造纵筋。下部受力纵筋净距和层净距不小于 25 mm 且不小于叠合梁下部纵筋的最大直径，如图 5.13 所示。

预制梁下部纵向受力钢筋应伸入后浇节点区内锚固或连接，因此其左右两侧需外伸。

当梁腹纵筋为构造钢筋时，可不伸入梁柱节点锚固；当梁腹纵筋为抗扭钢筋或梁端接缝抗剪纵筋时，需伸入梁柱节点锚固。

附加构造纵筋是为保证箍筋肢距和位置满足构造要求而设置的，附加构造纵筋的直径不小于 10 mm。图 5.14 中红色钢筋为附加构造纵筋。

图 5.13 叠合梁纵筋间距
（d_{b1} 为叠合梁上部纵筋的最大直径，d_{b2} 为叠合梁下部纵筋的最大直径）

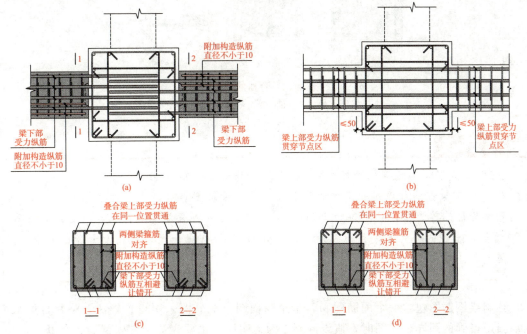

图 5.14 叠合梁配置四肢箍时配筋构造
(a)叠合梁上部纵筋安装前俯视图；(b)节点区最上一道箍筋安装后俯视图；
(c)整体封闭箍筋做法；(d)组合封闭箍筋做法

（2）**箍筋**：箍筋与下部受力纵筋、梁腹纵筋共同组成预制梁钢筋骨架。通常预制梁左右两端箍筋需加密。如图 5.15 所示，当抗震等级为一级时，箍筋加密区范围需不小于 $2h_b$ 和 500 的较大值；当抗震等级为二至四级时，箍筋加密区范围需不小于 $1.5h_b$ 和 500 的较大值，h_b 为叠合梁的截面高度。梁端第一道箍筋距梁左右两侧面不大于 50 mm，在不同配置要求的箍筋区域分界处应设置一道分界箍筋，分界箍筋应按相邻区域中的较高要求配置。

（3）**拉结筋**：梁腹两侧纵筋用拉结筋联系，拉结筋紧靠箍筋并勾住梁腹纵筋。拉结筋的钢筋牌号与箍筋相同。梁宽不大于 350 mm 时，拉结筋直径不小于 6 mm；梁宽大于 350 mm 时，拉结筋直径不小于 8 mm。拉结筋的间距为非加密区箍筋间距的 2 倍，且不大于 400 mm。图 5.16 表达了拉结筋的构造要求。

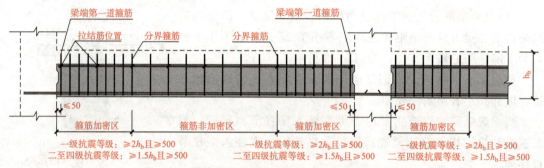

图 5.15　叠合梁箍筋加密区和非加密区的构造要求

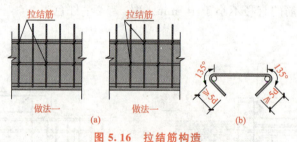

图 5.16　拉结筋构造

（a）拉结筋多于一排时做法；（b）拉结筋构造

>> **走进规范**

《装配式混凝土建筑技术标准》（GB/T 51231—2016）第 5.6.2 条：

2. 框架梁箍筋加密区长度内的箍筋肢距：一级抗震等级，不宜大于 200 mm 和 20 倍箍筋直径的较大值，且不应大于 300 mm；二、三级抗震等级，不宜大于 250 mm 和 20 倍箍筋直径的较大值，且不应大于 350 mm；四级抗震等级，不宜大于 300 mm，且不应大于 400 mm。

预制梁钢筋图包含一个配筋图和若干个断面图。配筋图采用正投影法，将叠合梁从前向后投影得到的图样。绘图时，假设混凝土为透明体，主要表达构件内钢筋的布置、定位、编号等信息。断面图是用假想平面，沿着宽度方向在指定位置将梁剖开，采用正投影法投影得到的图样，用"×—×"表示。识读钢筋图时应结合钢筋表，钢筋表主要表达预制梁钢筋编号、数量、规格、形状、加工尺寸等信息。

下面以"PCL-1"为例，通过将二维图纸(图 5.17)和三维模型(图 5.18)对照，介绍钢筋图的图示内容和识读方法。

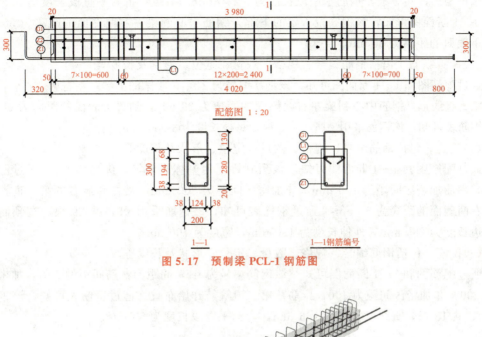

图 5.17　预制梁 PCL-1 钢筋图

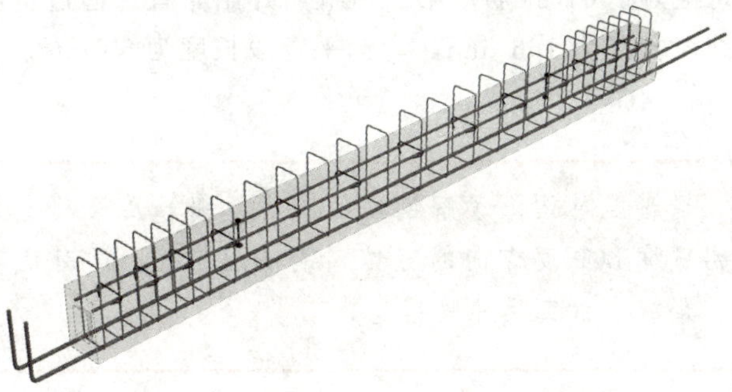

图 5.18　预制梁 PCL-1 钢筋三维模型

表 5.4　钢筋表

使用部位	钢筋类型	编号	钢筋数量	钢筋规格	钢筋加工尺寸
底部	纵筋	Z1	2	Φ20	300 ⌐ 5 140
侧面	腰筋	Z2	2	Φ16	3 980
梁身	箍筋	G1	29	Φ8	160 ▭ 410
	拉筋	L1	13	Φ8	50 ⟍ 166 ⟋ 50

(1)图名比例。图名一般为"××配筋图"，绘图比例与模板图保持一致。PCL-1 钢筋图包含一个配筋图和"1—1"断面图及"1—1 钢筋编号"。1—1 断面图的剖切位置为梁长度方向的中部。

(2)下部受力纵筋。包括钢筋编号、规格、数量、定位、形状及长度等。

如图 5.17 所示，编号 Z1 表示下部受力纵筋。通过配筋图可知，该钢筋**左右两端均外伸，左端采用 90°弯折锚固，右端为直线形，采用锚板锚固**。通过钢筋表（表 5.4）可知，该钢筋采用 ⚏20，共 2 根，钢筋水平段长度为 5 140 mm，左端弯折后平直段长度为 300 mm。通过 1—1 断面图可知，该钢筋位于梁的下部，钢筋中心到梁左右两侧面的距离为 38 mm，到梁下表面的距离为 38 mm。

(3)**梁腹纵筋**。包括钢筋编号、规格、数量、定位、形状及长度等。

通过配筋图和 1—1 断面图可知，该钢筋编号为 Z2，位于梁的中部，**左右两端不外伸，钢筋形状为直线形**，钢筋中心到梁左右两侧面的距离为 38 mm，到梁上表面的距离为 68 mm。通过钢筋表可知，该钢筋采用 ⚏16，共 2 根，每根长度为 3 980 mm。

(4)**箍筋**。包括钢筋编号、规格、数量、定位、形状及长度等。

通过配筋图和 1—1 断面图可知，该预制梁采用整体封闭箍，编号为 G1。通过配筋图可知，箍筋加密区间距为 100 mm，非加密区间距为 200 mm，最左和最右的第一道箍筋到梁左右两侧面的距离为 50 mm；通过钢筋表可知，该钢筋采用 ⚏8，共 29 根，在预制梁内的单边长度为 280 mm，外伸长度为 130 mm，宽度为 160 mm。

(5)**拉筋**。包括钢筋编号、规格、数量、定位、形状及长度等。

通过配筋图和 1—1 断面图可知，该钢筋编号为 L1，间距为箍筋间距的 2 倍，加密区间距为 200，非加密区间距为 400，拉筋从第二道箍筋开始布置。通过钢筋表可知，该钢筋采用 ⚏8，共 13 根，直线段长度为 166 mm，弯钩平直段长度为 50 mm。

✿ 总 结

> 识读钢筋图时，通过配筋图，了解钢筋的种类，编号及沿长度方向的定位；配合断面图，了解钢筋沿宽度和高度方向的定位，钢筋形状等。同时还需配合钢筋表，了解钢筋的规格型号、形状、加工尺寸等信息。

3. 材料统计表识读

材料统计表是将预制梁的各种材料信息分类汇总在表格里。材料统计表一般由**构件参数表、预埋配件明细表和钢筋表**组成。

(1)**构件参数表**。构件参数表主要表达**预制梁编号、构件尺寸、混凝土体积、自重**等信息，见表 5.5。该预制梁编号为 PCL-1，构件长度 4 020 mm，构件宽度 200 mm，构件高度 300 mm，构件自重 522 kg，混凝土体积 0.213 m³。

表 5.5　构件参数表

配件编号	长度/mm	宽度/mm	高度/mm	单重/kg	单构件体积/m³
PCL-1	4 020	200	300	522	0.213

(2)**预埋配件明细表**。预埋件明细表主要表达预埋件的类型、型号、数量等信息，见表 5.3（见模板图识读部分）。此表与模板图识读配套使用。

(3)**钢筋表**。钢筋表主要表示钢筋编号、加工尺寸、钢筋重量等信息，见表 5.4（见钢筋图识读部分）。此表与钢筋图识读配套使用。

4. 文字说明

本图文字说明有如下要求：

(1)混凝土强度等级为 C30。

(2)梁顶面与左右两端面做不小于 6 mm 的粗糙面。

(3)预埋件以大样图中标注为准。

课后总结思维导图

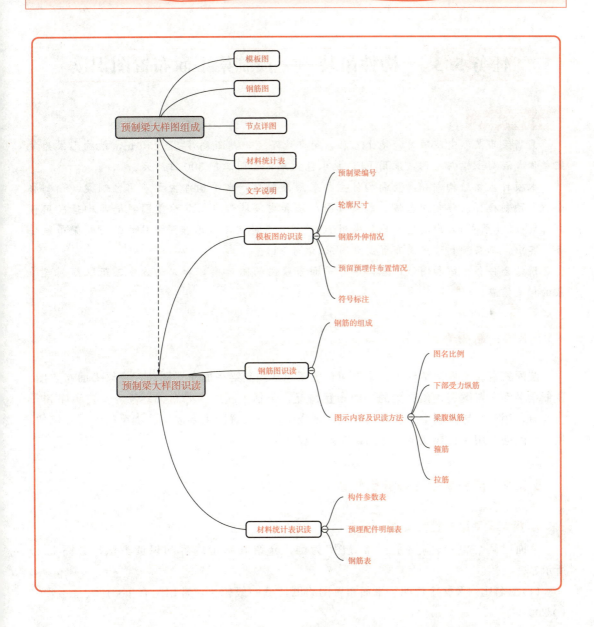

职业能力测验与答案

任务5.3　构件吊装——预制梁平面布置图识读

>>> 任务导入

　　某省某市某养老院项目，地上6层，局部地下室，建筑高度22.250 m，结构形式为装配整体式混凝土框架结构，采用EPC总承包模式，合同工期300日历天。

　　本项目主体结构部分：竖向构件主要采用预制柱，水平构件主要采用预制梁、预制叠合板、预制楼梯、预制阳台板。本项目围护墙和内隔墙部分：非承重围护墙非砌筑采用预制外墙板（非承重），内隔墙非砌筑采用ALC板。某施工单位承接了该项目的预制梁吊装任务。其中，二层预制梁平面布置图见附录（编号11）。

　　请结合任务介绍和图纸内容，学习平面布置图的图示内容和识读方法，获取预制梁吊装的相关信息。

5.3.1　制图规则

　　装配式混凝土框架结构中，梁平面布置图包括预制梁平面布置图和现浇梁平面布置图。预制梁平面布置图表达预制梁的平面布置情况，包括预制梁的分布、定位、安装顺序和安装方向，用于指导预制梁的安装及定位。现浇梁平面布置图主要表达现浇梁的编号、定位、尺寸、配筋，用于指导现浇部分的钢筋绑扎和施工。

5.3.2　预制梁平面布置图识读方法（1+X）

1. 预制梁平面布置图识读

　　下面以某"二层预制梁平面布置图"为例，介绍其图示内容和识读方法，如图5.19所示。

　　（1）图名比例及文字说明。平面布置图绘图比例一般较小，常用的有1：100、1：150、1：200。

　　如图5.19所示，该平面布置图的图名为"二层预制梁平面布置图"，比例为1：150。图中的文字说明有以下八点：

1)材料：钢筋强度等级为 HRB400。

2)图中未注明的梁均为现浇梁。

3)梁定位除注明外均为轴线中分对齐或与竖向构件边齐。

4)现浇梁配筋参照国家标准图集(22 G101—1)中的相关要求执行。

5)主次梁相交处的主梁，无论是否设置附加吊筋，均应在次梁两侧各设置 $3d@50(d$ 为箍筋直径)，箍筋等级、直径及肢数同主梁箍筋，图纸中特殊注明者除外。未注明吊筋均为 $2\Phi14$。

6)图中 ▨ 区域为预制梁。

7)图中"↑"表示梁的安装方向。

8)叠合梁安装顺序：先预制再现浇、先主梁再次梁，相邻的预制梁应按照编号①、②、③的顺序依次安装。无标注则无安装顺序。

(2)层高表。层高表标注出预制梁平面布置图表示的楼层及对应的结构标高，如图 5.19 所示，该预制梁平面布置图表示的是二层的预制梁平面布置，对应的结构标高为 4.150 m。

(3)预制梁的分布及定位。预制梁的分布表达预制梁的编号、尺寸、定位、重量等信息。

本工程二层平面布置图中，分布有预制梁和现浇梁。图例 ▨ 示意的是预制梁，其余未注明的梁为现浇梁。图中共有 13 种预制梁，以编号 PCL-×× 表示。如图 5.19 所示，以①、②轴线交Ⓐ、Ⓒ轴线所围区域为例，图中①、②轴交Ⓑ、Ⓒ轴之间为编号 PCL-1 的预制梁。PCL-1 的截面宽度为 300 mm，截面高度见预制梁详图，长度为 7 020 mm，重量为 3.16 t。PCL-1 的左边线距①轴线 3 750 mm，右边线距离②轴线 3 750 mm，上边线距Ⓒ轴 190 mm，下边线距Ⓑ轴 90 mm。图中②轴线上为编号 PCL-2 的预制梁。PCL-2 的截面宽度为 300 mm，截面高度见预制梁详图，长度为 6 820 mm，重量为 3.07 t。PCL-2 在宽度方向相对②轴居中，上边线距Ⓒ轴 390 mm，下边线距Ⓑ轴 90 mm。图中①、②轴交Ⓐ、Ⓑ轴之间为编号 PCL-13 的预制梁。PCL-13 的截面宽度为 300 mm，截面高度见预制梁详图，长度为 7 670 mm，重量为 3.45 t。PCL-13 的下边线距Ⓐ轴 3 750 mm，上边线距Ⓑ轴 3 750 mm，左边线距①轴 10 mm，右边线距②轴 140 mm。

(4)预制梁的安装方向。为保证预制梁安装正确，图中用箭头表示安装方向，箭头所指方向为梁装配方向面，也就是梁正面。PCL-1 的正面面向②轴一侧安装，PCL-2 的正面面向③轴一侧安装，PCL-13 的正面面向Ⓐ轴一侧安装。

(5)预制梁的安装顺序。根据文字说明，预制梁的安装顺序为先预制再现浇、先主梁再次梁，具体顺序详见预制梁布置图中的编号，无标注则无安装顺序。图中 PCL-1、PCL-2 未标注安装顺序。PCL-13 的安装顺序为①，与其相邻的 PCL-14 的安装顺序为②，PCL-15 的安装顺序为③。因此在安装时，首先安装 PCL-13，接着安装 PCL-14，最后安装 PCL-15。

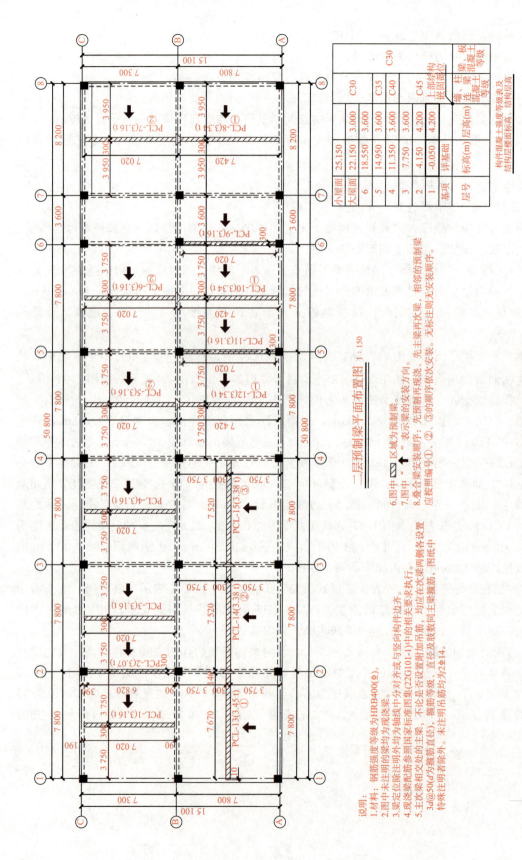

构件混凝土强度等级表及
结构层楼面标高、结构层高

层号	标高(m)	层高(m)	墙、柱 梁 板
			墙、柱 梁 混凝土等级 混凝土等级		

小屋面	25.150		
大屋面	22.150	3.000	C30
6	18.550	3.600	
5	14.950	3.600	C35
4	11.350	3.600	C40
3	7.750	3.600	
2	4.150	4.200	C45 上部结构
1	-0.050	4.200	嵌固部位
基顶	详基础		

C30

一层预制梁平面布置图 1:150

说明:
1.材料:钢筋强度等级为HRB400(±)。
2.图中未注明的梁均为现浇梁。
3.梁定位除注明外均为轴线或与竖向构件边齐。
4.现浇梁配筋参照国家标准图集(22G101-1)中的相关要求执行。
5.主次梁相交处的主梁,不论是否设置附加吊筋,均应在次梁两侧各设置
3d@50(d为箍筋直径)、箍筋等级、直径及肢数同主梁箍筋,图纸中
特梁注明者除外。未注明吊筋者均为2±14。

6.图中 ▨ 区域为预制梁。
7.图中 " ↑ " 表示梁的安装方向。
8.叠合梁安装顺序:先预制梁再安装、相邻的预制梁
应按照编号①、②、③的顺序依次安装。无标注则无安装顺序。

图5.19 二层预制梁平面布置图

2. 现浇梁平面布置图识读

现浇梁平面布置图表达内容和方法与《混凝土结构施工图平面整体表示方法制图规则和构造详图(现浇混凝土框架、剪力墙、梁、板)》(22 G101—1)的表示方法相同,识读方法也与现浇框架结构中梁的识读方法相同,此处不详细介绍。

课后总结思维导图

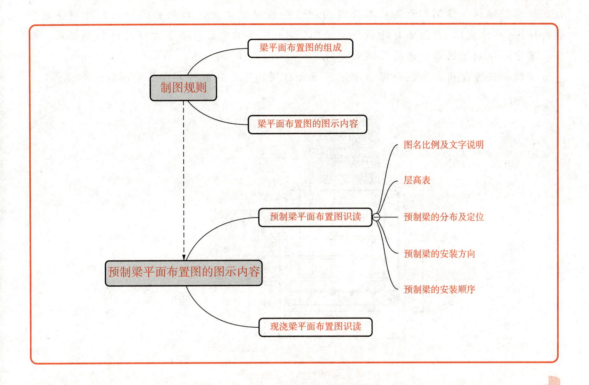

职业能力测验

职业能力测验与答案

任务 5.4　构件连接——预制梁连接节点大样图识读

任务导入

　　某省某市某养老院项目，地上6层，局部地下室，建筑高度22.250 m，结构形式为装配整体式混凝土框架结构，采用 EPC 总承包模式，合同工期300日历天。

　　本项目主体结构部分：竖向构件主要采用预制柱，水平构件主要采用预制梁、预制叠合板、预制楼梯、预制阳台板。本项目围护墙和内隔墙部分：非承重围护墙非砌筑采用预制外墙板（非承重），内隔墙非砌筑采用 ALC 板。某施工单位承接了该项目的预制梁吊装任务。其中，预制梁的典型连接节点如图5.20~图5.23所示。

　　请结合任务介绍和图纸内容，学习节点大样图构造，获取预制梁吊装的相关信息。

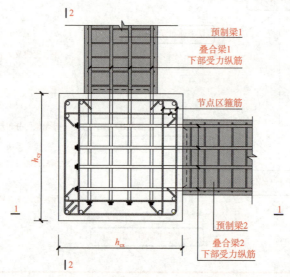

叠合梁上部纵筋安装前俯视图

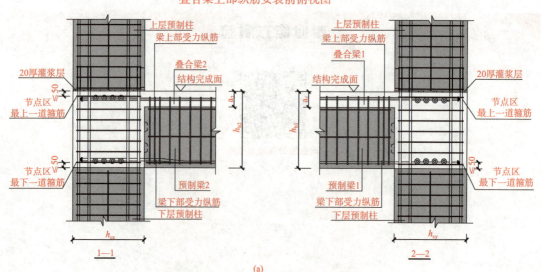

(a)

图 5.20　K3-1 中间层角柱节点连接构造一

(a)大样图；

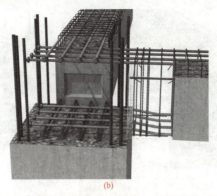

(b)

图 5.20 K3-1 中间层角柱节点连接构造一（续）

(b)三维模型图

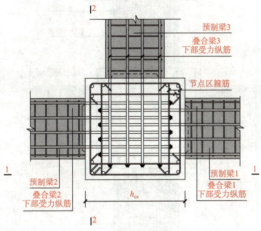

叠合梁上部纵筋安装前俯视图

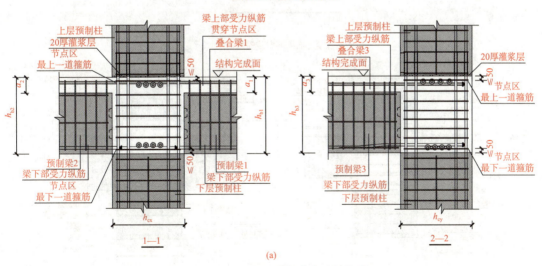

(a)

图 5.21 K3-2 中间层边柱节点连接构造一

(a)大样图；

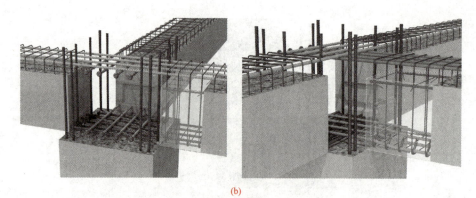

(b)

图 5.21 K3-2 中间层边柱节点连接构造一(续)

(b)三维模型图

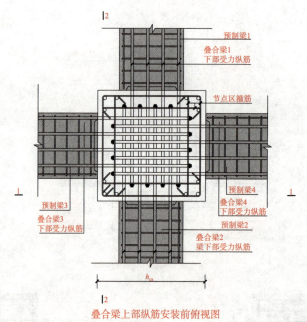

预制梁1

叠合梁1
下部受力纵筋

节点区箍筋

预制梁4
叠合梁4
下部受力纵筋

预制梁2

叠合梁2
梁下部受力纵筋

预制梁3
叠合梁3
下部受力纵筋

h_{cx}

叠合梁上部纵筋安装前俯视图

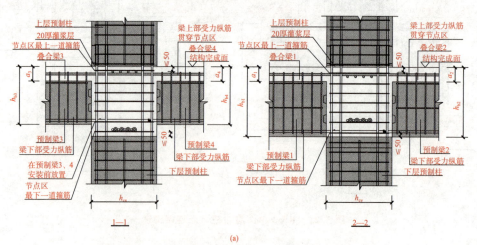

上层预制柱
20厚灌浆层
节点区最上一道箍筋
叠合梁3
预制梁3
梁下部受力纵筋
在预制梁3、4
安装前放置
节点区
最下一道箍筋
h_{b3}
a_3
h_{cx}

梁上部受力纵筋
贯穿节点区
叠合梁4
结构完成面
≤50
≤50
预制梁4
梁下部受力纵筋
下层预制柱
节点区最下一道箍筋
h_{b4}
a_4

1—1

上层预制柱
20厚灌浆层
节点区最上一道箍筋
叠合梁1
预制梁1
梁下部受力纵筋
节点区最下一道箍筋
h_{b1}
a_1
h_{cy}

梁上部受力纵筋
贯穿节点区
叠合梁2
结构完成面
≤50
≤50
预制梁2
梁下部受力纵筋
下层预制柱
h_{b2}
a_2

2—2

(a)

图 5.22 K3-3 中间层中柱节点连接构造一(叠合梁不等高)

(a)大样图；

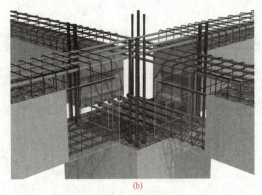

(b)

图 5.22　K3-3 中间层中柱节点连接构造一（叠合梁不等高）（续）

（b）三维模型图

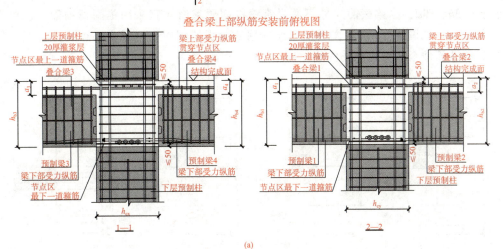

预制梁1
叠合梁1
下部受力纵筋
节点区箍筋
预制梁4
叠合梁4
下部受力纵筋
预制梁2
叠合梁2
梁下部受力纵筋
预制梁3
叠合梁3
下部受力纵筋

h_{cx}

叠合梁上部纵筋安装前俯视图

上层预制柱
20厚灌浆层
节点区最上一道箍筋
叠合梁3
梁上部受力纵筋
贯穿节点区
叠合梁4
结构完成面

上层预制柱
20厚灌浆层
节点区最上一道箍筋
叠合梁1
梁上部受力纵筋
贯穿节点区
叠合梁2
结构完成面

预制梁3
梁下部受力纵筋
节点区
最下一道箍筋
下层预制柱
预制梁4
梁下部受力纵筋
节点区最下一道箍筋

预制梁1
梁下部受力纵筋
节点区最下一道箍筋
下层预制柱
预制梁2
梁下部受力纵筋
下层预制柱

h_{cx}

1—1

h_{cy}

2—2

(a)

图 5.23　K3-3 中间层中柱节点连接构造一（叠合梁等高）

（a）大样图；

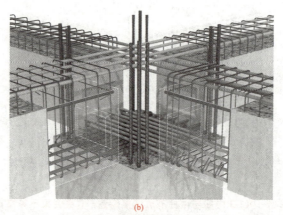

(b)

图5.23 K3-3 中间层中柱节点连接构造一（叠合梁等高）（续）

（b）三维模型图

5.4.1 连接节点分类

根据节点所处位置的不同，《装配式混凝土结构连接节点构造（框架）》(20G310—3)介绍了预制梁多种节点类型及构造，主要包括中间层角柱、边柱、中柱节点位置的梁柱连接构造，顶层角柱、边柱、中柱节点位置的梁柱连接构造，中间层叠合梁与剪力墙平面内连接构造等。这里重点介绍中间层角柱、边柱、中柱节点位置的梁柱连接构造，其余节点连接构造可自行对照图集学习。

5.4.2 节点连接基础知识

1. 叠合梁纵向受力钢筋锚固方式

叠合梁纵向受力钢筋锚固方式可采用直锚、弯钩锚固和锚固板锚固。以中间层节点为例，当柱截面尺寸满足梁纵向受力钢筋的直锚要求时，可采用直锚，锚固长度不小于 l_{aE} 且不小于 $0.5h_c+5d$。当梁截面尺寸不满足直线锚固要求时，宜采用锚固板锚固，也可采用 $90°$ 弯折锚固，如图 5.24 所示。当梁纵筋采用锚固板锚固时，需设置错位构造，至少不少于 50% 的纵筋伸至柱对边纵筋内侧，如图 5.24 所示。

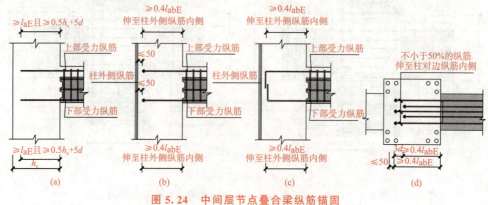

图5.24 中间层节点叠合梁纵筋锚固

(a)中间层端节点直锚；(b)中间层端节点锚固板锚固；(c)中间层端节点纵筋末端弯钩锚固；(d)梁纵筋锚固板错位构造；

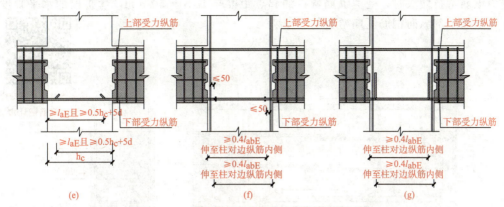

图 5.24　中间层中间节点叠合梁纵筋锚固（续）

(e)中间层中节点直锚；(f)中间层中节点锚固板锚固；(g)中间层中节点纵筋末端弯钩锚固

2. 预制梁不伸入支座的下部受力纵筋断点位置

当预制梁下部的受力纵筋不伸入支座时，其断点位置到预制梁表面的距离为连接钢筋的混凝土最小保护层厚度，如图 5.25 所示。

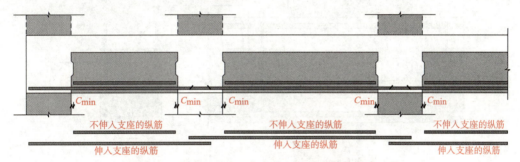

图 5.25　预制梁不伸入支座的下部受力纵筋断点位置

(C_{min}为连接钢筋的混凝土最小保护层厚度)

3. 叠合梁梁腹纵筋伸入框架节点锚固构造

梁腹纵筋为构造钢筋时，可不伸入梁柱节点锚固。当梁腹纵筋抗扭或者为梁端接缝抗扭纵筋时，为避免安装时碰撞，可采用图 5.26 所示的三种做法。图中 d 为伸入框架节点区锚固的叠合梁梁腹纵筋的直径，l_s 为其锚固长度；h_2 为附加抗剪纵筋中心到梁底的距离；h_3 和 b_3 分别为梁端槽口的高度和宽度。对抗扭的梁腹纵筋，可采用做法一。其中 l_s 的取值，采用直锚时，不应小于 l_{aE}；采用锚固板锚固时，不应小于 0.4 l_{abE}。梁腹纵筋为梁端接缝抗剪纵筋时，可采用做法一至做法三，其中 l_s 不应小于 15d；当采用做法二时，h_2 由设计确定；当采用做法三时，h_3 和 b_3 由设计确定。做法一二中所用的钢筋机械连接接头等级不应低于Ⅱ级。

4. 节点处纵向受力纵筋避让构造

预制梁深化设计的关键在于节点处纵向受力钢筋的避让，包括叠合梁上部受力纵筋避让构造和预制梁端下部受力纵筋的弯折或偏位避让构造。

（1）叠合梁上部受力纵筋避让构造。叠合梁上部受力纵筋避让构造有两种，第一种是梁上部受力纵筋在梁高方向通过竖向平移，实现两个方向梁纵筋上下错位避让如图 5.27，第二种是梁上部受力纵筋弯折，将其中一个方向梁上部纵筋弯折实现钢筋避让。当采用梁上部受力纵筋弯折做法时，受力纵筋弯折的起点距梁端不小于 50 mm，弯折段的水平长度不小于 6 倍的上部纵向钢筋竖向弯折量。

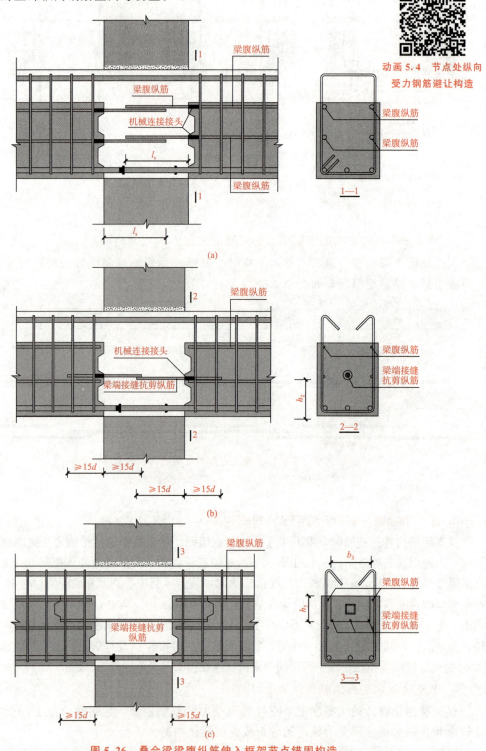

图 5.26 叠合梁梁腹纵筋伸入框架节点锚固构造

(a)做法一；(b)做法二；(c)做法三

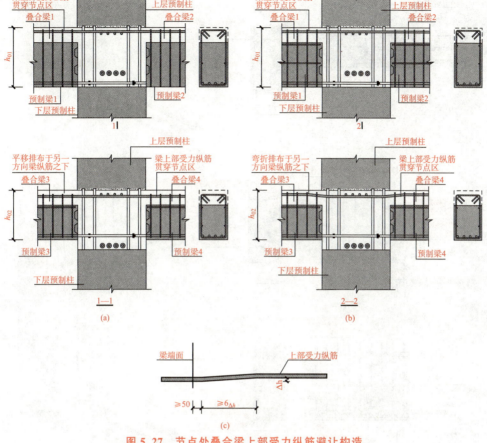

图 5.27 节点处叠合梁上部受力纵筋避让构造

（a）梁上部受力纵筋平移；（b）梁上部受力纵筋弯折

（图中 h_{01} 和 h_{02} 分别为叠合梁 1、叠合梁 2 和叠合梁 3、叠合梁 4 的上部受力纵筋
在叠合梁根部接缝截面的有效高度，Δh 为梁端上部纵向钢筋竖向弯折量）

（2）预制梁端下部受力纵筋弯折或偏位避让构造。预制梁端下部受力纵筋弯折或偏位构造分为水平弯折或偏位、竖向弯折或偏位，如图 5.28 所示。其构造要点有：Δb、Δh 为预制梁端下部纵向钢筋的水平弯折量和竖向弯折量，由设计确定；附加架立筋直径不小于 10 mm；附加架立筋与梁下部受力纵筋的搭接长度，从纵筋折点算起的 l_l 不小于 150 mm；采用竖向弯折做法时，叠合梁端部需设置抗崩裂附加箍筋，由设计确定。

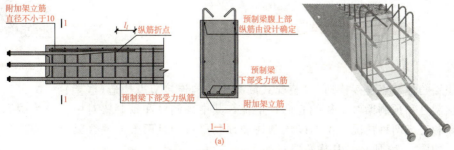

图 5.28 预制梁端部下部受力纵筋弯折或偏位构造

（a）水平弯折做法；

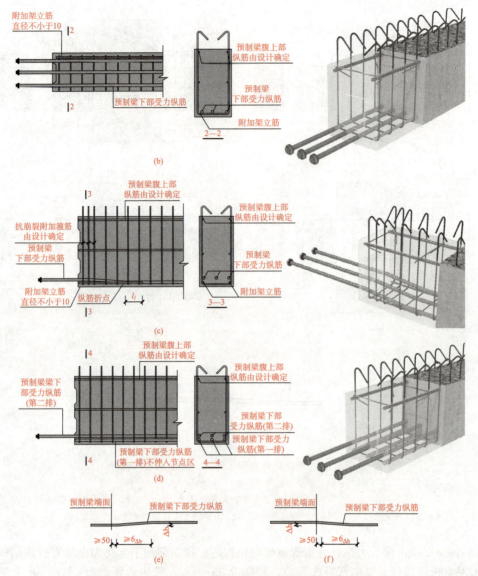

图 5.28 预制梁端部下部受力纵筋弯折或偏位构造(续)

(b)水平偏位做法；(c)竖向弯折做法；(d)竖向偏位做法；(e)纵筋水平弯折做法(平面)；
(f)纵筋竖向弯折做法(立面)

5.4.3 典型连接节点构造(1+X)

动画 5.5 K3-1 中间层
角柱节点连接构造一

1. 中间层角柱节点连接构造

中间层角柱节点连接构造，《装配式混凝土结构连接节点构造(框架)》(20 G310—3)中介绍了预制柱和预制梁对中和偏心两种情况，其中预制柱和预制梁对中又分为两方向叠合梁不等高和等高两种情况。本书以预制柱和预制梁对中且两方向叠合梁等高的情况为例进行介绍。如图 5.20 所示，其构造要点如下：

(1)图中 h_{b1}、h_{b2} 分别为叠合梁 1 和叠合梁 2 的高度，且 $h_{b1}=h_{b2}$；a_1、a_2 分别为叠合梁 1、

叠合梁 2 的后浇叠合层厚度。

（2）安装预制梁前，先安装节点区最下一道箍筋。安装预制梁时，先安装预制梁 1，再安装预制梁 2。

（3）节点区最下一道箍筋距预制梁底面（本层预制柱顶面）不大于 50 mm，节点区最上一道箍筋距本层结构完成面不大于 50 mm。

（4）叠合梁上部受力纵筋避让构造采用梁上部受力纵筋竖向平移做法（叠合梁 2 下移），叠合梁下部受力纵筋采用竖向弯折做法（叠合梁 2 竖向弯折）。

2. 中间层边柱节点连接构造

中间层边柱节点连接构造，《装配式混凝土结构连接节点构造（框架）》（20G310—3）中介绍了预制柱和预制梁对中和偏心两种情况，其中预制柱和预制梁对中又分为两方向叠合梁不等高和等高两种情况，预制柱和预制梁偏心只有两方向不等高一种情况。本书以预制柱和预制梁对中且两方向叠合梁等高的情况为例进行介绍。如图 5.21 所示，其构造要点如下：

动画 5.6　K3-2 中间层
边柱节点连接构造一

（1）图中 h_{b1}、h_{b2}、h_{b3} 分别为叠合梁 1、叠合梁 2、叠合梁 3 的高度，且 $h_{b1}=h_{b2}=h_{b3}$；a_1、a_2、a_3 分别为叠合梁 1、叠合梁 2、叠合梁 3 的后浇叠合层厚度。

（2）安装预制梁前，先安装节点区最下一道箍筋。安装预制梁时，先安装预制梁 1、预制梁 2，再安装预制梁 3。

（3）节点区最下一道箍筋距预制梁底面（本层预制柱顶面）不大于 50 mm，节点区最上一道箍筋距本层结构完成面不大于 50 mm。

（4）叠合梁 1 和叠合梁 2 的上部受力纵筋贯穿后浇节点核心区。叠合梁 3 的上部受力纵筋避让构造采用梁上部受力纵筋竖向平移做法，平移至叠合梁 1，2 的上部受力纵筋下面。

（5）叠合梁 1 和叠合梁 2 的下部受力纵筋避让构造采用水平偏位做法。叠合梁 3 下部受力纵筋避让构造采用竖向弯折做法。

3. 中间层中柱节点连接构造

中间层中柱节点连接构造，《装配式混凝土结构连接节点构造（框架）》（20G310—3）中介绍了预制柱和预制梁对中和预制梁下部受力纵筋在节点外采用钢筋灌浆套筒连接两种情况，其中预制柱和预制梁对中又分为两方向叠合梁不等高和等高两种情况。本书以预制柱和预制梁对中且两方向叠合梁不等高和等高两种情况为例进行介绍。

动画 5.7　K3-3 中间层
中柱节点连接构造一
（叠合梁不等高）

（1）预制柱和预制梁对中且两方向叠合梁不等高。

如图 5.22 所示，通过观察连接节点平面图和剖面图，可知其构造要点如下：

1）图中 h_{b1}、h_{b2}、h_{b3}、h_{b4} 分别为叠合梁 1、叠合梁 2、叠合梁 3、叠合梁 4 的高度，且 $(h_{b1}=h_{b2})>(h_{b3}=h_{b4})$；$a_1$、$a_2$、$a_3$、$a_4$ 分别为叠合梁 1、叠合梁 2、叠合梁 3、叠合梁 4 的后浇叠合层厚度。

2）安装预制梁前，先安装节点区最下一道箍筋。安装预制梁时，先安装预制梁 1、预制梁 2，再安装预制梁 3、预制梁 4；预制梁 3，预制梁 4 梁底纵筋以下的箍筋，应在预制梁 3，预制梁 4 安装前放置。

3）节点区最下一道箍筋距预制梁底面（本层预制柱顶面）不大于 50 mm，节点区最上一道箍筋距本层结构完成面不大于 50 mm。

4）叠合梁 1 和叠合梁 2 的上部受力纵筋贯穿后浇节点核心区，叠合梁 3 和叠合梁 4 的上部受力纵筋也贯穿后浇节点核心区。叠合梁 3 和叠合梁 4 的上部受力纵筋避让构造采用梁上部受力纵筋竖向平移做法，平移至叠合梁1，2的上部受力纵筋下面。

5)叠合梁1和叠合梁2的下部受力纵筋避让构造采用水平偏位做法。叠合梁3和叠合梁4下部受力纵筋避让构造采用水平偏位做法。

(2)预制柱和预制梁对中且两方向叠合梁等高。

如图5.23所示，通过观察连接节点平面图和剖面图，可知其构造要点如下：

1)图中 h_{b1}、h_{b2}、h_{b3}、h_{b4} 分别为叠合梁1、叠合梁2、叠合梁3、叠合梁4的高度，且 $h_{b1}=h_{b2}=h_{b3}=h_{b4}$；$a_1$、$a_2$、$a_3$、$a_4$ 分别为叠合梁1、叠合梁2、叠合梁3、叠合梁4的后浇叠合层厚度。

2)安装预制梁前，先安装节点区最下一道箍筋。安装预制梁时，先安装预制梁1、预制梁2，再安装预制梁3、预制梁4。

3)节点区最下一道箍筋距预制梁底面(本层预制柱顶面)不大于50 mm，节点区最上一道箍筋距本层结构完成面不大于50 mm。

4)叠合梁1和叠合梁2的上部受力纵筋贯穿后浇节点核心区，叠合梁3和叠合梁4的上部受力纵筋也贯穿后浇节点核心区。叠合梁3和叠合梁4的上部受力纵筋避让构造采用梁上部受力纵筋竖向平移做法，平移至叠合梁1，2的上部受力纵筋下面。

5)叠合梁1和叠合梁2的下部受力纵筋避让构造采用水平偏位做法。叠合梁3和叠合梁4下部受力纵筋水平方向避让构造采用水平偏位做法，竖直方向避让构造采用竖向弯折做法，弯折至叠合梁1，2的下部受力纵筋上面。

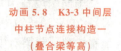

动画 5.8　K3-3 中间层中柱节点连接构造一（叠合梁等高）

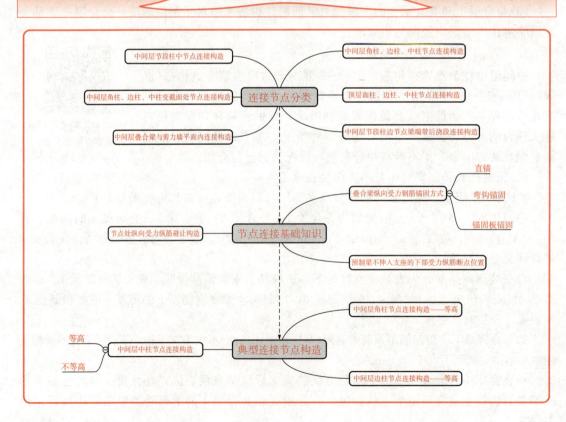

课后总结思维导图

连接节点分类
- 中间层节段柱中节点连接构造
- 中间层角柱、边柱、中柱节点连接构造
- 中间层角柱、边柱、中柱变截面处节点连接构造
- 顶层面柱、边柱、中柱节点连接构造
- 中间层叠合梁与剪力墙平面内连接构造
- 中间层节段柱边节点梁端带后浇段连接构造

节点连接基础知识
- 叠合梁纵向受力钢筋锚固方式
  - 直锚
  - 弯钩锚固
  - 锚固板锚固
- 节点处纵向受力纵筋避让构造
- 预制梁不伸入支座的下部受力纵筋断点位置

典型连接节点构造
- 中间层中柱节点连接构造
  - 等高
  - 不等高
- 中间层角柱节点连接构造——等高
- 中间层边柱节点连接构造——等高

职业能力测验

职业能力测验与答案

拓展资源

担当时代使命 勇攀建筑高峰

项目 6　预制钢筋混凝土楼梯

内容提要

预制钢筋混凝土楼梯(以下简称预制楼梯)是装配式混凝土结构中的重要交通联系构件。本项目基于构件认知——预制楼梯构造、构件生产——预制楼梯大样图识读、构件吊装——预制楼梯安装图识读、构件连接——预制楼梯连接节点大样图识读四个学习任务,旨在培养大家掌握预制楼梯构造、正确识读预制楼梯图纸、获取构件生产、施工所需的图纸信息。

学习目标

知识目标

(1)了解预制楼梯的概念和分类;

(2)掌握预制楼梯的构造组成和构造要求;

(3)掌握预制楼梯大样图的图示内容和识读方法;

(4)掌握预制楼梯安装图的图示内容和识读方法;

(5)掌握预制楼梯连接节点构造要求和识读方法。

能力目标

(1)能够熟练识读预制楼梯大样图、安装图和节点大样图;

(2)能够根据图纸内容,准确获取预制楼梯生产、吊装、节点施工所需的信息。

素养目标

强化运用前沿智能技术赋能建造的融合创新意识。

任务 6.1　构件认知——预制楼梯构造

任务导入

某省某市某高层住宅项目,地上 12 层、地下 1 层,结构体系为装配整体式混凝土剪力墙结构,上人屋面。该项目采用 EPC 总承包模式,合同工期 400 日历天。

本项目主体结构部分:竖向构件主要采用预制剪力墙,水平构件主要采用桁架钢筋混凝土叠合板底板、预制楼梯、预制阳台板、预制空调板。

请结合以上介绍,完成对预制楼梯概念、分类和构造组成的学习和认知。

6.1.1 认识楼梯

1. 预制钢筋混凝土楼梯常见类型

(1)按结构形式和受力特性分类。预制钢筋混凝土楼梯按照结构形式和受力特性的不同，可分为预制梁式楼梯和预制板式楼梯。

1)**预制梁式楼梯**：梯段板支撑在斜梁上，斜梁支撑在平台梁上的楼梯形式，如图 6.1 所示。

(a)   (b)

图 6.1　预制梁式楼梯
(a)预制梁式楼梯一；(b)预制梁式楼梯二

梁式楼梯的传力路线为：**梯段板—斜梁—平台梁—墙或柱**。梁式楼梯一般用于荷载较大、梯段水平投影长度大于 3 m 的建筑中。

2)**预制板式楼梯**：梯段板承担该梯段的全部荷载，并将荷载传递至两端平台梁上的楼梯形式，如图 6.2 所示。

板式楼梯的传力路线为：**梯段板—平台梁—墙或柱**。板式楼梯一般用于结构荷载较小，梯段水平投影长度 3 m 及以内的建筑中。装配式住宅建筑里，以预制板式楼梯为主。

(a)   (b)

图 6.2　预制板式楼梯
(a)预制板式楼梯一；(b)预制板式楼梯二

(2)按构造形式分类。预制板式楼梯按照其构造形式不同，常见的有双跑楼梯和剪刀楼梯。

1)**双跑楼梯**：每楼层之间由两个梯段组成，水平投影上两梯段互相平行，如图 6.3 所示。**双跑楼梯是最常见的楼梯形式。**

动画 6.1　预制钢筋
混凝土楼梯分类

2)**剪刀楼梯**：每楼层之间设置一对相互交错又互不相通的楼梯，如图6.4所示。剪刀楼梯本质上是两个单跑楼梯对向叠加在一起，因为两个梯段交错而成，所以被称为"剪刀楼梯"。如果其中一个方向的楼梯被堵，不影响另一梯段的通行。**剪刀楼梯被广泛应用于高层建筑的疏散设计中。**

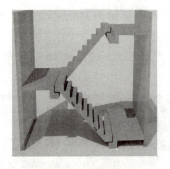 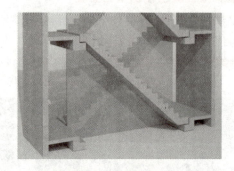

图6.3　双跑楼梯　　　　　　　　　图6.4　剪刀楼梯

（3）按是否分段分类。预制楼梯按是否分段，可分为分段楼梯和整段楼梯。

1)**分段楼梯**：当预制钢筋混凝土楼梯的质量较大时，对起重机械的吊装能力要求较高，为减轻构件质量，可将一个完整梯段平分成两部分，形成分段楼梯，如图6.5所示。分段楼梯在安装时，又重新组合为整体，常见于公共建筑中。

2)**整段楼梯**：通常，预制楼梯按照完整梯段进行生产和安装，称为整段楼梯，如图6.6所示。

图6.5　分段楼梯　　　　　　　　　图6.6　整段楼梯

6.1.2　剖析楼梯(1+X)(GZ008)

1. 轮廓形状

楼梯一般是按单个梯段进行预制，轮廓形状类似于现浇结构中的DT板：**中间是由若干踏步组成的斜板；两端为长度较小平台板，与平台梁连接；上端平台板向梯井位置凸出**，避免在平台位置产生较大缝隙，凸出尺寸与梯井宽度相关，如图6.7所示。

2. 防滑措施

预制钢筋混凝土楼梯成型效果好，表面平整度高，梯段安装后，表面可

动画6.2　预制钢筋混凝土楼梯构造

图6.7　预制钢筋混凝土楼梯上端平台板凸出

不做建筑面层。

构件生产阶段，应考虑梯段防滑措施，常见做法为设置**防滑凹槽**，每踏面前缘设置一对凹槽，下凹深度为 6 mm，第一道凹槽中心距外边缘 30 mm，两凹槽中心距 30 mm。防滑凹槽如图 6.8 所示。

视频 6.1　防滑条模具

(a)

(b)

图 6.8　防滑凹槽

(a)防滑槽模具；(b)防滑槽成型效果

3. 预留预埋

预制钢筋混凝土楼梯的预留预埋常有**销键预留洞、脱模吊点预埋件、安装吊点预埋件、栏杆预埋件**。

(1)**销键预留洞**。当预制楼梯与平台梁的连接为销键连接时，应在上、下端平台板对应位置各预留圆形销键洞两个。销键预留洞成型模具如图 6.9 所示，销键预留洞成型效果如图 6.10 所示。

视频 6.2　楼梯预埋件展示

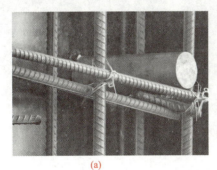
(a)

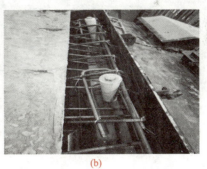
(b)

图 6.9　销键预留洞成型模具

(a)销键预留洞成型模具——锥形钢棒；(b)销键预留洞成型模具——PVC管

图 6.10　销键预留洞成型效果

销键预留洞为贯通圆孔，深度与平台板厚度相同。通常，高端为固定铰支座，预留洞等直径；低端为滑动铰支座，预留洞变直径。销键预留洞的构造如图 6.11 所示。

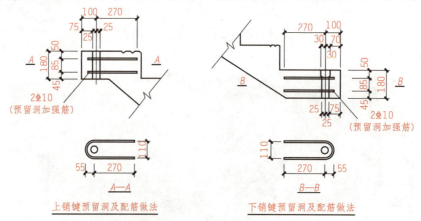

上销键预留洞及配筋做法　　　　　下销键预留洞及配筋做法

图 6.11　销键预留洞的构造

（2）**脱模吊点预埋件**。预制钢筋混凝土楼梯生产完成后，为方便脱模、起吊，应在楼梯上预埋吊件。常见脱模吊点的预埋件有预埋螺母、吊钉、钢筋吊环等，如图 6.12 和图 6.13 所示。

预制钢筋混凝土楼梯一般在立模（图 6.14）或平模（图 6.15）中生产完成。

当楼梯采用固定立模生产时，脱模吊点预埋件设 2 个，位于梯板侧面，按照构件重心对称原则布置，如图 6.16 所示。**当楼梯采用固定平模生产时，脱模吊点预埋件一般设 4 个，位于梯段背面，按照构件重心对称原则布置**，如图 6.17 所示。

(a)　　　　　　　　　　　　　　　(b)

图 6.12　脱模吊点预埋件

（a）预埋螺母；（b）预埋吊钉

(a)　　　　　　　　　　　　　　　(b)

图 6.13　脱模吊点预埋件成型效果

（a）预埋螺母成型效果；（b）预埋吊钉成型效果

图 6.14　固定立模生产

图 6.15　固定平模生产

(a)　　　　　　　　　　　　(b)

图 6.16　固定立模中的脱模吊点预埋件
(a)吊点预埋件固定；(b)吊点预埋件成型效果

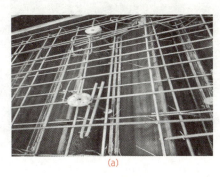

(a)　　　　　　　　　　　　(b)

图 6.17　固定平模中的脱模吊点预埋件
(a)吊点预埋件固定；(b)吊点预埋件成型效果

　　当采用钢筋吊环时，完成脱模、起吊后，切掉突出构件表面的钢筋，并用浆料补平，如图 6.18 所示。

　　(3)**安装吊点预埋件**。预制钢筋混凝土楼梯安装时，一般采用水平吊装，使踏步平面呈水平状态，以便于就位。**安装吊点预埋件**不能与脱模吊点预埋件共用，需单独设置，常采用预埋螺母或吊钉。

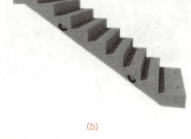

(a)　　　　　　　　　　　　　　　　(b)

图 6.18　脱模吊点预埋件的修补
(a)切割预埋件；(b)凹槽处浆料补平

安装吊点预埋件一般在梯段正面设置不少于 4 个，沿构件重心对称原则布置。安装吊点预埋件如图 6.19 所示，预制钢筋混凝土楼梯的安装起吊过程如图 6.20 所示。

(a)　　　　　　　　　　　　　　　　(b)

图 6.19　安装吊点预埋件
(a)吊点预埋件固定；(b)吊点预埋件成型效果

(a)　　　　　　　　　　　　　　　　(b)

图 6.20　预制钢筋混凝土楼梯安装起吊
(a)预埋位置安装配套吊环；(b)楼梯安装就位

（4）**栏杆预埋件**。为确保栏杆与楼梯的可靠连接，栏杆扶手在楼梯吊装完成后安装。楼梯生产时，需预埋与固定栏杆配套的预埋件。

当梯段宽度较小时，为增加通行宽度，栏杆常安装在梯段侧面，栏杆预埋件常为预埋钢板；当梯段宽度足够时，栏杆可安装在梯段正面，栏杆预埋件常为预埋钢板或预留孔洞。预埋钢板如图 6.21 所示，栏杆预埋件成型效果如图 6.22 所示。

(a)　　　　　　　　　　　　　(b)

图 6.21　预埋钢板

(a)预埋钢板；(b)预埋钢板的固定

图 6.22　栏杆预埋件成型效果

课后总结思维导图

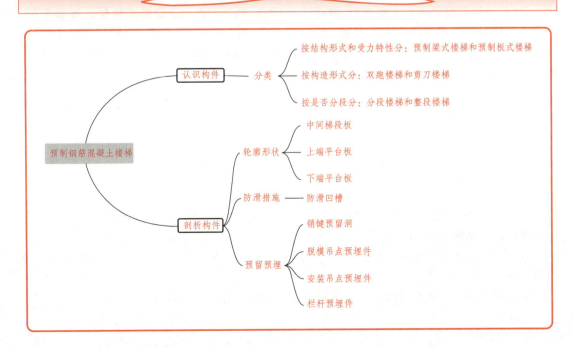

职业能力测验与答案

任务6.2 构件生产——预制楼梯大样图识读

任务导入

某省某市某高层住宅项目，地上12层、地下1层，结构体系为装配整体式混凝土剪力墙结构，上人屋面。该项目采用EPC总承包模式，合同工期400日历天。

本项目主体结构部分：竖向构件主要采用预制剪力墙，水平构件主要采用桁架钢筋混凝土叠合板底板、预制楼梯、预制阳台板、预制空调板。某构件厂承接了该项目的预制楼梯生产任务。其中，预制楼梯YLT-1的大样图见附录(编号12、13)。

请结合任务介绍和图纸内容，学习预制，楼梯大样图的图示内容和识读方法，获取预制楼梯YLT-1生产相关的图纸信息。

6.2.1 制图规则

1. 楼梯编号

在《预制钢筋混凝土板式楼梯》(15G367-1)图集中，介绍了**预制板式楼梯的编号规则，编号与楼梯类型、层高、楼梯间净宽有关**：双跑楼梯代号为ST，剪刀楼梯代号为JT；层高有2.8 m、2.9 m、3.0 m三种；楼梯间净宽：双跑楼梯有2.4 m、2.5 m两种，剪刀楼梯有2.5 m、2.6 m两种。其编号规则如图6.23所示。

图6.23 预制钢筋混凝土楼梯编号规则

编号举例：

ST-28-25 表示双跑楼梯，建筑层高为2.8 m、楼梯间净宽为2.5 m所对应的预制混凝土板式双跑楼梯梯段板。

JT-29-26 表示剪刀楼梯，建筑层高为2.9 m、楼梯间净宽为2.6 m所对应的预制混凝土板式剪刀楼梯梯段板。

在工程实践中，各设计院也可按本院的命名习惯对楼梯进行编号。

2. 楼梯大样图组成

预制钢筋混凝土楼梯大样图主要包括模板图、钢筋图、材料统计表、节点详图和文字说明。

(1)楼梯模板图由平面图、底面图和断面图组成，主要内容包括梯段的轮廓尺寸、预留预埋件布置情况、细部构造等。模板图是模具制作和模具组装的依据。

(2)楼梯钢筋图由立面配筋图和断面图组成，主要内容包括梯板钢筋，上下端平台钢筋，加强钢筋的编号、定位、规格、形状、尺寸等。钢筋图是梯段钢筋下料、绑扎、安装的依据。

6.2.2 预制钢筋混凝土楼梯大样图识读(1+X)(GZ008)

1. 模板图识读

梯段模板图由平面图、底面图和断面图组成。平面图是将楼梯从上往下投影得到的图样，也是构件脱模后的正面投影图；底面图是将楼梯从下往上投影得到的图样，也是构件脱模后楼梯的底面投影图；断面图分别为：沿宽度方向在上端平台板剖切得到的图样、沿宽度方向在下端平台板剖切得到的图样、沿跨度方向从楼梯侧面投影得到的图样。

下面以"YLT-1"为例，介绍模板图(图6.24)的图示内容和识读方法(完整图纸详见附录，编号12)。

(1)图名与绘图比例。绘图比例一般为1∶20或1∶30。模板图包括平面图、底面图和三个断面图，断面图分别为：沿上端平台板剖切(1—1)、沿下端平台板剖切(2—2)、沿梯段板侧面投影(3—3)。绘图比例为1∶20。

(2)轮廓尺寸。轮廓尺寸包括斜向梯板的轮廓尺寸信息，上端平台的轮廓尺寸信息，下端平台的轮廓尺寸信息。

如图6.24所示，梯段水平投影长度为2 880 mm，垂直投影尺寸为1 630 mm。共9个踏步，踏步宽度为260 mm，踏步高度为161.1 mm。

斜向梯板水平投影长度为260×8=2 080(mm)，梯板宽度为1 195 mm，梯板厚度为130 mm。

上端平台板长度为400 mm，宽度为1 250 mm，厚度为180 mm；下端平台板长度为400 mm，宽度为1 195 mm，厚度为180 mm。上端平台板向梯井凸出55 mm。

(3)预埋件及预留孔洞布置情况。预埋件及预留孔洞布置包括预埋件、预留孔洞的布置(如类型、规格、数量、位置)等。

该预制梯段模板图上表达了安装吊点预埋件(M1表示)、脱模吊点预埋件(M2表示)、栏杆预留孔(D1表示)、销键预留洞的预留预埋情况。

1)安装吊点预埋件：位于预制钢筋混凝土楼梯正面第2、7阶踏步上，共4个，具体定位尺寸见平面图。安装吊点预埋件为螺母，具体做法见M1大样图(图6.25)。由M1大样图可知，该预埋件采用内埋螺母，长度为150 mm，螺母下部穿插一根直径为12 mm、长度为300 mm的HRB400级钢筋，与螺母配套的螺栓型号为M18。

2)脱模吊点预埋件：位于预制钢筋混凝土楼梯第2、7阶踏步侧面，共2个，具体定位详见3—3断面图(图6.24)。本项目预埋件为弯钩形吊筋，具体做法见M2大样图(图6.26)。由M2大样图可知，吊筋为直径12 mm的HPB300级钢筋，吊筋埋入梯板内的深度为380 mm，外伸长度为80 mm。在梯段板侧对应位置预留凹槽，凹槽尺寸为140 mm×60 mm，深度为20 mm。楼梯脱模起吊后，切掉外伸吊筋，凹槽抹灰补平。

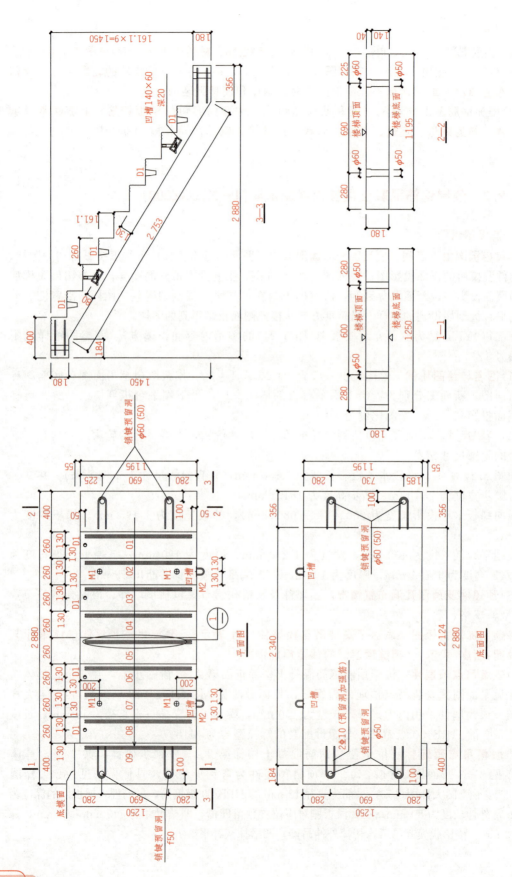

图6.24 预制楼梯YLT-1模板图

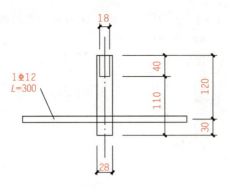

图 6.25 安装吊点预埋螺母——M1 大样图

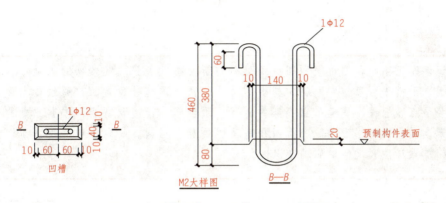

图 6.26 脱模吊点预埋吊筋——M2 大样图

3)**栏杆预留孔**：位于预制钢筋混凝土楼梯正面第 1、3、6、8 阶踏步上，共 4 个，孔洞中心距楼梯边缘 50 mm，具体定位见平面图。

4)**销键预留洞**：位于预制钢筋混凝土楼梯上下端平台板上，共 4 个，具体定位详平面图和底面图，具体做法见大样图（图 6.27）。由大样图可知，上端洞孔直径为 50 mm；下端洞孔变直径，距离上表面 40 mm 的高度范围，洞孔直径为 60 mm，余下 140 mm 的高度范围，洞孔直径为 50 mm。

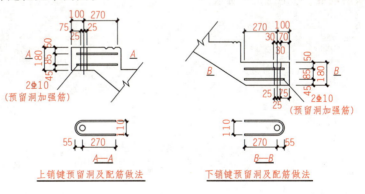

图 6.27 销键预留洞大样图

(4)**防滑凹槽。** 防滑凹槽主要包括防滑凹槽布置情况。该预制钢筋混凝土楼梯的每个踏面前缘设置一对防滑凹槽，具体做法见防滑槽加工图（图 6.28）。由加工图可知，下凹深度为 6 mm，第一道凹槽中心距外边缘 30 mm，两凹槽中心间距为 30 mm。

(5)**符号标注。** 符号标注主要包括踏步编号标注、上行箭头标注、断面标注、详图索引符号标注等。

该预制钢筋混凝土楼梯模板图上标注了踏步编号（从下往上分别标注了 01、02、…、

09)、上行箭头、断面符号(1—1、2—2、3—3)、详图索引符号等。

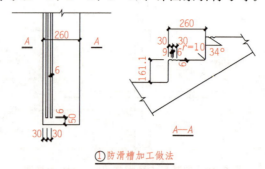

① 防滑槽加工做法

图 6.28　防滑槽加工图

总　结

　　识读模板图时，通过平面图、底面图和断面图，了解预制楼梯的轮廓形状，上端平台板、下端平台板、中间斜向梯板的尺寸、预留预埋件的定位；通过节点详图，了解安装吊点预埋件、脱模吊点预埋件、栏杆预留孔、销键预留洞、防滑凹槽的构造做法。识读模板图时平面图，底面图和断面图要配合识读。同时，还需结合预埋配件明细表、节点详图和文字说明辅助识读。

2. 钢筋图识读

　　(1)预制钢筋混凝土楼梯钢筋的组成。**预制钢筋混凝土楼梯的钢筋由斜向梯板钢筋、上端平台板钢筋、下端平台板钢筋及加强钢筋组成，**如图 6.29 所示。

动画 6.3　预制钢筋混凝土楼梯钢筋构造

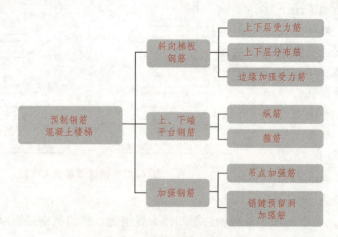

图 6.29　预制楼梯钢筋组成

　　1)**斜向梯板钢筋**：分为上下层受力筋、上下层分布筋及边缘加强受力筋三类。斜向梯板钢筋为双层双向布置，沿板跨度方向布置的钢筋是受力筋，沿板宽度方向布置的钢筋是分布筋。考虑到梯板侧面预埋件较多，宜设置直径较大的边缘加强受力筋。斜向梯板钢筋如图 6.30 所示。

2）**上、下端平台板钢筋**：分为纵筋和箍筋，钢筋布置类似于暗梁。上、下端平台板钢筋如图 6.31 所示。

图 6.30　斜向梯板钢筋　　　　　　　图 6.31　上、下端平台板钢筋

3）**加强钢筋**：分为吊点加强筋和销键预留洞加强筋。

①吊点加强筋为"⌐"形，放置在构件的安装吊点预埋处，每个吊点附近设 2 根，共 8 根。为防止吊点加强筋变形，在吊点加强筋的弯折位置穿入一根水平钢筋，与"⌐"形吊点加强筋一起绑扎。吊点加强筋如图 6.32 所示。

(a)

(b)

图 6.32　吊点加强筋

(a)吊点加强筋及预埋件；(b)吊点加强筋的绑扎

②销键预留洞加强筋为"U"形钢筋，绑扎在销键预留洞口处，每个洞口位置设 2 根，共 8 根，如图 6.33 所示。

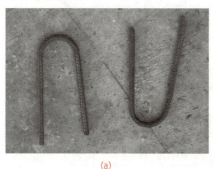

(a)

(b)

图 6.33　销键预留洞加强筋

(a)销键预留洞"U"形加强筋；(b)销键预留洞加强筋绑扎

(2)钢筋图识读内容。楼梯钢筋图由立面配筋图和断面图(上端平台、下端平台、梯段板)组成,识读时需结合钢筋表。下面以"YLT-1"为例,介绍钢筋图(图6.34)的图示内容和识读方法(完整图纸详见附录,编号13)。

1)**图名与绘图比例**。绘图比例一般为1∶20或1∶30,与模板图保持一致。

钢筋图包括立面配筋图和三个断面图,断面图为沿着上端平台板剖切(1—1)、沿着斜向梯段板剖切(2—2)、沿着下端平台板剖切(3—3),分别展示上端平台板、中间斜向梯板、下端平台板的钢筋布置情况。绘图比例为1∶20。

2)**斜向梯板钢筋**。斜向梯板钢筋包括钢筋的编号、定位、规格、形状、尺寸等。

该预制钢筋混凝土楼梯中,斜向梯板钢筋编号有①、②、③、⑪、⑫五种。①号钢筋为梯板下部纵钢;②号钢筋为梯板上部纵钢;③号钢筋为梯板上下分布筋;⑪号钢筋为梯板两侧上部边缘加强受力筋;⑫号钢筋为梯板两侧下部边缘加强受力筋。

梯板下部纵筋(①号钢筋):通过钢筋图可知钢筋形状为 ⟍ 。通过2—2断面图可知,梯板下部纵筋共设置了7根,边缘2根纵筋距楼梯边缘分别为50 mm、45 mm,中间纵筋的间距依次为150 mm、200 mm、200 mm、200 mm、200 mm、150 mm。通过钢筋表(表6.1)可知,该钢筋的规格为⏀10,倾斜段长度为2 940 mm,伸入下端平台的平直段长度为330 mm。

表6.1 预制楼梯配筋表

编号	数量	规格	形状	钢筋名称	质量/kg	钢筋总质量/kg	混凝土/m³
①	7	⏀10	2 940 ⟍ 330	下部纵筋	14.12		
②	7	⏀8	3 000 ⟍	上部纵筋	8.30		
③	20	⏀8	90 ⎡1 155⎤ 90	上、下分布筋	10.55		
④	6	⏀12	1 210	边缘纵筋1	6.45		
⑤	9	⏀8	⟍336⎤140	边缘纵筋1	3.56		
⑥	6	⏀12	1 155	边缘纵筋2	6.15	75.29	0.768 8
⑦	9	⏀8	⟍336⎤140	边缘箍筋2	3.38		
⑧	8	⏀10	280	加强筋	3.31		
⑨	8	⏀8	100⎡351⎤212 ⎣100	吊点加强筋	2.41		
⑩	2	⏀8	1 155	吊点加强筋	0.92		
⑪	2	⏀14	150⎡940⟍275	边缘构造筋	8.14		
⑫	2	⏀14	2 940 ⟍ 368	边缘加强筋	8.00		

梯板上部纵筋(②号钢筋)：通过钢筋图可知钢筋的形状为 ＼。通过 2—2 断面图可知，梯板上部纵筋共设置了 7 根，边缘 2 根纵筋距楼梯边缘分别为 50 mm、45 mm，中间纵筋的间距依次为 150 mm、200 mm、200 mm、200 mm、200 mm、150 mm。通过钢筋表(表 6.1)可知，该钢筋的规格为 ⊥8，倾斜段长度为 3 000 mm。

梯板上下分布筋(③号钢筋)：通过钢筋图可知钢筋为两端带 90° 弯钩。通过钢筋表(表 6.1)可知，该钢筋的规格为 ⊥8，共设置了 20 根，均匀布置。水平段长度为 1 155 mm，弯钩平直段长度为 90 mm。

梯板边缘上部封边筋(⑪号钢筋)：通过 2—2 断面图可知，该钢筋位于梯板两侧上部边缘，共 2 根。通过钢筋表(表 6.1)可知，该钢筋形状为 ＼，规格为 ⊥14。倾斜段长度为 2 940 mm，伸入上端平台的平直段长度为 150 mm，伸入下端平台的平直段长度为 275 mm。

梯板边缘下部封边筋(⑫号钢筋)：通过 2—2 断面图可知，该钢筋位于梯板两侧下部边缘，共 2 根。通过钢筋表(表 6.1)可知，该钢筋形状为 ＼，规格为 ⊥14。倾斜段长度为 2 940 mm，伸入下端平台的平直段长度为 368 mm。

3)上端平台板钢筋。上端平台钢筋包括钢筋的编号、定位、规格、形状、尺寸等。

该预制钢筋混凝土楼梯中，上端平台钢筋编号有④、⑤两种。④号钢筋为平台纵筋，⑤号钢筋为平台箍筋。

平台纵筋(④号钢筋)：通过钢筋图和 1—1 断面图可知，钢筋为直线形，共有 6 根。通过钢筋表(表 6.1)可知，该钢筋的规格为 ⊥12，直线段长度为 1 210 mm。

平台箍筋(⑤号钢筋)：通过钢筋图、1—1 断面图和钢筋表(表 6.1)可知，该箍筋的规格为 ⊥8，设置了 9 道，边缘 2 道箍筋距楼梯边缘为 75 mm，中间箍筋的间距依次为 100 mm、150 mm、150 mm、150 mm、150 mm、150 mm、150 mm、100 mm。

4)下端平台板钢筋。下端平台板钢筋包括钢筋的编号、定位、规格、形状、尺寸等。

该预制钢筋混凝土楼梯中，下端平台钢筋编号有⑥、⑦两种。⑥号钢筋为平台纵筋，⑦号钢筋为平台箍筋。

平台纵筋(⑥号钢筋)：通过钢筋图和 3—3 断面图可知，钢筋为直线形，共 6 根。通过钢筋表(表 6.1)可知，该钢筋的规格为 ⊥12，直线段长度为 1 155 mm。

平台箍筋(⑦号钢筋)：通过钢筋图、3—3 断面图和钢筋表(表 6.1)可知，箍筋规格为 ⊥8，设置了 9 道，边缘 2 道箍筋距楼梯边缘为 75 mm，中间箍筋的间距依次为 100 mm、150 mm、150 mm、150 mm、150 mm、150 mm、150 mm、100 mm。

5)加强筋。主要包括加强钢筋的编号、定位、规格、形状、尺寸等。

该预制钢筋混凝土楼梯中，加强筋编号有⑧、⑨、⑩三种。⑧号钢筋为销键预留洞孔边加强筋，⑨号、⑩号钢筋为吊点加强筋。

销键预留洞加强筋(⑧号钢筋)：通过钢筋图和钢筋表(表 6.1)可知，该钢筋形状为 U 形，位于销键预留洞口处。加强筋规格为 ⊥10，共设置了 8 道。根据销键加强筋大样图(图 6.27)可知：每个洞口位置设置上、下两道；钢筋采用直径为 10 mm 的 HRB400 级；U 形平直段长度为 270 mm，半圆段直径为 55 mm；上排钢筋距离平台上表面 50 mm，下排钢筋距离平台下表面 45 mm，两排钢筋的中心距为 85 mm。

吊点加强筋(⑨号钢筋)：通过钢筋图可知，该钢筋形状为 ⌐。位于安装吊点处，一个吊点位置设两道加强筋，间距为 100 mm。加强筋规格为 ⊥8，共设置了 8 道。

吊点加强筋(⑩号钢筋)：通过钢筋图和钢筋表(表 6.1)可知，该钢筋形状为直线形，加强筋规格为 ⊥8，共设置了 2 道。

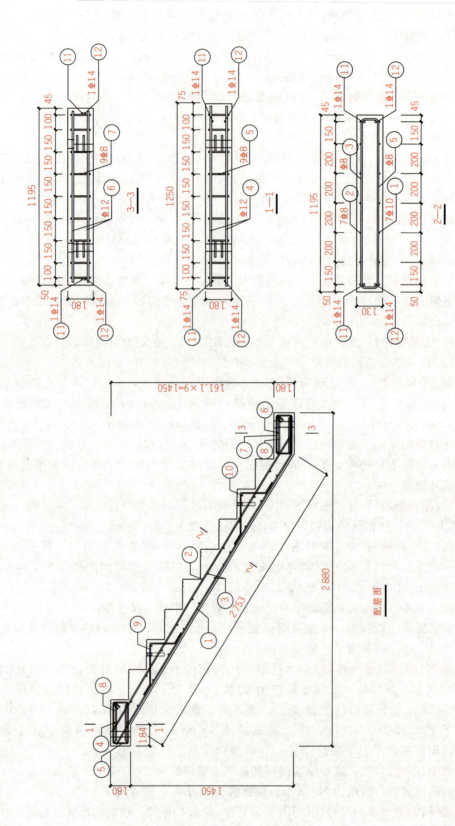

图 6.34 预制楼梯 YLT-1 钢筋图

总 结

識读钢筋图时，通过配筋图和断面图，了解钢筋的种类、编号、定位、钢筋形状等。同时，还需配合钢筋表，了解钢筋的规格型号、形状、加工尺寸等信息。

预制钢筋混凝土楼梯的钢筋类型通常可细分为以下种类：

预制楼梯的钢筋
- 斜向梯板钢筋
  - 梯板下部纵筋（①号钢筋）
  - 梯板上部纵筋（②号钢筋）
  - 梯板上下分布筋（③号钢筋）
  - 梯板上部边缘加强受力筋（⑪号钢筋）
  - 梯板下部边缘加强受力筋（⑫号钢筋）
- 上端平台板钢筋
  - 平台纵筋（④号钢筋）
  - 平台箍筋（⑤号钢筋）
- 下端平台板钢筋
  - 平台纵筋（⑥号钢筋）
  - 平台箍筋（⑦号钢筋）
- 加强筋
  - 销键预留洞加强筋（⑧号钢筋）
  - 吊点加强筋（⑨号钢筋）
  - 吊点加强筋（⑩号钢筋）

3. 节点详图

节点详图包括**防滑槽加工做法、脱模吊点预埋件大样图、安装吊点预埋件大样图、栏杆预埋件大样图、销键加强筋做法**等，前面已分别在楼梯模板图、钢筋图中做了介绍，此处不再赘述。

4. 材料统计表

材料统计表是将预制钢筋混凝土楼梯的各种材料信息分门别类归纳在表格里。材料统计表一般由构件参数表、钢筋表等组成。

（1）**构件参数表。** 构件参数表主要表达楼梯编号、混凝土体积、楼梯自重等信息。从表6.2中可知，该预制钢筋混凝土楼梯编号为 YLT-1，楼梯为双跑楼梯，楼梯钢筋质量为 75.29 kg，混凝土体积为 $0.768\ 8\ m^3$，梯板总质量为 1.92 t。

表 6.2　预制楼梯构件参数表

编号	样式	钢筋总质量/kg	混凝土/m³	梯板自重/t
YLT-1	双跑楼梯	75.29	0.768 8	1.92

（2）**钢筋表。** 钢筋表主要表达楼梯钢筋编号、数量、规格、形状、加工尺寸、钢筋质量等信息，见表6.1。此表与前面的钢筋图识读配套使用。

5. 文字说明

文字说明是对图纸内容的进一步补充和完善。主要包括构件在生产、施工过程中的要求和注意事项（如混凝土强度等级、钢筋保护层厚度、预留预埋件的施工要求等）。

图中文字说明有以下要求：

(1)混凝土强度等级为 C30，保护层厚度为 20 mm。

(2)预制楼梯应按预制构件深化详图的规定加工生产运输安装。

(3)施工单位应根据 PC 构件详图，精准点位布置图进行预留预埋。

课后总结思维导图

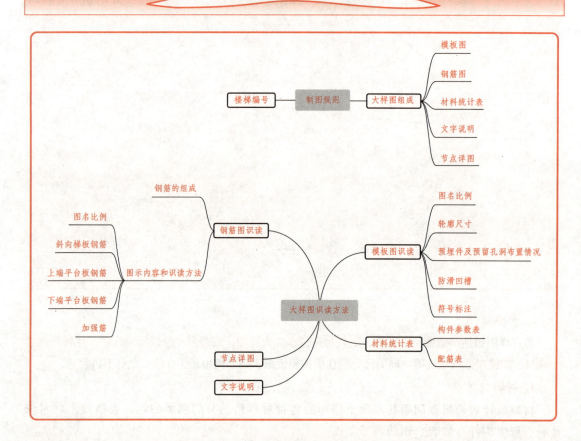

职业能力测验

职业能力测验与答案

任务导入

　　某省某市某高层住宅项目，地上 12 层、地下 1 层，结构体系为装配整体式混凝土剪力墙结构，上人屋面。该项目采用 EPC 总承包模式，合同工期为 400 日历天。

　　本项目主体结构部分：竖向构件主要采用预制剪力墙，水平构件主要采用桁架钢筋混凝土叠合板底板、预制楼梯、预制阳台板、预制空调板。某施工单位承接了该项目的预制楼梯吊装任务。其中，预制楼梯 YLT-1 安装图见附录（编号 14）。

　　请结合任务介绍和图纸内容，学习预制楼梯 YLT-1 安装图的图示内容和识读方法，获取预制楼梯吊装相关的图纸信息。

　　楼梯安装图由平面布置图和剖面图组成。图示内容包括楼梯间的进深、开间、标高；预制钢筋混凝土楼梯的编号、尺寸、定位；梯梁位置、编号；中间平台、楼层平台的建筑面层厚度等。楼梯安装图表达预制钢筋混凝土楼梯与周围构件的连接关系，是楼梯施工安装的依据。

　　读图时，以楼梯剖面图为主，楼梯平面布置图为辅。下面以"YLT-1"为例，介绍楼梯安装图（图 6.35）的图示内容和识读方法（完整图纸详见附录，编号 14）。

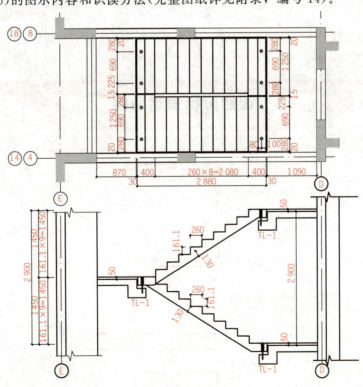

图 6.35　楼梯 YLT-1 的安装图

　　（1）**楼梯编号、图名及绘图比例。** 该楼梯编号为"YTL-1"，双跑楼梯，安装图包含平面布置图和剖面图，绘图比例为 1:20。

（2）**楼梯间信息。** 楼梯间信息包括楼梯间位置、进深开间、层高。

本项目中共设计了两个楼梯间，分别位于Ⓓ、Ⓔ轴线与④、⑧轴线围合而成的楼梯间，Ⓓ、Ⓔ轴线与⑭、⑱轴线围合而成的楼梯间。楼梯间净宽为 $20+1\ 250+15+225+690+280+20=2\ 500(mm)$，进深为 $100+870+30+2\ 880+30+1\ 090+100=5\ 100(mm)$，层高为 $2\ 900\ mm$。

（3）**预制钢筋混凝土楼梯安装信息。** 预制钢筋混凝土楼梯安装信息包括楼梯编号、楼梯安装位置等。

本项目每层双跑楼梯由两个编号为 YLT-1 的预制钢筋混凝土楼梯段组成。

楼梯安装时，预制钢筋混凝土楼梯两端分别支撑在对应中间平台、楼层平台的挑耳梁上，采用销键连接；预制钢筋混凝土楼梯与楼梯间墙体间留 20 mm 缝隙；预制钢筋混凝土楼梯两端与平台挑耳梁间留 30 mm 缝隙；预制钢筋混凝土楼梯在平台之间留 15 mm 缝隙，确保楼梯受力、变形与实际相符。

梯梁与预制钢筋混凝土楼梯间空隙处理做法见大样图（图 6.36），由图可知，梯梁与梯段板间空隙需注胶密封；梯段平台处空隙也需注胶密封。

（4）**平台板、梯梁信息。** 从平台板梯梁信息中可以了解到，该楼梯平台由平台板、平台梁组成，平台梁带挑耳，编号为 TL－1。预制钢筋混凝土楼梯的上下端平台通过销键与挑耳连接。

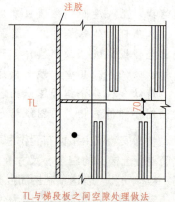

TL与梯段板之间空隙处理做法

图 6.36　TL 与梯段板之间空隙处理做法

（5）**中间平台及楼层平台建筑面层厚度。** 剖面图中标注了中间平台建筑面层厚度和楼层平台建筑面层厚度均为 50 mm。

课后总结思维导图

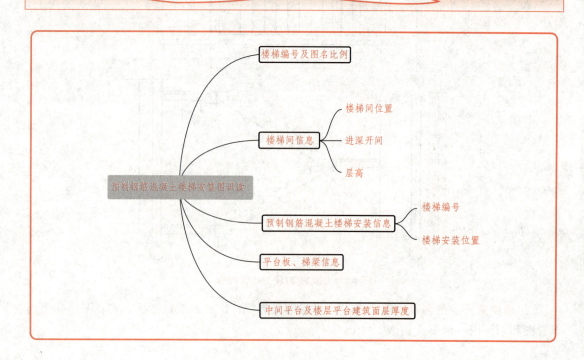

任务 6.4 构件连接——预制楼梯连接节点大样图识读

▶▶ 任务导入

某省某市高层住宅项目，地上 12 层、地下 1 层，结构体系为装配整体式混凝土剪力墙结构，上人屋面。该项目采用 EPC 总承包模式，合同工期 400 日历天。

本项目主体结构部分：竖向构件主要采用预制剪力墙，水平构件主要采用桁架钢筋混凝土叠合板底板、预制楼梯、预制阳台板、预制空调板。某施工单位承接了该项目的预制楼梯节点施工任务。其中预制楼梯 YLT-1 与梯梁的连接节点大样图如图 6.37 和图 6.38 所示。请结合任务介绍和图纸内容，学习预

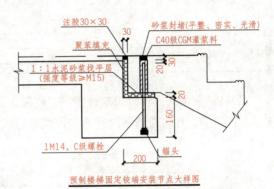

图 6.37 预制钢筋混凝土楼梯
YLT-1 高端固定铰安装节点大样

制楼梯连接节点大样图的图示内容和识读方法，获取预制楼梯节点施工相关的图纸信息。

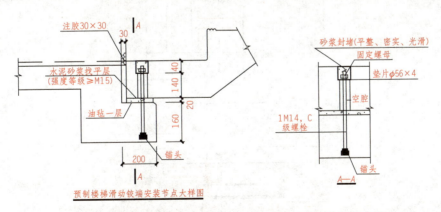

图 6.38 预制钢筋混凝土楼梯 YLT-1 低端滑动铰安装节点大样

《装配式混凝土结构连接节点构造（楼盖结构和楼梯）》(15G310-1)图集介绍了预制钢筋混凝土楼梯与主体结构的三种连接支承形式，即高端支承为固定铰支座、低端支承为滑动铰支座；高端支承为固定支座、低端支承为滑动支座；高端支承和低端支承均为固定支座。

6.4.1　高端支承为固定铰支座、低端支承为滑动铰支座(1+X)

　　这种连接方式安装方便，楼梯不参与整体计算，结构受力明确，为图集推荐做法，也是当前工程实践中的主流做法。

>> **走进规范**

《装配式混凝土结构技术规程》(JGJ 1—2014)第6.5.8规定：预制楼梯与支承构件之间宜采用简支连接时，应符合下列规定：

　　1. 预制楼梯宜一端设置固定铰，另一端设置滑动铰，其转动及滑动变形能力应满足结构层间位移的要求，且预制钢筋混凝土楼梯端部在支承构件上的最小搁置长度应符合表6.5.8的规定。

　　2. 预制楼梯设置滑动铰的端部应采取防止滑落的构造措施。

表6.5.8　预制楼梯在支承构件上的最小搁置长度

抗震设防烈度	6 度	7 度	8 度
最小搁置长度(mm)	75	75	100

　　(1)高端支承处设计为固定铰支座，梯段上端平台板支承在梯梁挑耳上，挑耳上的预埋螺栓插入销键洞，孔内腔填充灌浆料。高端固定铰支座构造如图6.39所示，具体构造要求如下：

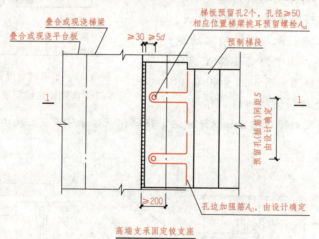

高端支承固定铰支座

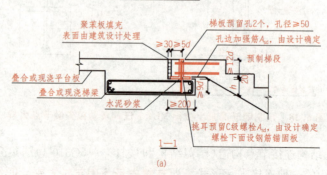

(a)

图6.39　高端支承固定铰支座

(a)构造图

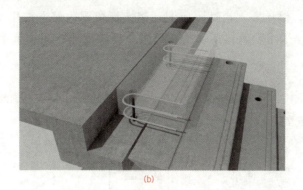

(b)

图 6.39 高端支承固定铰支座(续)

(b)三维模型图

1)梯段上端平台板预留 2 个销键洞，孔径不小于 50 mm，孔边设 U 形加强筋，预留孔中心到上端平台板边缘的距离大于等于 $5d$(d 为预留螺栓直径)。

2)梯梁挑耳长度不小于 200 mm，挑耳厚度 h 由设计确定，但不小于梯板厚度。挑耳上预埋 C 级螺栓，预埋深度不小于 $9d$(d 为预埋螺栓直径)。

3)螺栓插入销键洞内，连接梯段和梯梁，插入销键洞不少于 $12d$(d 为预埋螺栓直径)。

4)平台板与挑耳之间的接触面用 20 mm 厚水泥砂浆坐浆。平台板与梯梁之间留有宽度不小于 30 mm 的空隙，空隙内填充聚苯板，表面打胶处理。

5)梯板安装后，销键预留洞内使用强度不小于 40 MPa 的灌浆料灌实，表面砂浆封堵，以便形成固定铰支座。

(2)低端支承处设计为滑动铰支座，梯段下端平台板支承在梯梁挑耳上，挑耳上的预埋螺栓插入销键洞，销键预留洞内部保持空腔，孔口上端以砂浆封堵。低端滑动铰支座构造如图 6.40 所示，具体构造要求如下：

1)梯段下端平台板预留 2 个销键洞，下部不小于 $10d$(d 为预埋螺栓直径)高度范围孔径不小于 50 mm，上部孔径不小于 60 mm。孔边设 U 形加强筋，预留洞中心到下端平台板边缘的距离不小于 $5d$(d 为预留螺栓直径)。

2)梯梁挑耳长度不小于 200 mm，挑耳厚度 h 由设计确定，但不小于梯板厚度。挑耳上预埋 C 级螺栓，预埋深度不小于 $9d$(d 为预埋螺栓直径)。

3)螺栓插入销键洞内，在孔内变径位置设垫片和螺母连接。梯段下端平台板支承在挑耳上，支承长度不少于为($\Delta_{up}+50$)(Δ_{up} 为结构弹塑性层间位移)。

4)平台板与挑耳之间的接触面用 20 mm 厚水泥砂浆坐浆后铺设一层隔离层。平台板与梯梁之间留有宽度不小于 30 mm 的空隙，空隙内不填充材料，表面由建筑设计处理。

5)梯板安装后，销键预留洞垫片以下高度范围形成空腔，垫片以上砂浆封堵，以便形成滑动铰支座。

在本教材配套图纸中，楼梯安装节点是按照高端支承为固定铰支座、低端支承为滑动铰支座进行设计的。

由本项目预制钢筋混凝土楼梯固定铰端安装节点大样图(图 6.37)，可得到如下信息：梯梁挑耳的挑出长度为 200 mm，挑耳高度为 160 mm；梯段上端平台支承在梯梁挑耳上，做浆层为 20 mm 厚的 1∶1 水泥砂浆，强度等级不小于 M15；挑耳上的预埋锚栓为 M14 的 C 级螺栓，锚栓插入销键预留洞，销键预留洞内部空腔用 C40 级 CGM 灌浆料填实，顶部 30 mm 厚采用砂浆封堵填平；梯梁与梯段板间缝隙用聚苯填充，顶部 30 mm 厚注胶封堵。

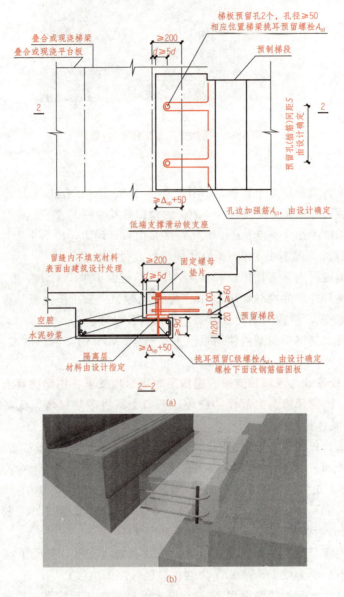

图 6.40 低端支承滑动铰支座

(a)构造图；(b)三维模型图

　　由本项目预制钢筋混凝土楼梯低端滑动铰安装节点大样图(图 6.40)，可得到如下信息：梯梁挑耳的挑出长度为 200 mm，挑耳高度为 160 mm；梯段下端平台支承在梯梁挑耳上，先铺油毡一层(便于支座滑动)，后坐浆 20 mm 厚 1∶1 水泥砂浆，强度等级不小于 M15；挑耳上的预埋锚栓为 M14 的 C 级螺栓，锚栓插入销键预留洞，销键预留洞内下部 140 mm 高度的范围为空腔(便于支座滑动)，上部用垫片及螺母与锚栓连接，后用砂浆封堵填平；梯梁与梯段板间空隙不做填充，顶部 30 mm 厚注胶封堵。

6.4.2　高端支承为固定支座、低端支承为滑动支座(1+X)

(1)**高端支承为固定支座**的构造图如图 6.41 所示，具体构造有如下要求。**梯板上端平台预留外伸钢筋：下排筋锚入梯梁**，锚固长度不应小于5d(d 为纵向受力钢筋直径)，且宜伸过支座中心线；**上排筋可锚入平台板或梯梁内**，锚入平台板时，锚固长度不应小于L_a(L_a为受拉钢筋锚固长度)，锚入梯梁时，弯折锚固。

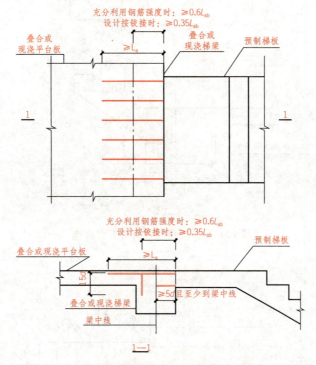

图 6.41　高端固定支座安装节点大样

(2)**低端支承为滑动支座**的构造图如图 6.42 所示，具体构造要求如下：**梯段下端平台支承在梯梁挑耳上**，支承长度不小于($\Delta_{up}+50$)(Δ_{up}为结构弹塑性层间位移)。**梯板和梯梁接触面各设置钢板预埋件，预埋钢板之间满铺石墨粉或聚四氟乙烯板**，以增加梯板的滑动性。预制钢筋混凝土楼梯与梯梁之间应留有一定宽度的缝隙δ，数值由设计确定，但不得小于Δ_{up}，缝隙内不填充材料，缝隙表面由建筑设计处理。

6.4.3　高端支承和低端支承均为固定支座(1+X)

高端支承和低端支承处均设计为固定支座的构造图如图 6.43 和图 6.44 所示，具体构造有如下要求。**上端平台和下端平台预留外伸钢筋；下排筋锚入梯梁**，锚固长度不应小于5d(d 为纵向受力钢筋直径)，且宜伸过支座中心线；**上排筋可锚入平台板或梯梁内**，锚入平台板时，锚固长度不应小于L_a(L_a为受拉钢筋锚固长度)，锚入梯梁时，弯折锚固。

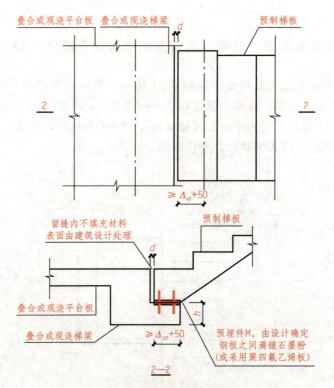

图 6.42　低端滑动铰安装节点大样

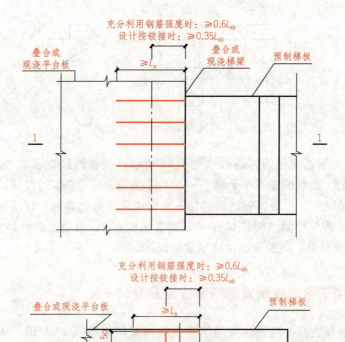

图 6.43　高端固定支座安装节点大样

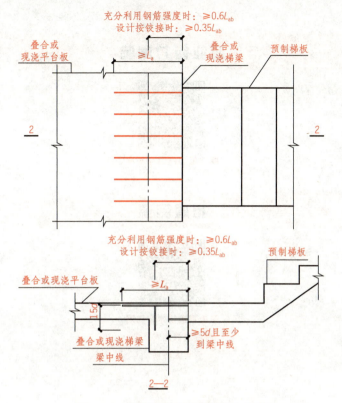

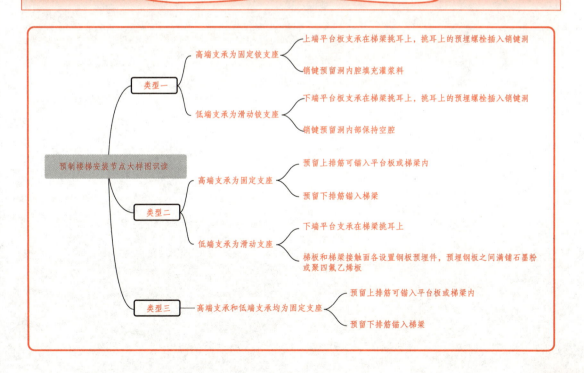

图 6.44　低端固定支座安装节点大样

职业能力测验

职业能力测验与答案

拓展资源

智能建造技术在我国
将迎来快速发展的
黄金时期

项目7　预制钢筋混凝土阳台

内容提要

预制钢筋混凝土阳台（以下简称预制阳台）是装配式混凝土居住建筑中的常见的水平构件。本项目基于构件认知——预制阳台构造、构件生产——预制阳台大样图识读、构件吊装——预制阳台平面布置图识读、构件连接——预制阳台连接节点大样图识读四个学习任务，旨在培养大家掌握预制阳台构造、正确预制阳台图纸、获取构件生产、施工所需的图纸信息。

学习目标

知识目标

(1)了解预制阳台的概念和分类；

(2)掌握预制阳台的构造组成和构造要求；

(3)掌握预制阳台大样图的图示内容和识读方法；

(4)掌握预制阳台平面布置图的图示内容和识读方法；

(5)掌握预制阳台连接节点构造要求和识读方法。

能力目标

(1)能够熟练识读预制阳台大样图、平面布置图和节点大样图；

(2)能够根据图纸内容，准确获取预制阳台生产、吊装、节点施工所需的信息。

素养目标

树立建筑工业化、智能化、绿色化建造意识。

任务7.1　构件认知——预制阳台构造

任务导入

某省某市某高层住宅项目，地上12层、地下1层，结构体系为装配整体式混凝土剪力墙结构，上人屋面。该项目采用EPC总承包模式，合同工期400日历天。

本项目主体结构部分：竖向构件主要采用预制剪力墙，水平构件主要采用桁架钢筋混凝土叠合板底板、预制楼梯、预制阳台板、预制空调板。

请结合以上介绍，完成对预制阳台概念、分类和构造组成的学习和认知。

7.1.1　认识阳台

预制钢筋混凝土阳台常见类型如下。

(1)按构件形式分类。预制钢筋混凝土阳台按照构件形式可分为**全预制板式阳台、叠合板式阳台、全预制梁式阳台。**

1）**全预制板式阳台**：阳台板全部在工厂预制完成，荷载由阳台板传递到主体结构，如图7.1所示。

动画7.1 预制钢筋混凝土阳台分类

图7.1 全预制板式阳台

2）**叠合板式阳台**：阳台板底板预制、叠合层现浇，荷载由阳台板传递到主体结构，如图7.2所示。

3）**全预制梁式阳台**：阳台全部在工厂预制完成，荷载先由阳台板传递到阳台梁，再由阳台梁传递至主体结构上，如图7.3所示。

图7.2 叠合板式阳台　　　　　　　图7.3 全预制梁式阳台

（2）按建筑做法分类。预制钢筋混凝土阳台按照建筑做法可分为**封闭阳台**和**开敞阳台**。

1）**封闭阳台**：用实体栏板、玻璃等物全部封闭的阳台。通常，封闭阳台的结构标高与室内楼面结构标高相同或比室内楼面结构标高低20 mm，如图7.4所示。

2）**开敞阳台**：与室外环境直接接触，没有封闭的阳台。开敞阳台在遭遇大雨天气时，对阳台有排水要求，通常阳台结构标高比室内楼面结构标高低50 mm，如图7.5所示。

图7.4 封闭阳台　　　　　　　　图7.5 开敞阳台

(3)按阳台封边位置和数量分类。阳台属于空间构件，为丰富立面效果，通常设计有封边梁。根据设计不同，封边的位置和数量有所不同，常有**单边封边梁阳台、双边封边梁阳台、三边封边梁阳台**等，如图 7.6 所示。

(a)   (b)

(c)

图 7.6　阳台按封边位置和数量分类
(a)单边封边；(b)双边封边；(c)三边封边

7.1.2　剖析阳台(1+X)

1. 外伸钢筋

阳台构件形式不同，其外伸钢筋的构造要求也不同。

(1)**全预制板式阳台外伸钢筋**：阳台板沿**悬挑方向的板底外伸钢筋，需满足连接构造要求，外伸长度≥12d(d 为钢筋直径)且至少伸过梁(墙)中线**；阳台板沿**悬挑方向的板面外伸受力筋，外伸长度不应小于 1.1L_a**(L_a 为钢筋的锚固长度)。全预制板式阳台外伸钢筋如图 7.7 所示。

(2)**叠合板式阳台外伸钢筋**：阳台板**沿悬挑方向的板底外伸筋**，需满足连接构

动画 7.2　预制钢筋
混凝土阳台构造

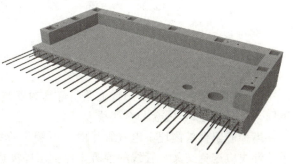

图 7.7　全预制板式阳台外伸钢筋

造要求，**外伸长度≥12d(d 为钢筋直径)且至少伸过梁(墙)中线**；阳台板**沿悬挑方向的板面外伸钢筋**，需要通过该外伸钢筋与板后浇层受力钢筋实现搭接，**钢筋外伸长度需满足搭接要求**；

封边梁沿悬挑方向的外伸钢筋，外伸长度≥12*d*(*d*为钢筋直径)且至少伸过梁(墙)中线。叠合板式阳台外伸钢筋如图7.8所示。

（3）全预制梁式阳台外伸钢筋：阳台板沿悬挑方向板底、板面外伸钢筋的外伸长度≥5*d*(*d*为钢筋直径)且至少伸过梁(墙)中线；阳台预制悬挑梁下部受力钢筋外伸长度≥15*d*(*d*为钢筋直径)，上部受力钢筋外伸长度不应小于$1.1L_a$(L_a为钢筋的锚固长度)。全预制梁式阳台外伸钢筋如图7.9所示。

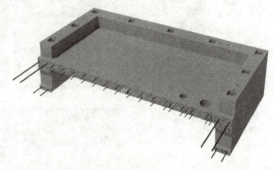

图7.8　叠合板式阳台外伸钢筋　　　　图7.9　全预制梁式阳台外伸钢筋

2. 预留预埋

预制钢筋混凝土阳台的预留预埋常有预留孔洞、预埋线盒、吊点预埋件、栏杆预埋件等。

（1）预留孔洞。阳台上常会有落水管、地漏等预留孔洞，如图7.10所示。预留孔洞尺寸一般比管道尺寸适当放大。

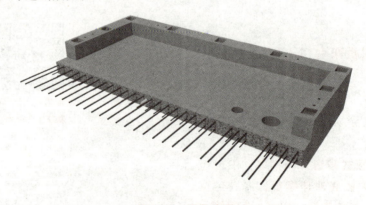

图7.10　预留孔洞

（2）预埋线盒。为便于阳台上照明灯具的安装，需在阳台板上预埋线盒。线盒按其材质不同，可分为PVC线盒和金属线盒。

当预制阳台板内埋设电气管线时，所铺设管线应放在板下层钢筋之上、板上层钢筋之下且管线应避免交叉，管线的混凝土保护层厚度应不小于30 mm。

当叠合板式阳台内埋设电气管线时，所铺设管线应放在现浇层内，板上层钢筋之下，在桁架筋空挡间穿过。

（3）吊点预埋件。为方便构件吊装，需在阳台上预埋吊点预埋件，吊点预埋件常见有吊钉、吊环、吊杆等，吊点预埋件在阳台上对称布置。吊点预埋件如图7.11所示，阳台吊装如图 7.12 所示。

(a)

(b)

图 7.11　吊点预埋件
(a)吊钉；(b)吊环

（4）栏杆预埋件。为方便阳台周围栏杆后期安装，常在阳台外围一周设置钢板预埋件。栏杆安装预埋件如图 7.13 所示，具体的形式、数量、位置由设计确定。

图 7.12　预制阳台吊装

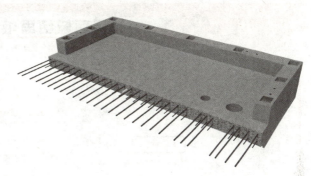

图 7.13　栏杆安装预埋件

3. 细部构造

（1）封边梁顶排水构造。为避免雨水沿封边梁顶流下而污染阳台外表面，**在封边梁顶向内设置坡度 1%～3% 的排水斜坡，**将雨水引流到阳台内并排到排水管道内，如图 7.14 所示。

（2）封边梁底滴水构造。为防止雨水等室外水直接沿阳台流下而侵蚀墙体，**在封边梁底下边缘应设置凹槽形滴水线，**如图 7.15 所示。

图 7.14　封边梁顶部斜坡排水构造

图 7.15　封边梁底部凹槽形滴水线

4. 板面处理

预制阳台的板面有三种不同的处理方法：**粗糙面——阳台板与后浇混凝土的结合面；模板面——构件制作时与模板接触的面；压光面——其余使用面。**粗糙面凹凸深度不小于 4 mm，粗糙面面积不小于结合面的 80%。图 7.16 展示了全预制板式阳台的板面处理。

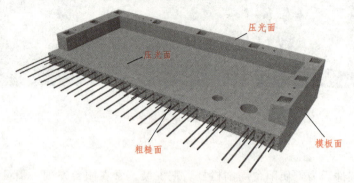

图 7.16　全预制阳台板面要求

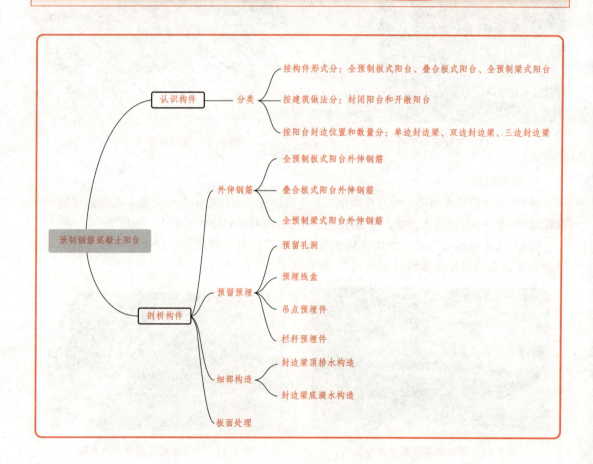

课后总结思维导图

- 预制钢筋混凝土阳台
  - 认识构件
    - 分类
      - 按构件形式分：全预制板式阳台、叠合板式阳台、全预制梁式阳台
      - 按建筑做法分：封闭阳台和开敞阳台
      - 按阳台封边位置和数量分：单边封边梁、双边封边梁、三边封边梁
  - 剖析构件
    - 外伸钢筋
      - 全预制板式阳台外伸钢筋
      - 叠合板式阳台外伸钢筋
      - 全预制梁式阳台外伸钢筋
    - 预留预埋
      - 预留孔洞
      - 预埋线盒
      - 吊点预埋件
      - 栏杆预埋件
    - 细部构造
      - 封边梁顶排水构造
      - 封边梁底滴水构造
    - 板面处理

任务 7.2   构件生产——预制阳台大样图识读

任务导入

某省某市某高层住宅项目,地上12层、地下1层,结构体系为装配整体式混凝土剪力墙结构,上人屋面。该项目采用EPC总承包模式,合同工期400日历天。

本项目主体结构部分:竖向构件主要采用预制剪力墙,水平构件主要采用桁架钢筋混凝土叠合板底板、预制楼梯、预制阳台板、预制空调板。某构件厂承接了该项目的预制阳台生产任务。其中,预制阳台YTB-1的大样图见附录(编号15,16)。

请结合任务介绍和图纸内容,学习预制钢筋混凝土阳台大样图的图示内容和识读方法,获取预制阳台YTB-1生产相关的图纸信息。

7.2.1   制图规则

1. 阳台编号

在《预制钢筋混凝土阳台板、空调板及女儿墙》(15G368-1)中,介绍了预制阳台的编号规则,**编号与阳台类型、阳台板悬挑长度、阳台板宽度对应房间开间尺寸相关。**预制阳台的代号为YTB,全预制板式阳台用代号B表示,叠合板式阳台用代号D表示,全预制梁式阳台用代号L表示;预制阳台板沿悬挑长度方向按建筑模数2M设计(叠合板式阳台、全预制板式阳台悬挑长度尺寸有1 000 mm、1 200 mm、1 400 mm;全预制梁式阳台悬挑长度尺寸有1 200 mm、1 400 mm、1 600 mm、1 800 mm),沿房间开间方向按建筑模数3M设计(开间尺寸

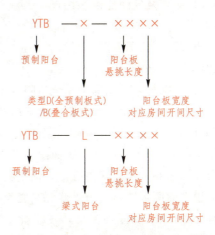

图 7.17   预制钢筋混凝土阳台编号规则

有2 400 mm、2 700 mm、3 000 mm、3 300 mm、3 900 mm、4 200 mm、4 500 mm)。预制阳台编号规则如图7.17所示。

编号举例:YTB-B-1433,表示阳台类型为全预制板式阳台,阳台板悬挑长度为1 400 mm,

阳台板宽度对应房间开间尺寸为 3 300 mm。

工程实践中，各设计院也可按本院的命名习惯对阳台进行编号。

2. 阳台大样图组成

预制阳台大样图主要包括**模板图、钢筋图、材料统计表、节点详图及文字说明**。

模板图反映阳台轮廓尺寸、预留预埋件布置、钢筋外伸情况、构件完成面情况等。模板图是模具制作和模具组装的依据。

钢筋图反映阳台板钢筋组成、编号、规格、定位、长度等。钢筋图是钢筋下料、绑扎、安装的依据。

7.2.2 预制钢筋混凝土阳台大样图识读(1+X)

1. 模板图识读

预制阳台属于空间构件，为反映阳台在各视角下的轮廓尺寸，阳台模板图由六个视图组成。分别是平面图、底面图、正立面图、背立面图和侧立面图(左侧立面、右侧立面)。阳台的视点示意如图 7.18 所示。

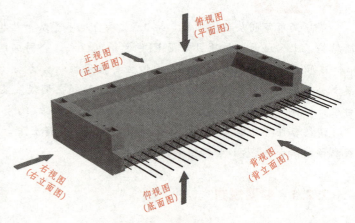

图 7.18 预制阳台视点示意

下面以"YTB-1"为例，介绍模板图(图 7.19)的图示内容和识读方法(完整图纸详见附录，编号 15)。

(1)**图名及绘图比例**。绘图比例一般为 1∶20 或 1∶30。

模板图包括平面图、底面图、正立面图、背立面图和左侧立面图(左、右侧相同)。绘图比例为 1∶20。

(2)**轮廓尺寸**。轮廓尺寸包括阳台板长、宽、厚；封边梁截面尺寸；细部尺寸。

如图 7.19 所示，预制阳台板三面封边。由平面图、底面图和左侧立面图可知，预制阳台的悬挑长度为 1 000 mm，因阳台板与剪力墙内叶板有 10 mm 的搭接，故预制阳台总长度为 1 010 mm；由平面图、底面图、正立面和背立面图可知，预制阳台总宽度为 3 380 mm；由背立面图和左侧立面图可知，预制阳台板厚度为 130 mm。

由平面图可知，封边梁截面宽度为 150 mm；由正立面和背立面图可知，封边梁截面高度为 400 mm；由断面图及详图可知，封边梁顶向内形成高度为 10 mm 的坡面，封边梁底设滴水线，滴水线为宽、深均为 15 mm 的凹槽(坡面构造详见 1—1 断面图，滴水线构造详见滴水线大样图)。

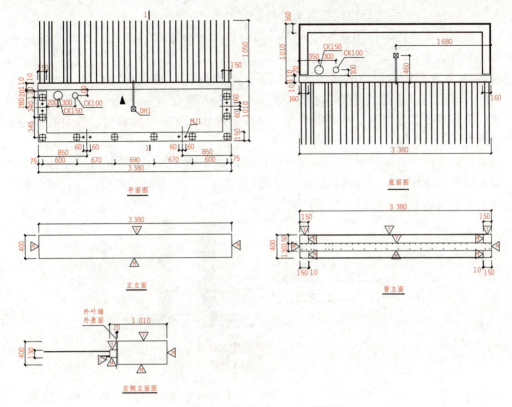

图 7.19　预制阳台 YTB-1 模板图

>> 注意事项

　　在识读平面图时，为辅助识图，图 7.20 中标注了 3 条基线：线 1 为支座（剪力墙结构中，为剪力墙内叶板）外轮廓线，阳台与支座有 10 mm 搭接；线 2 为剪力墙外叶板外轮廓线，线 3 为悬挑方向封边梁内侧轮廓线，两条轮廓线之间要留不小于 20 mm 的安装间隙。

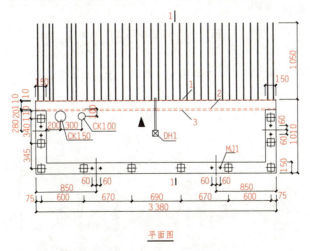

图 7.20　预制阳台 YTB-1 模板平面图

（3）**外伸钢筋。** 其主要介绍钢筋有无外伸及外伸形式。

由平面图、底面图、左侧立面图可知，阳台板沿悬挑方向的板底筋和板面筋均外伸，外伸形式为直线形。

（4）**预埋件及预留孔洞布置情况。** 其主要介绍预埋件布置（如类型、规格、数量、位置），预留孔洞布置（如孔洞类型、规格、数量、位置）等情况。

预制阳台模板图上表达了**吊点预埋件、栏杆预埋件、预留线盒线管、预留孔洞**等的布置情况。

1）**吊点预埋件：** 位于预制阳台的封边梁顶面，共 8 个，具体定位尺寸见平面图。本项目吊点预埋件为内埋吊杆，具体做法见大样图（图 7.21）。由大样图可知，吊杆预埋时，下部要穿两根直径为 6 mm 的锚筋固定，锚筋间距为 120 mm。

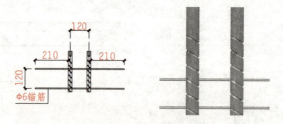

图 7.21 内埋吊杆大样图

（a）大样图；（b）实物图

吊点预埋件也可采用预埋吊环（图 7.22），吊环的水平段与封边梁内钢筋绑扎为一体，表面做凹槽，下凹深度为 10 mm，构件安装后切掉吊环，凹槽。

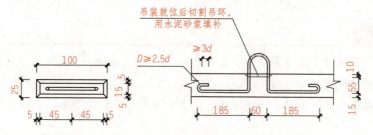

图 7.22 预留吊环大样图

2）**栏杆预埋件：** 位于预制阳台封边梁顶面，共 10 个，具体定位尺寸见平面图。本项目栏杆预埋件为预埋钢板，具体做法见大样图（图 7.23）。由大样图可知：钢板尺寸为 100×100×6。钢板下焊接两根直径为 8 mm 的 HRB400 级钢筋，埋入深度为 90 mm。在具体工程中，也可选择其他形式的预埋件，预埋件位置由设计确定，预埋件表面应做防腐处理。

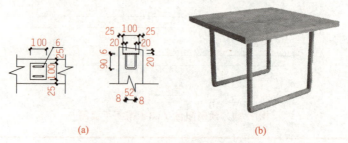

（a）　　　　　　　　　　（b）

图 7.23 栏杆预埋件大样图

（a）大样图；（b）实物图

3)**预留线盒线管**：位于预制阳台板上表面，共一个线盒连两根线管，具体定位尺寸见底面图。长度方向：线盒中心距离阳台板右侧轮廓线 1 680 mm；宽度方向：线盒中心距离阳台板内轮廓线 460 mm。

4)**预留孔洞**：位于预制阳台板上表面，有落水管预留孔和地漏预留孔，具体定位尺寸见平面图。

落水管预留孔：直径为 150 mm，宽度方向：孔洞中线距离封边梁内缘 200 mm，长度方向：孔洞中线距离剪力墙外叶板外轮廓线 100 mm。

地漏预留孔：直径为 100 mm，宽度方向：孔洞中线距离封边梁内缘 500 mm，长度方向：孔洞中线距离剪力墙外叶板外轮廓线 100 mm。

(5)**表面处理标注**。以"△C"代表粗糙面，"△Y"代表压光面，"△M"代表模板面。

预制阳台与后浇混凝土的结合面设置粗糙面，阳台制作时与模板接触的面设置模板面，阳台板上表面及封边梁上表面等其他使用面设置压光面。

总结

识读模板图时，通过平面图、底面图、正立面图、背立面图和左侧立面图，了解预制阳台的轮廓形状，阳台板的长度、宽度、厚度，封边梁的截面宽度、高度和细部构造，预制阳台的外伸钢筋和表面处理做法；通过节点详图，了解吊点预埋件、栏杆预埋件、预留线盒线管、预留孔洞的构造做法。识读模板图时，平面图、底面图、正立面图、背立面图和左侧立面图要配合识读；同时，还需结合预埋配件明细表、节点详图和文字说明辅助识读。

2. 钢筋图识读

(1)预制阳台钢筋的组成。全预制板式阳台内的钢筋由阳台板钢筋和封边梁钢筋组成，如图 7.24 所示。全预制钢筋混凝土阳台钢筋三维模型如图 7.25 所示。

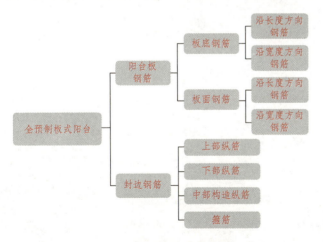

图 7.24　预制阳台钢筋组成

动画 7.3　预制钢筋混凝土阳台钢筋组成

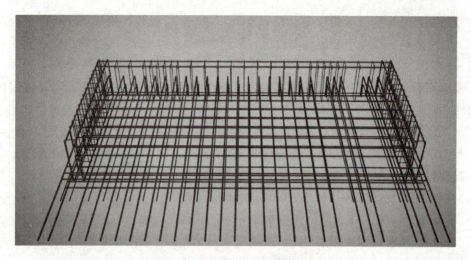

图 7.25　预制阳台钢筋三维模型

　　1)**阳台板钢筋**：由板底钢筋和板面钢筋组成。板底钢筋为由长度方向钢筋和宽度方向钢筋组成的钢筋网片，其中沿长度方向钢筋需外伸，外伸长度≥12d（d 为钢筋直径）且至少伸过梁（墙）中线；板面钢筋为由长度方向钢筋和宽度方向钢筋组成的钢筋网片，其中沿长度方向的钢筋需外伸，外伸长度应不小于 1.1L_a（L_a 为钢筋的锚固长度）。

　　2)**封边梁钢筋**：由上部纵筋、下部纵筋、中部构造纵筋和箍筋组成，其配筋类似于梁，当封边梁高度较大时，宜增设中部构造纵筋。

　　(2)钢筋图识读方法。

　　下面以"YTB-1"为例，介绍钢筋图（图 7.26）的图示内容和识读方法（完整图纸详见附录，编号 16）。

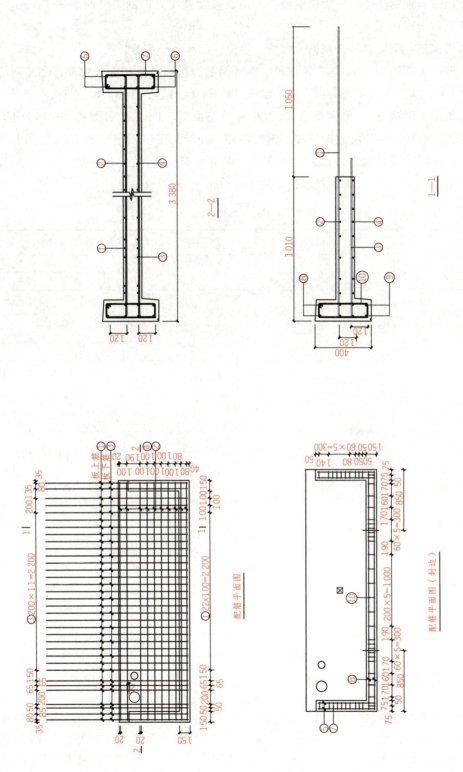

图7.26 预制阳台YTB-1钢筋图

1) **图名与绘图比例。**绘图比例一般为 1∶20 或 1∶30。

钢筋图由阳台板钢筋图、封边梁钢筋图、沿长度和宽度方向剖切的断面图 1—1、2—2 组成。绘图比例为 1∶20。

2) **阳台板钢筋：**钢筋编号、规格、数量、定位、形状及长度等。

阳台板钢筋编号有①、②、③、④四种。①号钢筋为板面沿长度方向钢筋；②号钢筋为板面沿宽度方向钢筋；③号钢筋为板底沿长度方向钢筋；④号钢筋为板底沿宽度方向钢筋。

板面沿长度方向钢筋（①号钢筋）：通过板配筋平面图、1—1 断面图和 2—2 断面图可知，该钢筋位于板面，沿长度方向分布，钢筋外伸，外伸长度应不小于 $1.1L_a$（图纸中外伸长度为 1 050 mm）。通过钢筋表（表 7.1）可知，该钢筋带 90°弯钩，规格为 $\Phi 8$，共 34 根，平直段长度为 2 035 mm，弯钩平直段长度为 120 mm。

表 7.1 阳台钢筋参数表

编号	数量	规格	形状
①	34	$\Phi 8$	120 / 2 035
②	10	$\Phi 10$	120 / 3 330
③	22	$\Phi 8$	120 / 1 115
④	10	$\Phi 10$	120 / 3 330
⑤	4	$\Phi 12$	180 / 820
⑥	4	$\Phi 12$	180 / 820
⑦	20	$\Phi 6$	350 / 100
⑧	2	$\Phi 12$	180 / 3 330
⑨	2	$\Phi 12$	180 / 3 330
⑩	26	$\Phi 6$	350

板面沿宽度方向钢筋（②号钢筋）：通过板配筋平面图可知，该钢筋位于板面，沿宽度方向分布。通过 1—1 断面图和 2—2 断面图可知，该钢筋不外伸，沿宽度方向钢筋在下布置。通过钢筋表（表 7.1）可知，该钢筋两端带 90°弯钩，弯钩上翻至翻边内。该钢筋规格为 $\Phi 10$，共 10 根，平直段长度为 3 330 mm，弯钩平直段长度为 120 mm。

板底沿长度方向钢筋（③号钢筋）：通过板配筋平面图、1—1 断面图和 2—2 断面图可知，该钢筋位于板底，沿长度方向分布，钢筋外伸，外伸长度≥12d（d 为钢筋直径）且至少伸过梁（墙）中线。通过钢筋表（表 7.1）可知，该钢筋带 90°弯钩，规格为 $\Phi 8$，共 22 根，平直段长度为 1 115 mm，弯钩平直段长度为 120 mm。

板底沿宽度方向钢筋（④号钢筋）：通过板配筋平面图可知，该钢筋位于板底，沿宽度方向分布。通过1—1断面图和2—2断面图可知，该钢筋不外伸，沿宽度方向钢筋在下布置。通过钢筋表（表7.1）可知，该钢筋两端带90°弯钩，弯钩下翻至翻边内。该钢筋规格为Φ10，共10根，平直段长度为3 330 mm，弯钩平直段长度为120 mm。

3）**封边梁钢筋**：上部纵筋、下部纵筋、中部构造纵筋、箍筋的编号、规格、定位、形状、长度等。

封边梁钢筋编号有⑤、⑥、⑦、⑧、⑨、⑩六种。⑤号钢筋为长度方向封边梁上部纵筋；⑥号钢筋为长度方向封边梁下部纵筋；⑦号钢筋为长度方向封边梁箍筋；⑧号钢筋为宽度方向封边梁上部纵筋；⑨号钢筋为宽度方向封边梁下部纵筋；⑩号钢筋为宽度方向封边梁箍筋。

长度方向封边梁上部纵筋（⑤号钢筋）：通过封边梁钢筋图和2—2断面图可知，该钢筋为长度方向封边梁的上部纵筋，共4根。通过钢筋表（表7.1）可知，该钢筋带90°弯钩，规格为Φ12，平直段长度为820 mm，弯钩平直段长度为180 mm。

长度方向封边梁下部纵筋（⑥号钢筋）：通过封边梁钢筋图和2—2断面图可知，该钢筋为长度方向封边梁下部纵筋，共4根。通过钢筋表（表7.1）可知，该钢筋带90°弯钩，规格为Φ12，平直段长度为820 mm，弯钩平直段长度为180 mm。

长度方向封边梁箍筋（⑦号钢筋）：通过封边梁钢筋图和2—2断面图可知，该钢筋为长度方向封边梁箍筋，共20根。通过钢筋表（表7.1）可知，该钢筋规格为Φ6。

箍筋间距参见封边梁钢筋图。因长度方向封边梁内有吊点预埋件和栏杆预埋件，埋件附近箍筋加密，加密区间距为60 mm。

宽度方向封边梁上部纵筋（⑧号钢筋）：通过封边梁钢筋图和1—1断面图可知，该钢筋为宽度方向封边梁的上部纵筋，共2根。通过钢筋表（表7.1）可知，该钢筋两端带90°弯钩，规格为Φ12，平直段长度为3 330 mm，弯钩平直段长度为180 mm。

宽度方向封边梁下部纵筋（⑨号钢筋）：通过封边梁钢筋图和1—1断面图可知，该钢筋为宽度方向封边梁的下部纵筋，共2根。通过钢筋表（表7.1）可知，该钢筋两端带90°弯钩，规格为Φ12，平直段长度为3 330 mm，弯钩平直段长度为180 mm。

宽度方向封边梁箍筋（⑩号钢筋）：通过封边梁钢筋图和1—1断面图可知，该钢筋为宽度方向封边梁的箍筋，共26根。通过钢筋表（表7.1）可知，该钢筋规格为Φ6。

箍筋间距参见封边梁钢筋图。因宽度方向封边梁内有吊点预埋件和栏杆预埋件，埋件附近箍筋加密，加密区间距为60 mm。

3. 节点详图

节点详图包括吊点预埋件大样图、栏杆预埋件大样图、滴水做法等。前面已分别在阳台模板图中做了介绍，此处不再赘述。

4. 材料统计表

材料统计表是将阳台板的各种材料信息分类汇总在表格里。材料统计表一般由构件参数表、预埋配件明细表和钢筋表组成。

（1）**构件参数表**。构件参数表主要表达阳台编号、阳台自重等信息。从表7.2可知，该预制阳台编号为YTB-1，构件长度为3 400 mm，构件标志宽度为1 010 mm，构件厚度为130 mm，构件质量为1 560 kg。

表7.2　构件参数表

墙板编号	构件长度/mm	标志宽度/mm	构件厚度/mm	质量/kg
YTB-1	3 400	1 010	130	1 560

识读钢筋图时，通过阳台板配筋平面图、封边梁配筋平面图和断面图，了解钢筋的种类、编号、定位、钢筋形状等。同时，还需配合钢筋表，了解钢筋的规格型号、形状、加工尺寸等信息。

预制钢筋混凝土阳台的钢筋类型通常可细分为以下种类：

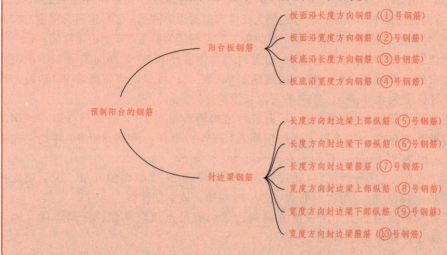

（2）**预埋配件明细表。**预埋配件明细表主要表达预埋件的类型、规格、数量等信息，见表7.3。此表与前面的模板图识读配套使用。

表7.3　预埋配件明细表

配件编号	配件名称	数量	图例	配件规格
MJ1	吊件（吊杆）	8	⊕	Φ24
DH1	预埋线盒	1	⊠	PVC86×86×70
CK150	预留孔洞	1	○	Φ150
CK100	预留孔洞	1	○	Φ100

（3）**钢筋表。**钢筋表主要表达阳台钢筋编号、数量、规格、名称、形状、加工尺寸、钢筋质量等信息，见表7.1，此表与前面的钢筋图识读配套使用。

5. 文字说明

文字说明主要是指构件在加工及施工过程中的注意事项（如混凝土强度等级、钢筋保护层厚度、粗糙面处理要求等）。图中文字说明有以下要求：

1）混凝土强度等级为C30，钢筋保护层厚度为20 mm。

2）⬡C所指方向做粗糙面，⬡M所指方向做模板面，⬡Y所指方向做压光面，粗糙面凹凸深度不小于4 mm。

3）△为预制阳台的安装方向。

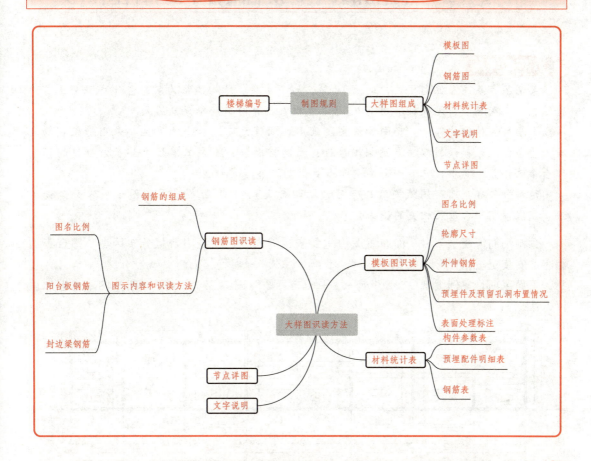

楼梯编号 —— 制图规则 —— 大样图组成
大样图组成：模板图、钢筋图、材料统计表、文字说明、节点详图

钢筋的组成
图名比例
钢筋图识读
阳台板钢筋 —— 图示内容和识读方法
封边梁钢筋

大样图识读方法

模板图识读：图名比例、轮廓尺寸、外伸钢筋、预埋件及预留孔洞布置情况、表面处理标注

材料统计表：构件参数表、预埋配件明细表、钢筋表

节点详图
文字说明

职业能力测验

职业能力测验与答案

任务7.3 构件吊装——预制阳台平面布置图识读

任务导入

某省某市某高层住宅项目，地上12层、地下1层，结构体系为装配整体式混凝土剪力墙结构，上人屋面。该项目采用EPC总承包模式，合同工期400日历天。

本项目主体结构部分：竖向构件主要采用预制剪力墙，水平构件主要采用桁架钢筋混凝土叠合板底板、预制楼梯、预制阳台板、预制空调板。某施工单位承接了该项目的预制阳台吊装任务。其中，三～十一层平面布置图见附录（编号02）。

请结合任务介绍和图纸内容，学习预制阳台YTB-1平面布置图的图示内容和识读方法，获取预制阳台吊装相关的图纸信息。

预制钢筋混凝土阳台平面布置图中主要表达的内容：预制阳台板分布区域、阳台板的编号、安装定位。

下面以项目案例图纸中"三～十一层平面布置图"（图7.27）为例，介绍其图示内容和识读方法。

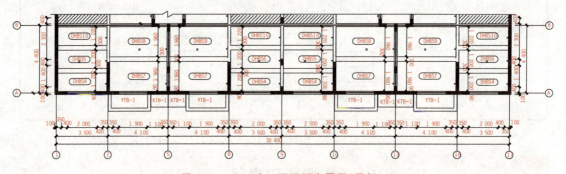

图7.27 三～十一层平面布置图(局部)

（1）**图名与绘图比例。**平面布置图绘图比例一般较小，常用的有1∶100、1∶150、1∶200。

如图7.27所示，图名为"三～十一层平面布置图"，比例为1∶100。

（2）**预制阳台分布区域。**如图7.27所示，有四个区域需安装阳台，②号、⑤号轴线围成的房间，⑤号、⑧号轴线围成的房间，⑩号、⑬号轴线围成的房间，⑬号、⑯号轴线围成的房间。

（3）**预制阳台的编号、安装定位。**预制阳台平面布置图中要反映每块预制阳台板的编号及定位。

预制阳台编号均为YTB-1，每层数量为4块。其安装位置、尺寸如图7.27所示。

职业能力测验与答案

任务 7.4　构件连接——预制阳台连接节点大样图识读

任务导入

某省某市某高层住宅项目,地上 12 层、地下 1 层,结构体系为装配整体式混凝土剪力墙结构,上人屋面。该项目采用 EPC 总承包模式,合同工期 400 日历天。

本项目主体结构部分:竖向构件主要采用预制剪力墙,水平构件主要采用桁架钢筋混凝土叠合板底板、预制楼梯、预制阳台板、预制空调板。某施工单位承接了该项目的预制阳台节点施工任务。其中,预制阳台 YTB-1 与主体结构的连接节点大样图如图 7.28 所示。

请结合任务介绍和图纸内容,学习预制阳台连接节点大样图的图示内容和识读方法,获取预制阳台节点施工相关的图纸信息。

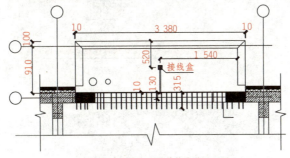

全预制板式阳台与主体结构安装平面图

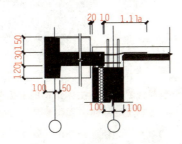

全预制板式阳台与主体结构连接节点图

图 7.28　预制阳台 YTB-1 与主体结构的安装节点大样图

《预制钢筋混凝土阳台板、空调板及女儿墙》(15G368-1)图集中介绍了三种预制阳台与主体结构的连接形式：全预制板式阳台与主体结构的连接；叠合板式阳台与主体结构的连接；全预制梁式阳台与主体结构的连接。

7.4.1　全预制板式阳台与主体结构的连接(1+X)

全预制板式阳台与主体结构的连接节点详图，如图7.29所示。具体的构造要求如下：

(1)阳台板与剪力墙内叶板有10 mm的搭接，剪力墙外叶板与阳台封边梁之间预留不小于20 mm的安装间隙。

(2)阳台板板底沿长度方向的外伸钢筋，需满足与主体结构的构造连接要求，外伸长度≥12d(d为钢筋直径)且至少伸过梁(墙)中线；阳台板板面沿长度方向的负弯矩筋，外伸长度不应小于1.1L_a(L_a为钢筋的锚固长度)。

(3)预制阳台板封边梁与主体结构的预留缝需做防水、密封处理。栏杆安装完成后，预埋件处预留槽应以水泥砂浆抹平。

本项目案例图纸中，阳台采用全预制板式阳台，由阳台与主体结构的安装节点大样图(图7.28)可得到如下信息：

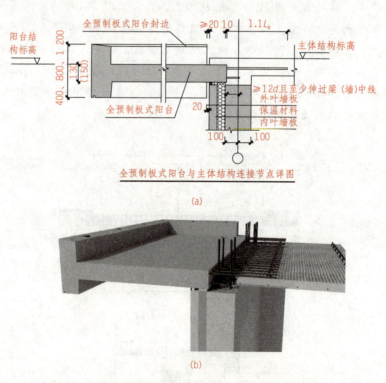

图7.29　全预制板式阳台与主体结构的连接节点详图
(a)构造图；(b)三维模型图

阳台板总长度为1 010 mm(910+100=1 010 mm)、总宽度为3 380 mm、厚度为130 mm。阳台封边梁高度为400 mm(凸出阳台板150 mm)，封边梁宽度为150 mm。

阳台板与剪力墙内叶板有10 mm的搭接，剪力墙外叶板与封边梁的外轮廓线之间设置不小于 20 mm 的空隙。

由前述内容可知,阳台板板底长度方向的外伸钢筋,应满足与主体结构的构造连接要求,外伸长度≥12d(d 为钢筋直径)且至少伸过梁(墙)中线;阳台板板面长度方向的负弯矩筋,外伸长度应不小于 1.1L_a(L_a 为钢筋的锚固长度),考虑到阳台板标高比主体结构标高略低,为保证板面钢筋的连续,外伸钢筋要向上弯折。

7.4.2　叠合板式阳台与主体结构的连接(1+X)

叠合板式阳台与主体结构的连接节点详图,如图 7.30 所示。具体构造要求如下:

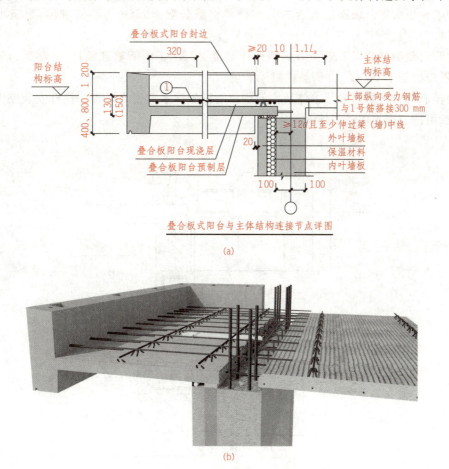

图 7.30　叠合板式阳台与主体结构的连接节点详图
(a)构造图;(b)三维模型图

(1)阳台板与剪力墙内叶板有 10 mm 的搭接,剪力墙外叶板与阳台封边之间预留不小于 20 mm 的安装间隙。

(2)为保证长度方向钢筋传力,**预制阳台板的板面需布置预留外伸钢筋**,外伸钢筋一端锚入阳台封边,另一端外伸,用于与后浇叠合层受力筋搭接,搭接长度为 300 mm。

(3)**阳台预制板板底,沿长度方向的外伸钢筋**,需满足与主体结构的构造连接要求,**外伸长度≥12d(d 为钢筋直径)且至少伸过梁(墙)中线;阳台板后浇叠合层内沿长度方向布置**

的受力筋，锚入支座长度不小于 $1.1L_a$（L_a 为钢筋的锚固长度）。

（4）预制阳台板封边梁与主体结构的预留缝需做防水、密封处理，栏杆安装完毕后，预埋件处预留槽应以水泥砂浆抹平。

7.4.3　全预制梁式阳台与主体结构的连接(1+X)

全预制梁式阳台与主体结构的连接节点详图，如图 7.31 所示。具体的构造要求如下：

（1）阳台板与剪力墙内叶板有 10 mm 的搭接，剪力墙外叶板与阳台封边之间预留不小于 20 mm 的安装间隙。

（2）阳台板板底、板面沿长度方向的外伸钢筋长度 $\geqslant 5d$（d 为钢筋直径）且至少伸过梁（墙）中线。

（3）阳台预制悬挑梁下部受力钢筋外伸长度 $\geqslant 15d$（d 为钢筋直径）；上部受力钢筋，外伸长度不应小于 $1.1L_a$（L_a 为钢筋的锚固长度）。

（4）预制阳台板封边梁与主体结构的预留缝需做防水、密封处理。栏杆安装完毕后，预埋件处预留槽应以水泥砂浆抹平。

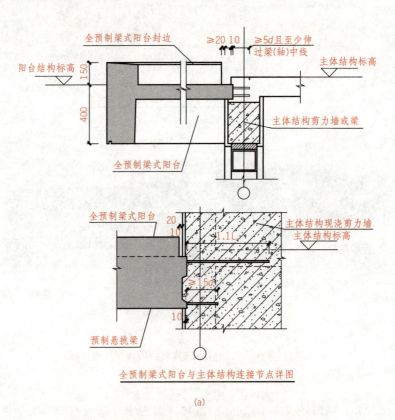

全预制梁式阳台与主体结构连接节点详图

(a)

图 7.31　全预制梁式阳台与主体结构的连接节点详图

(a)构造图

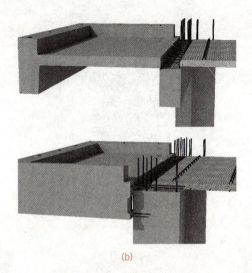

(b)

图 7.31　全预制梁式阳台与主体结构的连接节点详图(续)

(b)三维模型图

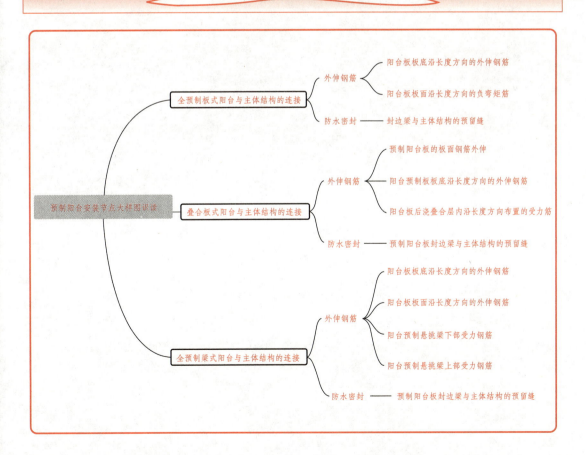

职业能力测验

职业能力测验与答案

拓展资源

绿色建筑创建行动方案

住房和城乡建设部等部门
关于加快新型建筑
工业化发展的若干意见

住房和城乡建设部等部门
关于推动智能建造与建筑
工业化协同发展的指导意见

项目 8　预制钢筋混凝土空调板

内容提要

　　预制钢筋混凝土空调板是装配整体式混凝土结构中构造较为简单的水平构件。本项目基于构件认知——预制钢筋混凝土空调板构造、构件生产——预制钢筋混凝土空调板大样图识读、构件吊装——预制钢筋混凝土空调板平面布置图识读、构件连接——预制钢筋混凝土空调板安装节点大样图识读四个学习任务，旨在培养大家掌握预制钢筋混凝土空调板构造、正确识读预制钢筋混凝土空调板图纸、获取构件生产及施工阶段所需的图纸信息。

学习目标

知识目标

(1) 了解预制钢筋混凝土空调板的分类和编号规则；

(2) 掌握预制钢筋混凝土空调板的构造组成和构造要求；

(3) 掌握预制钢筋混凝土空调板大样图的图示内容和识读方法；

(4) 掌握预制钢筋混凝土空调板平面布置图的图示内容和识读方法；

(5) 掌握预制钢筋混凝土空调板安装节点大样图的图示内容和识读方法。

能力目标

(1) 能够熟练识读预制钢筋混凝土空调板大样图和平面布置图；

(2) 能够根据图纸内容，准确获取预制钢筋混凝土空调板生产、吊装施工所需的信息。

素养目标

树立建人民满意好房子的意识。

任务 8.1　构件认知——预制钢筋混凝土空调板构造

任务导入

　　某省某市某高层住宅项目，地上 12 层、地下 1 层，结构体系为装配整体式混凝土剪力墙结构，上人屋面。该项目采用 EPC 总承包模式，合同工期 400 日历天。

　　本项目主体结构部分：竖向构件主要采用预制剪力墙，水平构件主要采用桁架钢筋混凝土叠合板底板、预制楼梯、预制阳台板、预制空调板。

　　请结合以上介绍，完成对预制钢筋混凝土空调板分类和构造组成的学习与认知。

8.1.1 认识空调板

预制钢筋混凝土空调板常见类型如下。

（1）按组合形式分类。预制钢筋混凝土空调板按照组合形式的不同，可分为**独立空调板**（图8.1）和**合并空调板**（图8.2）。独立空调板一般为全预制板；合并空调板一般为预制阳台板与空调板合用构件。在实际工程中建议空调板集中布置，并且考虑到施工效率，宜与阳台合并设置。

（2）按构造形式分类。预制钢筋混凝土空调板按照构造形式的不同，可分为**平板式空调板**（图8.3）和**带反檐空调板**（图8.4）。平板式空调板的造型简单，为平面构件；有反檐的空调板的造型相对复杂，为空间构件。

图 8.1 独立空调板

图 8.2 合并空调板

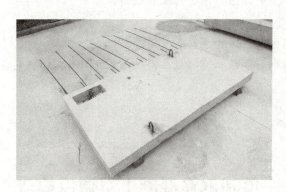

图 8.3 平板式空调板

图 8.4 带反檐空调板

8.1.2 剖析空调板(1＋X)(GZ008)

1. 外伸钢筋

为保证预制空调板与主体结构连接的牢固可靠，空调板板面长度方向的负弯矩筋应伸入主体结构后浇层，与主体结构的梁板钢筋可靠绑扎，浇筑成整体，**负弯矩筋伸入主体结构水平段长度应不小于 $1.1L_a$**（L_a 为钢筋的锚固长度）。预制空调板外伸钢筋如图8.5所示。

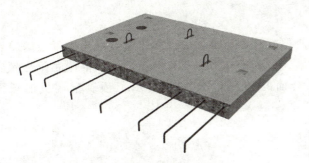

图 8.5 预制空调板外伸钢筋

动画 8.1 预制钢筋混凝土空调板构造

2. 预留预埋

预制钢筋混凝土空调板的预留预埋常有**预留孔洞、吊点预埋件、栏杆(百叶)预埋件**等。

(1)预留孔洞。空调板上的预留孔洞常为雨水管、冷凝水管、地漏预留孔等，如图 8.6 所示。预留孔洞尺寸一般相比管道尺寸适当放大。

(2)吊点预埋件。预制空调板吊点预埋件可采用吊钉、吊环等，如图 8.7 所示。为安装吊件方便，需预先在空调板内固定预埋件。吊点预埋件可设三个或四个，宜在板面上对称布置。

图 8.6 空调板预留孔洞

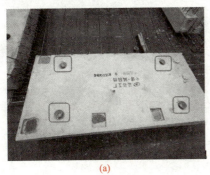

(a)

(b)

图 8.7 吊点预埋件

(a)吊钉；(b)吊环

(3)栏杆(百叶)预埋件。为方便预制空调板周围栏杆的安装，宜在板面上设置预埋件，如图 8.8 所示。预埋件可采用预埋钢件，预埋件的形式、数量、位置由设计确定。

3. 细部构造

对于带反檐空调板，为防止雨水等室外水直接沿反檐流下而侵蚀墙体，在**反檐底面下边缘应设置凹槽形滴水线，**如图 8.9 所示。

图 8.8 空调板栏杆(百叶)安装预埋件

4. 板面处理

预制空调板的板面有三种不同的处理方法：**粗糙面——空调板与后浇混凝土的结合面；模板面——构件制作时与模板接触的面；压光面——其余使用面**。粗糙面凹凸深度不小于 4 mm，粗糙面面积不小于结合面的 80%。图 8.10 展示了预制空调板的板面处理。

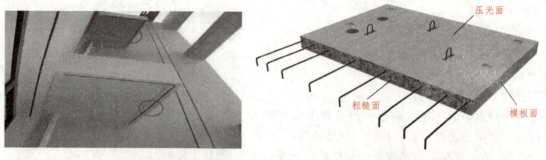

图 8.9　带反檐空调板底部的凹槽形滴水线　　　　**图 8.10　预制空调板板面处理**

课后总结思维导图

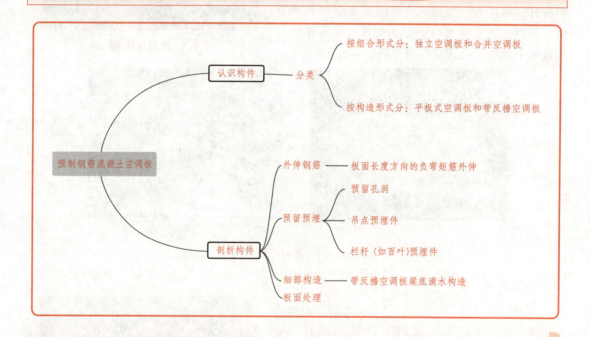

职业能力测验

职业能力测验与答案

任务 8.2　构件生产——预制钢筋混凝土空调板大样图识读

▶▶ 任务导入

某省某市某高层住宅项目，地上 12 层、地下 1 层，结构体系为装配整体式混凝土剪力墙结构，上人屋面。该项目采用 EPC 总承包模式，合同工期 400 日历天。

本项目主体结构部分：竖向构件主要采用预制剪力墙，水平构件主要采用桁架钢筋混凝土叠合板底板、预制楼梯、预制阳台板、预制空调板。某构件厂承接了该项目预制空调板的生产任务。其中，预制空调板 KTB-1 的大样图见附录（编号 17）。

请结合以上任务介绍和图纸内容，学习预制钢筋混凝土空调板大样图的图示内容和识读方法，获取预制钢筋混凝土空调板生产相关的图纸信息。

8.2.1　制图规则

1. 空调板编号

预制空调板的编号与空调板长度、宽度有关。《预制钢筋混凝土阳台板、空调板及女儿墙》(15G368-1)中规定：预制空调板的代号为 KTB；空调板的长度尺寸有 630 mm、730 mm、740 mm、840 mm；宽度尺寸有 1 100 mm、1 200 mm、1 300 mm；厚度为 80 mm。预制空调板的编号规则如图 8.11 所示。

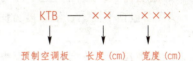

图 8.11　预制钢筋混凝土空调板编号

编号举例：KTB-84-130：表示预制空调板长度为 840 mm，预制空调板宽度为 1 300 mm。在工程实践中，各设计院也可以按本院的命名习惯对空调板进行编号。

2. 空调板大样图组成

预制空调板大样图主要包括模板图、钢筋图、节点详图、材料统计表及文字说明。

模板图由平面图和断面图组成。模板图的主要内容包括预制空调板的轮廓尺寸、预留预埋件的布置情况、构件完成面情况、钢筋外伸情况等。模板图是模具制作和模具组装的依据。

钢筋图由钢筋平面图和断面图组成。钢筋图的主要内容包括空调板负弯矩钢筋的编号、规格、定位及外伸长度，分布钢筋的编号、规格、定位。钢筋图是钢筋下料、绑扎、安装的依据。

8.2.2　预制空调板大样图识读(1＋X)(GZ008)

1. 模板图识读

模板图由平面图和沿宽度方向、长度方向剖切的断面图组成。下面以"KTB-1"为例，介绍模板图（图 8.12）的图示内容和识读方法（完整图纸详见附录，编号 17）。

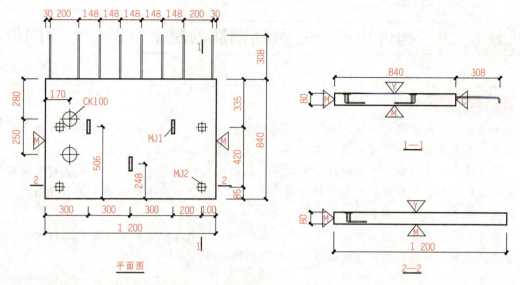

图 8.12　预制空调板 KTB-1 模板图

（1）**图名比例。**绘图比例一般为 1∶20 或 1∶30。

模板图包括平面图、沿长度方向剖切的断面图（1—1）、沿宽度方向剖切的断面图（2—2）。绘图比例为 1∶20。

（2）**轮廓尺寸。**轮廓尺寸主要查看空调板的轮廓及长度、宽度、厚度尺寸等信息。若空调板带反檐，还应结合断面图查看反檐的位置及长度、宽度、高度尺寸。

本项目预制空调板为平板式，长度为 840 mm，宽度为 1 200 mm，板厚为 80 mm。

（3）**外伸钢筋。**外伸钢筋主要查看钢筋有无外伸及外伸形式。

由平面图、断面图可知，板面长度方向的钢筋外伸，外伸形式为带 90°弯钩，外伸长度为 308 mm。

（4）**预埋件及预留孔洞布置情况。**其主要查看预埋件的布置（如类型、数量、位置）、预留孔洞的布置（如孔洞类型、规格、数量、位置）等情况。

预制空调板模板图上表达了吊点预埋件、栏杆预埋件、预留孔洞的预留预埋情况。

1）**吊点预埋件：**位于预制空调板上表面，共 3 个，定位尺寸见平面图。本项目吊点预埋件为弯钩形吊筋，具体做法见大样图（图 8.13）。由大样图可知，吊筋为直径 8 mm 的 HPB300 级钢筋，吊筋埋入空调板内的深度为 65 mm。同

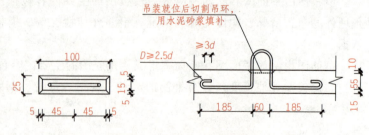

图 8.13　吊点预埋件大样图

时，在空调板对应位置预留凹槽，凹槽尺寸为 100 mm×25 mm，深度为 10 mm。构件运至现场后切掉吊钩，凹槽抹灰补平。

2）**栏杆预埋件：**位于预制空调板上表面，共 4 个，定位尺寸见平面图。本项目栏杆预埋件为预埋钢板，具体做法见大样图（图 8.14）。由大样图可知：钢板尺寸为 50 mm×50 mm×6 mm。钢板下焊接两根直径为 8 mm 的 HRB400 级钢筋，埋入深度为 60 mm。在具体工程中，

也可以选择其他形式的预埋件，预埋件位置由设计确定，预埋件表面应做防腐处理。

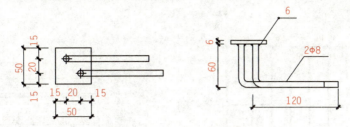

图 8.14　栏杆预埋件大样图

3）预留孔洞：位于预制空调板上表面，为落水管预留孔，共两个，直径为 100 mm，定位尺寸见平面图。宽度方向：孔中心均距离构件左边缘 170 mm；长度方向：靠近墙体一侧的孔洞，中心距离预制墙体的外表面 280 mm，远离墙体一侧的孔洞，中心距离预制墙体的外表面 530 mm。

（5）表面处理标注。以"△C"代表粗糙面，"△M"代表压光面，"△Y"代表模板面。

预制空调板与主体结构连接的结合面设置粗糙面，空调板制作时与模板接触的面设置模板面，其余使用面（本工程中为上表面）设置压光面。

总　结

识读模板图时，通过平面图和断面图，了解预制空调板的轮廓形状，空调板的长度、宽度、厚度（如带反檐，还要了解反檐的截面宽度、高度和细部构造），空调板的外伸钢筋和表面处理做法；通过节点详图，了解吊点预埋件、栏杆预埋件、预留孔洞的构造做法。识读模板图时，平面图和断面图要配合识读；同时，还需结合预埋配件明细表、节点详图和文字说明辅助识读。

2. 钢筋图的识读

（1）预制钢筋混凝土空调板钢筋的组成。预制空调板为悬挑构件，预制空调板的钢筋网片位于板面。**钢筋网片由负弯矩钢筋（受力钢筋）和分布钢筋组成**，如图 8.15 所示。

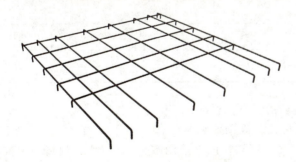

图 8.15　预制空调板板面钢筋

动画 8.2　预制钢筋混凝土空调板钢筋构造

负弯矩钢筋：沿板悬挑长度方向布置，位于分布钢筋之上。为保证预制空调板与主体结构连接的牢固可靠，负弯矩筋伸入主体结构的长度不应小于 $1.1L_a$（L_a 为钢筋的锚固长度）。

分布钢筋：沿板宽度方向布置，位于负弯矩筋之下，为构造配筋。

（2）钢筋图识读。预制空调板钢筋图由钢筋平面图和沿宽度方向、长度方向剖切的断面图组成。识读时，需结合钢筋表一起识读。

下面以"KTB-1"为例,介绍钢筋图(图 8.16)的图示内容和识读方法(完整图纸详见附录,编号 17)。

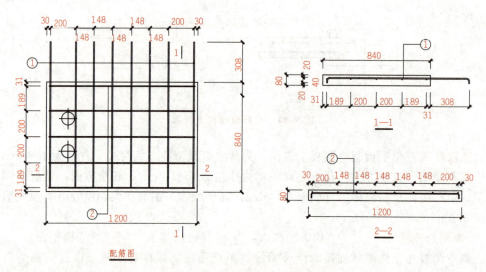

图 8.16 预制空调板 KTB-1 钢筋图

1)**图名与绘图比例。**绘图比例一般为 1:20 或 1:30。

钢筋图包括钢筋平面图、沿长度方向剖切的断面图(1—1)、沿宽度方向剖切的断面图(2—2)。绘图比例为 1:20。

2)**负弯矩钢筋。**负弯矩钢筋包括钢筋的编号、规格、定位、形状及外伸形式、外伸长度等信息。

通过板配筋平面图和 1—1 断面图可知,该钢筋编号为①,位于板面,沿长度方向分布,钢筋外伸,外伸长度为 308 mm。通过表 8.1 可知,该钢筋两端带 90°弯钩,规格为 ⊈8,共 7 根,平直段长度为 1 128 mm,弯钩平直段长度为 40 mm。

表 8.1 强制钢筋混凝土空调配筋表

预制空调板编号	①			②		
	规格	加工尺寸/mm	根数	规格	加工尺寸/mm	根数
KTB-1	⊈8	40⌐ 1 128 ⌐40	7	⊈6	40⌐ 1 160 ⌐40	5

3)**分布钢筋。**分布钢筋主要介绍钢筋的编号、规格、定位等信息。

通过板配筋平面图和 2—2 断面图可知,该钢筋编号为②,位于板面,沿宽度方向分布,钢筋位于负弯矩钢筋之下。通过表 8.1 可知,该钢筋两端带 90°弯钩,规格为 ⊈6,共 5 根,平直段长度为 1 160 mm,弯钩平直段长度为 40 mm。

>> **注意事项**

当预制洞口直径(或者边长)小于 300 mm 时,空调板板面钢筋绕过洞口,不得切断。此时,空调板钢筋不一定均布布置,但应保证板内总配筋量满足规范要求。

识读钢筋图时，通过空调板配筋平面图、封边梁配筋平面图和断面图，了解钢筋的种类、编号、定位、钢筋形状等。同时，还需配合钢筋表，了解钢筋的规格型号、形状、加工尺寸等信息。

3. 节点详图

节点大样图包括吊点预埋件大样图、栏杆预埋件大样图等，前面已分别在空调板模板图中做了介绍，此处不再赘述。

4. 材料统计表

材料统计表是将预制空调板的各种材料信息分门别类地归纳在表格里。空调板材料统计表一般由构件参数表、预埋配件明细表和钢筋表组成。

(1) **构件参数表**。构件参数表主要表达空调板编号、空调板自重等信息，从表 8.2 可知，该预制空调板编号为 KTB-1，构件长度为 840 mm，构件宽度为 1 200 mm，构件厚度为 80 mm，构件质量为 202 kg。

表 8.2 预制空调板参数表

预制空调板编号	长度/mm	宽度/mm	厚度/mm	质量/kg
KTB-1	840	1 200	80	202

(2) **预埋配件明细表**。预埋配件明细表主要表达预埋件的类型、规格、数量等信息，见表 8.3。此表与前面的模板图识读配套使用。

表 8.3 预埋配件明细表

配件编号	配件名称	数量	图例	配件规格
MJ1	吊件(吊环)	3	▯	φ8
MJ2	预埋件	4	⊞	−6×50×50
CK100	预留孔洞	2	○	φ100

(3) **钢筋表**。钢筋表主要表达空调板钢筋编号、数量、规格、形状、加工尺寸、钢筋质量等信息，见表 8.1。此表与前面的钢筋图识读配套使用。

5. 文字说明

文字说明主要是指构件在加工及施工过程中的注意事项(如混凝土强度等级、钢筋保护层厚度、预留预埋件的施工要求等)。

文字说明主要指构件在加工及施工过程中的注意事项(如混凝土强度等级、钢筋保护层厚度、粗糙面处理要求等)。图中，文字说明有以下要求：

(1) 混凝土强度等级为 C30。

(2) 钢筋保护层厚度为 20 mm。

(3) △C 所指方向做粗糙面，△M 所指方向做模板面，△Y 所指方向做压光面，粗糙面凹凸深度不小于 4 mm。

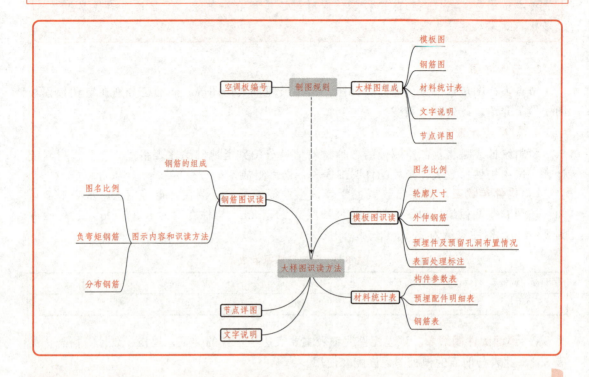

职业能力测验与答案

任务 8.3　构件吊装——预制钢筋混凝土空调板平面布置图识读

>> 任务导入

　　某省某市某高层住宅项目，地上12层、地下1层，结构体系为装配整体式混凝土剪力墙结构，上人屋面。该项目采用EPC总承包模式，合同工期400日历天。

　　本项目主体结构部分：竖向构件主要采用预制剪力墙，水平构件主要采用桁架钢筋混凝土叠合板底板、预制楼梯、预制阳台板、预制空调板。某施工单位承接了该项目的预制空调板吊装任务。其中，三~十一层布置图见附录（编号02）。

　　请结合以上任务介绍和图纸内容，学习平面布置图的图示内容和识读方法，获取预制钢筋混凝土空调板安装的相关信息。

预制钢筋混凝土空调板平面布置图中主要表达的内容：预制空调板分布区域、空调板的编号、安装定位。

下面以项目案例图纸中"三～十一层平面布置图"（图 8.17）为例，介绍其图示内容和识读方法。

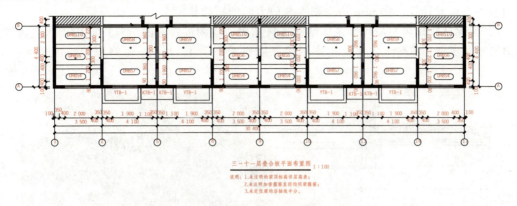

三～十一层叠合板平面布置图 1：100

说明：1.未注明的梁顶标高详见高表；
2.未注明钢筋箍筋直径均同梁箍筋；
3.未定位板均沿轴线中分。

图 8.17　三～十一层平面布置图（局部）

（1）**图名与绘图比例。**平面布置图绘图比例一般较小，常用的有 1：100、1：150、1：200。如图 8.17 所示，图名为"三～十一层平面布置图"，比例为 1：100。

（2）**预制空调板分布区域。**如图 8.17 所示，有两个区域需安装空调板，分别位于Ⓐ与⑤号相交处左右两侧，Ⓐ轴与⑬号相交处左右两侧。

（3）**预制阳台的编号、安装定位。**预制空调板平面布置图中要反映每块预制空调板的编号及定位。

预制空调板编号均为 KTB-1，每层数量为 4 块。其安装位置、尺寸如图 8.17 所示。

职业能力测验

职业能力测验与答案

任务 8.4　构件连接——预制钢筋混凝土空调板安装节点大样图识读

任务导入

某省某市某高层住宅项目，地上 12 层、地下 1 层，结构体系为装配整体式混凝土剪力墙结构，上人屋面。该项目采用 EPC 总承包模式，合同工期 400 日历天。

本项目主体结构部分：竖向构件主要采用预制剪力墙，水平构件主要采用桁架钢筋混凝土叠合板底板、预制楼梯、预制阳台板、预制空调板。某施工单位承接了该项目的预制空调板安装任务，其中预制空调板与主体结构的安装节点大样图见附录(编号17)。

　　请结合以上任务介绍和图纸内容，学习节点大样图的图示内容和识读方法，获取预制空调板节点施工的相关信息。

　　预制空调板与主体结构的安装节点大样图，如图8.18所示。由图8.18可知：

　　(1)预制空调板长度(L)=预制空调板挑出长度(L_1)+10 mm。空调板挑出长度(L_1)从剪力墙外表面起计算，10 mm为空调板与剪力墙的搭接长度。

　　(2)为保证空调板与墙体等主体结构连接牢固，空调板板面的负弯矩筋应伸入主体结构一定长度。**负弯矩筋伸入主体结构水平段长度应不小于 $1.1L_a$(L_a 为钢筋的锚固长度)，钢筋末端带 90°弯钩。**

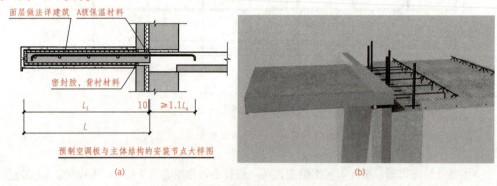

图8.18　预制空调板与主体结构的安装节点大样图
(a)构造图；(b)三维模型图

项目9 预制构件结构专项设计说明

内容提要

　　预制构件结构专项设计说明是装配式结构生产施工的重要依据，需逐条认真阅读。本项目以某预制混凝土剪力墙结构的"预制构件结构专项设计说明"为例，介绍其内容和识读方法。

学习目标

知识目标
(1) 了解预制构件结构专项设计说明的主要内容；
(2) 掌握预制构件结构专项设计说明的识读要点和识读方法。

能力目标
能够熟练识读预制构件结构专项设计说明。

素养目标
树立全生命周期绿色低碳建造的意识。

　　预制构件结构专项设计说明具有全局性、纲领性，是装配式结构生产施工的重要依据，需逐条认真阅读。在识图时，应与结构平面图，预制构件大样图及节点大样图等配合使用。预制构件结构专项设计说明的内容详略与工程的复杂程度相关，但通常应包括**工程概况、设计依据、材料要求、预制构件的生产和检验、预制构件的运输与堆放、现场施工和吊装、验收、其他、节点通用做法**等内容。

　　下面以某预制混凝土剪力墙结构的"预制构件结构专项设计说明"为例，介绍其内容和识读方法。

1. 工程概况

　　工程概况常包括工程所采用的结构类型、建筑高度、抗震等级、预制装配范围、预制构件种类等。

示例

　　1.1 本工程所有住宅采用**装配整体式混凝土结构**，其中 1～11 号楼为地上 8F，2～8F 为预制装配，屋顶及其余均现浇；12、13 号楼为地上 6F，2～6F 为预制装配，屋顶及其余均现浇 14～19 号楼为地上 3F，1～3F 为预制装配，屋顶及其余均现浇。

　　基本概况详见表1（土地出让合同规定装配式住宅实施比例：100%）。

表 1　各单体基本概况

楼号	地上层数	房屋高度/m	结构类型	抗震等级	备注
1～11 号	8	23.350	装配整体式剪力墙	四级	保障房
12、13 号	6	14.650	装配整体式剪力墙	四级	保障房
14～19 号	3	9.650	装配整体式框架	框架三级	院墅

土地出让合同规定单体预制装配率：40％以上。

1.2 本工程包含的预制构件有预制外墙板、预制内墙板、预制阳台板、预制楼梯、预制叠合楼板、预制空调板。

2. 设计依据

设计依据阐明预制部分所执行的国家标准、规范、规程及配套的图集。

示　例

2.1　预制部分主要标准、规范、规程

《装配式混凝土结构技术规程》	JGJ 1—2014
《钢筋焊接及验收规程》	JGJ 18—2012
《钢筋机械连接技术规程》	JGJ 107—2016
《钢筋套筒灌浆连接应用技术规程》	JGJ 355—2015
《预应力混凝土用金属波纹管》	JG/T 225—2020
《钢筋焊接网混凝土结构技术规程》	JGJ 114—2014
《钢筋连接用套筒灌浆料》	JG/T 408—2019
《钢筋连接用灌浆套筒》	JG/T 398—2019
《钢筋锚固板应用技术规程》	JGJ 256—2011
《混凝土结构工程施工规范》	GB 50666—2011
《装配式混凝土建筑技术标准》	GB/T 51231—2016
《装配整体式住宅混凝土构件制作、施工及质量验收规程》	DG/TJ 08—2069—2010
《装配整体式混凝土居住建筑设计规程》	DG/TJ 0—2071—2016
《装配整体式混凝土结构施工及质量验收规范》	DGJ 08—2117—2012
《装配整体式混凝土公共建筑设计规程》	DGJ 08—2154—2014

2.2　预制部分配套图集

《装配式混凝土结构住宅建筑设计示例(剪力墙结构)》	15J939-1
《装配式混凝土结构表示方法及示例》	15G107-1
《装配式混凝土结构连接节点构造(2015年合订本)》	15G310-1～2
《预制混凝土剪力墙外墙板》	15G365-1
《预制钢筋混凝土板式楼梯》	15G367-1
《预制钢筋混凝土阳台板、空调板及女儿墙》	15G368-1
《桁架钢筋混凝土叠合板(60 mm厚底板)》	15G366-1
《装配整体式混凝土住宅构造节点图集》	DBJT 08—116—2013

3. 材料要求

说明对各种材料的质量要求，包括对混凝土、钢筋、钢材、连接材料的质量要求等。材料的质量要求应满足"结构设计总说明"的规定，同时应满足预制构件在生产、吊装、安装阶段的质量要求。

示 例

3.1 混凝土

3.1.1 混凝土强度等级应满足"结构设计总说明"规定，其中预制剪力墙板的混凝土强度值在标准养护条件下 28 d 标准值不得高于设计值的 20%。

3.1.2 对水泥、骨料、矿物掺合料、外加剂等的设计要求详见"结构设计总说明"，应特别保证骨料级配的连续性，未经设计单位批准，混凝土中不得掺加早强剂或早强型减水剂。

3.1.3 混凝土配合比除满足设计强度要求外，尚需根据预制构件的生产工艺、养护措施等因素确定。

3.1.4 预制构件脱模起吊时，混凝土立方体抗压强度实测值不得低于设计强度值的 75%，且不应小于 15 N/mm²，吊装时应达到设计强度值。

3.1.5 预制构件连接部位坐浆材料的强度等级不应低于被连接构件混凝土的强度等级，且应满足表 2 的要求。

表 2　各项目的性能指标

项目	性能指标
砂浆流动度	130～170 mm
抗压强度 1 d	30 MPa

3.1.6 现浇部分的混凝土强度等级不应小于预制构件的混凝土强度等级。

3.1.7 本项目建议施工单位现场预拌混凝土与预制构件加工所用混凝土采用相同的供应厂家，并对剪力墙、叠合楼板等构件使用的混凝土配合比进行协调管理。

3.2 钢筋、钢材

预制构件使用的钢筋和钢材牌号及性能详见"结构设计总说明"。

3.3 连接材料

3.3.1 预制剪力墙板纵向受力钢筋连接采用钢筋套筒灌浆连接接头，接头性能应符合《钢筋机械连接技术规程》(JGJ 107—2016)中 I 级接头的要求；灌浆套筒应符合《钢筋连接用灌浆套筒》(JG/T 398—2019)的有关规定，同时应采用符合现行国家标准《优质碳素结构钢》(GB/T 699—2015)规定的优质碳素结构钢、《合金结构钢》(GB/T 3077—2015)规定的合金钢或《球墨铸铁件》(GB/T 1348—2019)规定的球墨铸铁制作。

3.3.2 钢筋套筒灌浆连接接头采用的灌浆料应符合现行行业标准《钢筋连接用套筒灌浆料》(JG/T 408—2019)的规定。其中，钢筋套筒连接用灌浆料的主要技术性能应符合表 3 的规定。

表 3 钢筋套筒连接用灌浆料的主要技术性能指标

项目		性能指标
流动度	初始值	≥300 mm
	30 min 实测值	≥260 mm
抗压强度	龄期 1 d	≥35 MPa
	龄期 3 d	≥60 MPa
	龄期 28 d	≥85 MPa
竖向自由膨胀率/%	3 h 实测值	≥0.02%
	24 h 与 3 h 差值	0.02%～0.50%
氯离子含量/%		≤0.03%
泌水率/%		0.0
施工最低温度控制值		≥5 ℃
对钢筋锈蚀作用		无

3.3.3 施工用预埋件的性能指标应符合现行国家标准《混凝土结构设计规范（2015 年版）》（GB 50010—2010）的有关规定。专用预埋件及连接材料应符合现行国家有关标准的规定，且应满足预制构件吊装和临时支撑等需要。预埋件钢板材质为 Q235B，预埋件严禁使用冷加工钢筋，表面做热浸镀锌处理。木砖需做防腐处理，使用年限应与建筑使用年根相同。

3.3.4 连接用焊接材料、螺栓、锚栓和铆钉等紧固件的材料应符合现行国家标准《钢结构设计标准》（GB 50017—2017）、《钢筋焊接及验收规程》（JGJ 18—2012）的规定。

3.3.5 预制构件连接部位坐浆材料的强度等级不应低于被连接构件混凝土强度等级，且应满足下列要求：砂浆流动度（130～170 mm），1 d 抗压强度值（30 MPa）；预制楼梯与主体结构的找平层采用干硬性砂浆，其强度等级不低于 M15。

3.3.6 预制混凝土夹心保温外墙板采用的拉结件宜采用 FRP（纤维增强复合材料）或不锈钢等产品，同时应符合下列规定：

（1）金属和非金属材料拉结件均应具有规定的承载力变形和耐久性能，并应经过试验验证。

（2）拉结件应满足夹心外墙板的节能设计要求。

4. 预制构件的生产和检验

预制构件的生产和检验包括对预制构件生产采用的模具的要求及检验、构件生产过程中的注意事项、构件的允许尺寸偏差及检验方法等。

4.1 预制构件生产应采用**定型钢制模具**，模具除须满足承载力、刚度和整体稳定性的要求外，还应满足预制构件质量、生产工艺、模具组装与拆卸，周转次数等要求，同时，应满足预制构件预留孔洞、插筋、预埋件的安装定位要求，并应根据设计要求预设反拱。模具尺寸的允许偏差和检验方法详见表4；应确保模具的加工和组装精度，并根据构件加工过程中的误差分析，对模具、固定措施等进行调整。

表 4　模具的检验

检验项目及内容		允许偏差/mm	检验方法
长度		+1，−2	用钢尺量平行构件高度方向，取其中偏差绝对值较大值
截面尺寸	墙板	+1，−2	用钢尺测量两端或中部，取其中偏差绝对值较大值
	其他构件	+2，−4	
对角线差		<3	用钢尺量纵、横两个方向对角线
侧向弯曲		L/1 500 且≤5	拉线，用钢尺量测侧向弯曲最大处
翘曲		L/1 500	对角拉线测量交点间距离值的两倍
底模表面平整度		<2	用2 m靠尺和塞尺量
组装缝隙		<1	用塞片或塞尺量
端模和侧模高差		<1	用钢尺量

注：L为模具与混凝土接触面中最长边的尺寸。

4.2 **所有预制构件与现浇混凝土的结合面应做粗糙面**，其中预制梁、板水平结合面的粗糙凹凸不小于 4 mm，预制墙板顶面、底面及侧面结合面的粗糙凹凸不小于 6 mm，且外露粗骨料的凹凸应沿整个截面连续分布，粗糙面的面积不宜小于结合面的80％。

4.3 预制构件应建立首件验收制度，预制构件的允许尺寸偏差除满足《装配式混凝土结构技术规程》(JGJ 1—2014)的有关规定外，还应满足如下要求：

(1)预制构件钢筋允许偏差详见表5。

表 5　预制构件钢筋允许偏差

检验项目及内容		允许偏差/mm		项目	允许偏差/mm
构件内钢筋的混凝土保护层	剪力墙墙板	±4		外伸钢筋长度	+5，−2
	预制楼板、阳台	+5，−3		钢筋竖向、水平间距	±10
	预制楼梯	+5，−3		钢筋网之间间距	±3
	其他预制构件	±5	锚固钢筋	钢筋长度	+5，−2
外伸钢筋中心定		±2		钢筋间距	±3

（2）预制构件内预埋件的加工和安装固定允许偏差详见表 6。

表 6　预制构件内预埋件的加工和安装固定允许偏差

项次	检验项目及内容		允许偏差/mm	检验方法
1	预埋件锚板的边长		0，－5	用钢尺量
2	预埋件锚板的平整度		1	用直尺和塞尺量
3	锚筋	长度	10，－5	用钢尺量
4		间距偏差	±10	用钢尺量
5	预埋件、插筋、吊环、预留孔洞中心线位置		3	用钢尺量
6	预埋螺栓、螺母中心线位置		2	用钢尺量
7	灌浆套筒中心线位置		1	用钢尺量

（3）预制构件成品的尺寸允许偏差详见表 7。

表 7　预制构件成品的尺寸允许偏差

项目			允许偏差/mm	检验方法
长度	板	＜12 m	±5	尺量检查
		≥12 m 且＜18 m	±10	
		≥18 m	±20	
	墙板		±4	
宽度、高（厚）度	板截面尺寸		＋2，－5	钢尺量一端及中部，取其中偏差绝对值较大处
	墙板的高度、厚度		±3	
表面平整度	板、墙板内表面		5	2 m 拿尺和塞尺检查
	墙板外表面		3	
侧向弯曲	板		L/750≤20	拉线、钢尺量最大侧向弯曲处
	墙板		L/1 000 且≤20	
翘曲	板		L/750	调平尺在两端量测
	墙板		L/1 000	
对角线差	板		10	钢尺量两个对角线
	墙板、门窗口		5	
挠度变形	板设计起拱		±10	拉线，钢尺量最大侧向弯曲处
	板下垂		0	
预留孔	中心线位置		5	尺量检查
	孔尺寸		±5	
预留洞	中心线位置		10	尺量检查
	洞口尺寸、深度		±10	
门窗口	中心线位置		5	尺量检查
	宽度、高度		±3	

项目		允许偏差/mm	检验方法
预埋件	预埋件锚板中心线位置	5	尺量检查
	预埋件锚板与混凝土面平面高差	0，−5	
	预埋螺栓中心线位置	2	
	预埋螺栓外露长度	+10，−5	
	预埋套筒、螺母中心线位置	2	
	预埋套筒、螺母与混凝土面平面高差	0，−5	
	线管、电盒、木砖、吊环在构件平面的中心线位置偏差	20	
	线管、电盒、木砖、吊环与构件表面混凝土高差	0，−10	
	中心线位置	3	
	外露长度	+5，−5	
	中心线位置	5	
	长度、宽度、深度	±5	

(4)**预制构件与现浇结构相邻部位 200 mm 宽度范围内的平整度应从严控制，不得超过 1 mm。**

(5)预制墙板的误差控制应考虑相邻楼层的墙板及同层相邻墙板的误差，应避免"累积误差"。

4.4 本工程预制剪力墙板纵向受力钢筋采用钢筋套筒灌浆连接，应在构件**生产前进行钢筋套筒灌浆连接接头的抗拉强度试验、每种规格接头试件数量不应少于 3 个**。

4.5 本工程采用预制构件的结构性能检验要求同《混凝土结构工程施工质量验收规范》(GB 50204—2015)。

4.6 预制构件的质量检验除符合现行国家、行业的标准、规范、规程和建设所在地的规定外，尚应满足如下设计要求：

(1)预制构件的生产企业和施工企业应符合国家和地方相关资质标准的要求。

(2)施工单位应对预制墙板连接的关键工序(如墙板定位、钢筋连接、灌浆材料的配制等)进行必要的试验，确保满足相关要求。施工人员应进行必要的培训，考核合格后方可上岗。

(3)工程监理单位对本工程各工序应进行全过程的质量监督和检查，包括墙板内置套筒的加工、安装及灌材料的配制和灌浆操作等拼装各类预制构件的隐蔽工程应有"旁站监理"人员。

5. 预制构件的运输与堆放

预制构件的运输与堆放包括预制构件运输与堆放过程中的成品保护措施、对运输车辆的要求及运输过程中的固定措施、堆放场地与堆放方式等。

预制构件在运输与堆放中应根据情况设置临时固定或保护装置等可靠措施进行成品保护，本设计对预制墙板的临时固定预设了连接内置螺母，生产厂家可自行选用，如因运输与堆放环节造成预制构件严重缺陷，应视为不合格品，不得安装。

预制构件应在其显著位置设置标识，标识内容应包括：使用部位、构件编号等，在运输和堆放过程中不得损坏。

5.1 预制构件的运输

5.1.1 预制构件运输宜选用低平板车，车上应设有专用架，且有可靠的稳定构件措施。

5.1.2 预制剪力墙板宜采用竖直立放式运输，预制板、预制阳台、预制楼梯可采用平放运输，并采取正确的支垫和固定措施。

5.2 预制构件的堆放

5.2.1 **堆放场地应进行场地硬化，并设置良好的排水设施。**

5.2.2 预制外墙板采用靠放时，外饰面应朝内。

5.2.3 预制板、预制阳台、预制楼梯可采用叠放方式，层与层之间应垫平、垫实，最下面一层支垫应通长设置。预制板叠放层数不应大于6层，预制阳台、预制楼梯叠放层数不宜大于3层。

6. 现场施工和吊装

现场施工和吊装包括预制构件进场时的质量验收要求、施工组织设计及专项施工方案的编制及审查要求、预制墙板连接关键工序的作业要求、预制构件脱模起吊时的强度要求、预制构件安装的要求、预制构件在现场施工中的允许误差等。

6.1 预制构件进场时，必须进行外观检查，并核验加工厂全部的质量检查文件；构件进场之后，签收相关文件，责任主体交接。

6.2 施工单位应编制详细的施工组织设计和专项施工方案。

6.3 施工单位应对预制构件的存储、吊装、安装定位和连接部位浇筑混凝土等工序，制定详细的施工工艺，并报工程监理单位、设计单位审查；得到书面批准文件后方可实施。

6.4 **施工单位应对预制墙板连接的关键工序(如墙板定位、钢筋连接、灌浆等)进行必要的研究和试验；操作人员应接受必要的培训，考核通过方可上岗操作；对灌浆工艺应制定出切实可行的检查方法，并有专人在现场值守检查和记录并留有影像的资料，注意对具有瓷砖饰面的预制构件的成品保护。**

6.5 预制构件脱模起吊时，混凝土立方体抗压强度实测值不得低于设计强度值的75%，且不应小于 15 N/mm²；吊装时应达到设计强度值。

6.6 预制剪力墙板的安装。

6.6.1 **安装前，应对连接钢筋与预制剪力墙板套筒的配合度进行检查，不允许在吊装过程中对连接钢筋进行校正。**

6.6.2 预制剪力墙外墙板应采用有分配梁或分配桁架的吊具，吊点合力作用线应与预制构件重心重合；预制剪力墙外墙板应在校准定位和临时支撑安装完成后方可脱钩。

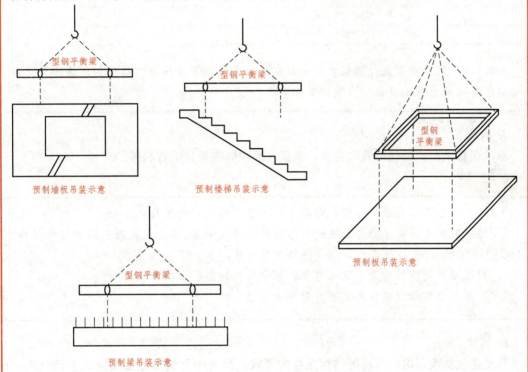

预制墙板吊装示意　　　预制楼梯吊装示意　　　预制板吊装示意

预制梁吊装示意

6.6.3 预制墙板安装就位后，应及时校准并**采取与楼层间的临时斜支撑措施**，且每个预制墙板的上部斜支撑和下部斜撑各不宜少于两道。

6.6.4 **钢筋套筒灌浆应根据分仓情况设置分仓**，分仓长度沿预制剪力板长度方向不宜大于 1.5 m，并应对各仓接缝周围进行封堵，封堵措施应符合结合面承载力设计要求，且单边入墙厚度不应大于 20 mm。

6.7 叠合楼盖的安装。

6.7.1 施工时应设置临时支撑，支撑要求如下：

(1)第一道横向支撑距离墙边不大于 0.5 m。

(2)最大支撑间距不大于 2 m。临时支撑的设置应由施工单位进行复核。

6.7.2 悬挑构件应层层设置支撑，待整体结构达到设计承载力要求时方可拆除。

6.7.3 施工操作面应设置安全防护围栏或外架，严格按照施工规程执行。

6.7.4 预制构件施工安装时，应加强测量控制。

6.7.5 预制构件在施工中的允许误差除满足《装配式混凝土结构技术规程》(JGJ 1—2014)有关规定外,还应满足表8的要求。

表8 预制构件在现场施工中的允许误差

项目	允许偏差/mm
预制墙板下现浇结构顶面标高	±2
预制墙板水平/竖向缝宽度	±2
预制墙板中心偏移	±2
预制墙板垂直度(2 m靠尺)	1/1 500且<2
阳台板进入墙体宽度	0, 3
同一轴线相邻楼板/墙板高差	±3

6.7.6 附着式塔式起重机水平支撑和外用电梯水平支撑与主体结构的连接方式应由施工单位确定专项方案,由设计单位审核。

7. 验收

验收包括装配式结构的验收要求、依据及验收时需提供的资料等。

> 示例

7.1 装配式结构部分应按照混凝土结构子分部工程进行验收。

7.2 装配式结构子分部工程进行验收时,除应满足《装配式混凝土结构技术规程》(JGJ 1—2014)的有关规定外,还应提供如下资料:

(1)提供预制构件的质量证明文件,预制构件的出厂合格证明。

(2)饰面瓷砖与预制构件基面的黏结强度值。

8. 其他

其他还包括预制构件与现浇结构连接的要求、预制构件编号方法及除以上部分外,设计人员认为需要说明的问题。

> 示例

8.1 预制构件与现浇结构连接的要求。

8.1.1 后浇混凝土应满足设计要求,浇筑时不应漏浆,在浇筑混凝土之前清扫并洒水润湿混凝土结合面,混凝土应连续浇捣并振捣密实。

8.1.2 装配整体式结构连接部位后浇筑混凝土或灌浆料强度达到设计要求,方可拆除支撑及进行上部结构吊装施工。

8.1.3 受弯叠合构件的施工要求:叠合受弯构件的支撑应根据设计或施工方案的要求设置,支撑的标高除满足设计外,还应考虑支撑系统自身的变形,施工荷活载不得超过1.5 kN/m²,未经设计同意不允许切割楼板或开洞,任何情况下,不得将预制构件上的外伸锚固钢筋弯曲或割除,以保证结构的安全性,叠合受弯构件应在后浇混凝土达到设计强度后方可拆卸支撑。

8.1.4 预制楼梯与现浇梁板采用预埋件连接时，应先施工梁板，后放置楼梯。

8.1.5 预制构件吊装完毕后，现浇暗柱箍筋设置，竖向钢筋为最后设置，现浇带竖向钢筋拟采用Ⅰ级接头机械连接，且现浇暗柱第一道箍筋需提前安置，另现场需保证Ⅰ级机械连接接头的施工质量。

8.2 预制构件编号方法

8.2.1 叠合板

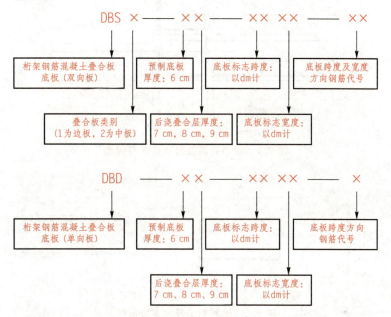

8.2.2 预制混凝土剪力墙板

8.3 本说明中未提及的预制构件的制作、检验、运输、存放、吊装和安装要求，均应满足《装配式混凝土结构技术规程》(JGJ 1—2014)的相关要求。

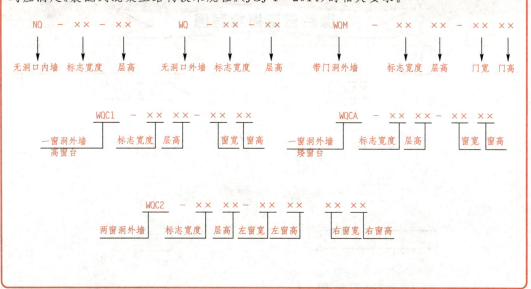

9. 节点通用做法

节点通用做法一般包括预制墙板中电气预留线盒做法、钢筋加工尺寸定位原则、预制与现浇板连接构造、预制叠合板节点做法等，本书选取两种节点通用做法作为示例，如图 9.1 和图 9.2 所示。

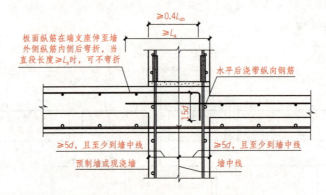

图 9.1　板顶有高差时节点连接构造

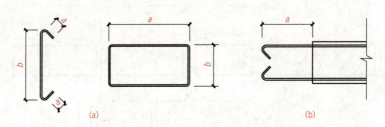

图 9.2　钢筋加工尺寸定位原则

(a)预制构件内钢筋加工尺寸均为钢筋中心至钢筋中心距离；
(b)伸出墙体的水平钢筋及伸出连梁的箍筋加工尺寸均为至钢筋最外皮距离

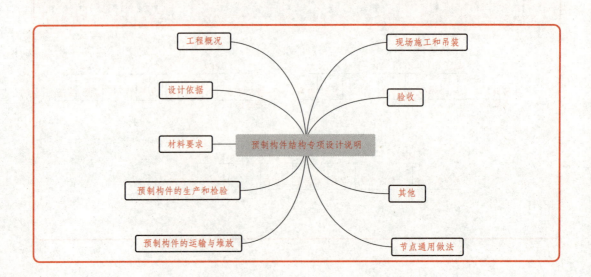

职业能力测验

职业能力测验与答案

拓展资源

加快推动建筑领域节能降碳工作方案

参 考 文 献

[1] 中华人民共和国住房和城乡建设部. GB/T 50001—2010 房屋建筑制图统一标准[S]. 北京：中国建筑工业出版社，2018.

[2] 中国建筑标准设计研究院. 16G101 混凝土结构施工图平面整体表示方法制图规则和构造详图[S]. 北京：中国计划出版社，2016.

[3] 中国建筑标准设计研究院. 15J939-1 装配式混凝土结构住宅建筑设计示例（剪力墙结构）[S]. 北京：中国计划出版社，2015.

[4] 中国建筑标准设计研究院. 15G107-1 装配式混凝土结构表示方法及示例（剪力墙结构）[S]. 北京：中国计划出版社，2015.

[5] 中国建筑标准设计研究院. 15G365-1 预制混凝土剪力墙外墙板[S]. 北京：中国计划出版社，2015.

[6] 中国建筑标准设计研究院. 15G365-2 预制混凝土剪力墙内墙板[S]. 北京：中国计划出版社，2015.

[7] 中国建筑标准设计研究院. 15G366-1 桁架钢筋混凝土叠合板（60 mm 厚底板）[S]. 北京：中国计划出版社，2015.

[8] 中国建筑标准设计研究院. 15G367-1 预制钢筋混凝土板式楼梯[S]. 北京：中国计划出版社，2015.

[9] 中国建筑标准设计研究院. 15G310-1 装配式混凝土结构连接节点构造（楼盖结构和楼梯）[S]. 北京：中国计划出版社，2015.

[10] 中国建筑标准设计研究院. 15G310-2 装配式混凝土结构连接节点构造（剪力墙结构）[S]. 北京：中国计划出版社，2015.

[11] 中国建筑标准设计研究院. 20G310-3 装配式混凝土结构连接节点构造（框架）[S]. 北京：中国计划出版社，2021.

[12] 中国建筑标准设计研究院. 15G368-1 预制钢筋混凝土阳台板、空调板及女儿墙[S]. 北京：中国计划出版社，2015.

[13] 中华人民共和国住房和城乡建设部. JGJ 1—2014 装配式混凝土结构技术规程[S]. 北京：中国建筑工业出版社，2015.

[14] 中华人民共和国住房和城乡建设部. GB/T 51231—2016 装配式混凝土建筑技术标准[S]. 北京：中国建筑工业出版社，2017.

[15] 中华人民共和国住房和城乡建设部，中华人民共和国国家质量监督检验检疫总局. GB/T 51232—2016 装配式钢结构建筑技术标准[S]. 北京：中国建筑工业出版社，2017.

[16] 中华人民共和国住房和城乡建设部，中华人民共和国国家质量监督检验检疫总局. GB/T 51233—2016 装配式木结构建筑技术标准[S]. 北京：中国建筑工业出版社，2017.

[17] 中华人民共和国住房和城乡建设部，中华人民共和国国家质量监督检验检疫总局. GB/T 51129—2017 装配式建筑评价标准[S]. 北京：中国建筑工业出版社，2018.

[18] 中国工程建设标准化协会标准. T/CECS 795—2021 竖向分布钢筋不连接装配整体式混凝土剪力墙结构技术规程[S]. 北京：中国建筑工业出版社，2021.